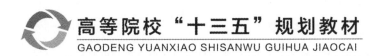

高等院校"十三五"规划教材

GAODENG YUANXIAO SHISANWU GUIHUA JIAOCAI

U0190475

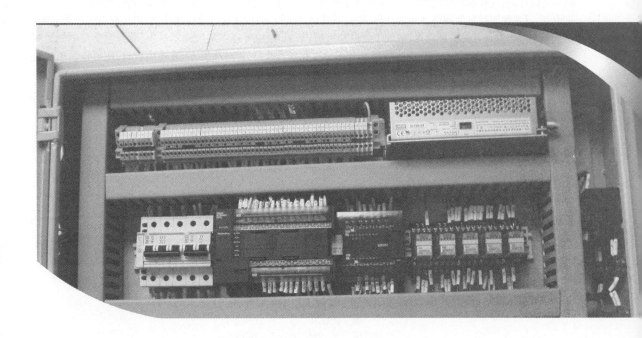

DIANQI KONGZHI YU PLC KONGZHI YINGYONG

电气控制与PLC控制应用

主　编　黄灿英　　陈　艳　　许仙明

副主编　吴　敏　　朱淑云　　涂剑鹏

　　　　吴浪武　　谢风莲

主　审　万　彬　　谢　晖

重庆大学出版社

内容提要

本书主要讲述常用低压电器,继电器-接触器控制的基本线路,典型机械设备电气控制电路分析,电气控制系统设计,电气控制的技能训练,可编程序控制器的基本知识,PLC的结构及编程软件的使用,S7-200 PLC的指令,可编程序控制器网络及通信,PLC控制系统设计,PLC的程序设计及应用举例,PLC控制的技能训练。

本书可作为高等院校自动化、电气工程以及机制、车辆、过控等理工科类的本科生、大专生学习电气控制与PLC控制应用的教材,也可作为高等职业技术学院实用性教材,即应用型本、专通用教材,还可作为工程技术人员的参考书。

图书在版编目(CIP)数据

电气控制与PLC控制应用/黄灿英,陈艳,许仙明主编.—重庆:重庆大学出版社,2016.12
ISBN 978-7-5689-0362-2

Ⅰ.①电… Ⅱ.①黄… ②陈…③许… Ⅲ.①电气控制②PLC技术 Ⅳ.①TM571.2②TM571.6

中国版本图书馆CIP数据核字(2017)第001193号

高等院校"十三五"规划教材
电气控制与PLC控制应用
主 编 黄灿英 陈 艳 许仙明
副主编 吴 敏 朱淑云 涂剑鹏
吴浪武 谢风莲
策划编辑:周 立

责任编辑:文 鹏 版式设计:周 立
责任校对:贾 梅 责任印制:赵 晟

*

重庆大学出版社出版发行
出版人:易树平
社址:重庆市沙坪坝区大学城西路21号
邮编:401331
电话:(023)88617190 88617185(中小学)
传真:(023)88617186 88617166
网址:http://www.cqup.com.cn
邮箱:fxk@cqup.com.cn(营销中心)
全国新华书店经销
万州日报印刷厂印刷

*

开本:787mm×1092mm 1/16 印张:20.75 字数:505千
2016年12月第1版 2016年12月第1次印刷
印数:1—3 000
ISBN 978-7-5689-0362-2 定价:45.00元

本书如有印刷、装订等质量问题,本社负责调换
版权所有,请勿擅自翻印和用本书
制作各类出版物及配套用书,违者必究

前　言

电气控制与 PLC 控制应用是一门实践性强的课程,编写《电气控制与 PLC 控制应用》的目的,是要帮助学生巩固和加深理解所学的理论知识,树立工程实际观点和严谨的科学作风,培养学生的动手能力和创新能力。

本书内容分为电气控制技术、PLC 控制技术两部分。电气控制技术主要讲述常用低压电器、继电器-接触器控制的基本线路、典型机械设备电气控制电路分析、电气控制系统设计、电气控制的技能训练。PLC 控制技术主要讲述可编程序控制器的基本知识、PLC 的结构及编程软件的使用、S7-200 PLC 的指令、可编程序控制器网络及通信、PLC 控制系统设计、PLC 的程序设计及应用举例、PLC 控制的技能训练。

本书由南昌大学科学技术学院黄灿英、陈艳、许仙明任主编,吴敏、朱淑云、涂剑鹏、吴浪武、谢风莲任副主编。其中:黄灿英编写 3.2、3.3、3.4、3.5、12.6 节,陈艳编写第 1 章和 8.1 节,许仙明编写第 2 章和 3.1、8.2、8.3 节,吴敏编写第 4、5、6 章,朱淑云编写第 7 章和 11.2、11.3、11.4、11.5 节,涂剑鹏编写 8.4、8.5、8.6、8.7、8.8、8.9 节,谢风莲编写第 9、10 章和 11.1 节,吴浪武编写第 12.1、12.2、12.3、12.4、12.5 节和附录,并得到了南昌大学科学技术学院罗小青、吴静进、何尚平的帮助,在此表示感谢。

承蒙南昌大学科学技术学院万彬、谢晖对全书进行了审阅,并提出了许多宝贵的意见,特此致谢!

由于编者水平有限,加之编写时间仓促,书中疏漏和错误之处在所难免,敬请广大读者批评指正。

编　者

2016 年 11 月

目 录

第 1 章
常用低压电器

学习目标：

1.了解常用低压电器的结构和工作原理。

2.熟练掌握低压电器的型号、图形符号和文字符号。

3.学会正确选择和合理使用维护各低压电器。

1.1 低压电器基本知识

1.1.1 低压电器的定义和分类

在电能的产生、输送、分配和应用中,起着开关、控制、调节和保护作用的电气设备称为电器。它是一种根据外界信号和要求,手动或自动接通或断开电路,实现对电路参数的改变,从而达到对电路或非电对象的控制、保护、调节等作用的电气设备。常用低压电器是指工作在交流电压小于 1 200 V、直流电压小于 1 500 V 以下的各种电器。生产机械上大多用低压电器来进行控制、保护及调节电动机或电路,满足生产工艺的要求。

低压电器种类繁多,尤其近年来随着科技的不断发展和制造工艺的不断提高,出现了许多功能强大、用途广泛的低压电器。按其结构原理、功能用途及所控制对象的不同,可以有多种不同的分类方式。

（1）按功能用途和控制对象分类

按功能用途和控制对象不同,可将低压电器分为配电电器和控制电器。

1）配电电器

用于电能的输送和分配的电器称为低压配电电器,这类电器包括刀开关、转换开关、空气断路器和熔断器等。对配电电器的主要技术要求是分断电流能力强、在系统发生故障时保护作用动作准确,工作可靠,有足够的热稳定性和动稳定性。

2）控制电器

用于各种控制电路和控制系统起控制作用的电器称为控制电器,这类电器包括接触器、启动器和各种控制继电器等。对控制电器的主要技术要求是工作可靠、操作频率高、寿命长、有相应的转换能力等。

(2)按操作方式分类

按操作方式不同,可将低压电器分为自动电器和手动电器。

1)自动电器

通过电器本身参数变化或外来信号(如电、磁、光、热、压力等)自动完成电路的接通、分断、启动、反向和停止等动作的电器称为自动电器。常用的自动电器有接触器、继电器等。

2)手动电器

通过人力直接操作来完成电路的接通、分断、启动、反向和停止等动作的电器称为手动电器。常用的手动电器有刀开关、转换开关和主令电器等。

(3)按工作原理分类

按工作原理不同,可将低压电器分为电磁式电器和非电量控制电器。

电磁式电器是依据电磁感应原理来工作的电器,如接触器、各类电磁式继电器等。非电量控制电器的工作是靠外力或某种非电量的变化而动作的电器,如行程开关、速度继电器等。

另外,低压电器按工作条件还可划分为一般工业电器、船用电器、化工电器、矿用电器、牵引电器及航空电器等,对不同类型低压电器的防护形式及其耐潮湿、耐腐蚀、抗冲击等性能的要求不同。常用低压电器的主要种类和用途见表 1.1。

表 1.1　常见低压电器的主要种类及用途

序号	类　别	主要品种	用　途
1	断路器	塑料外壳式断路器	主要用于电路的过载、短路、欠电压、漏电压保护,也可用于不频繁接通和断开电路
		框架式断路器	
		限流式断路器	
		漏电保护式断路器	
		直流快速断路器	
2	刀开关	开关板用刀开关	主要用于电路的隔离,有时也能分断负荷
		负荷开关	
		熔断器式刀开关	
3	转换开关	组合开关	主要用于电源切换,也可用于负荷通断或电路的切换
		换向开关	
4	主令电器	按钮	主要用于发布命令或程序控制
		限位开关	
		微动开关	
		接近开关	
		万能转换开关	

序号	类别	主要品种	用途
5	接触器	交流接触器	主要用于远距离频繁控制负荷,切断带负荷电路
		直流接触器	
6	启动器	磁力启动器	主要用于电动机的启动
		星三角启动器	
		自耦降压启动器	
7	控制器	凸轮控制器	主要用于控制回路的切换
		平面控制器	
8	继电器	电流继电器	主要用于控制电路中,将被控量转换成控制电路所需电量或开关信号
		电压继电器	
		时间继电器	
		中间继电器	
		温度继电器	
		热继电器	
9	熔断器	有填料熔断器	主要用于电路短路保护,也可用于电路的过载保护
		无填料熔断器	
		半封闭插入式熔断器	
		快速熔断器	
		自复熔断器	

1.1.2　低压电器的作用

低压电器能够依据操作信号或外界现场信号的要求,自动或手动地接通或断开电路,实现连续或断续地改变电路的状态、参数,以达到对电路参数或被控对象某一物理量的控制、保护、测量、调节、指示和转换。低压电器的作用如下:

①控制作用:如工作台的左右移动、快速退刀与电梯的自动停层等。

②保护作用:能根据设备的特点,对设备、环境以及人身实行保护作用,如电动机的过热保护、电路的短路保护、过电流保护等。

③调节作用:可对一些电量和非电量进行调节,以满足用户的要求,如柴油机油门的调整、房间温湿度的调节、荧光灯亮度的自动调节等。

④测量作用:利用仪表及与之相适应的电器,对设备、电网或其他非电参数进行测量,如电流、电压、温度、功率、转速、湿度等。

⑤指示作用:利用低压电器的控制、保护等功能,检测设备运行状况与电气电路工作情况,

如绝缘监测、保护掉牌指示等。

⑥转换作用:在用电设备之间转换或对低压电器、控制电路分时投入运行,以实现功能切换,如励磁装置手动与自动的转换,供电的市电与自备电的转换等。

1.1.3 电磁式低压电器的基本结构

电磁式低压电器在电气自动控制电路中应用最为广泛,类型也非常多,但各类电磁式低压电器的工作原理和结构特点基本相同。从结构上看,电磁式低压电器大都有两个主要组成部分,即感测部分和执行部分。感测部分主要是电磁机构,执行部分主要是触头系统。电磁机构接收从外部输入的信号,并通过转换、放大、判断,作出相应反应使触头系统动作,从而实现对电路控制的目的。

（1）电磁机构

电磁机构的主要作用是将电磁能量转换成机械能量,带动触头动作,从而完成接通或分断电路的功能。

电磁机构由吸引线圈、铁芯和衔铁 3 个基本部分组成。

常用的电磁机构如图 1.1 所示,可分为 3 种形式。

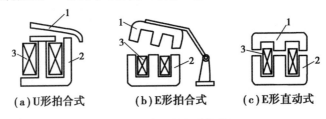

(a)U形拍合式 (b)E形拍合式 (c)E形直动式

图 1.1　常用的电磁机构

1—衔铁；2—铁芯；3—吸引线圈

①衔铁沿棱角转动的 U 形拍合式铁芯,如图 1.1(a)所示。这种形式广泛应用于直流电器中。

②衔铁沿轴转动的 E 形拍合式铁芯,如图 1.1(b)所示。此种结构多用于触点容量较大的交流电器中。

③衔铁直线运动的双 E 形直动式铁芯,如图 1.1(c)所示,多用于交流接触器、继电器中。

（2）直流电磁铁和交流电磁铁

按吸引线圈所通电流性质的不同,电磁铁可分为直流电磁铁和交流电磁铁。

直流电磁铁由于通入的是直流电,其铁芯不发热,只有线圈发热,因此线圈与铁芯接触以利散热,线圈做成无骨架、高而薄的瘦高型,以改善线圈自身散热。铁芯和衔铁由软钢和工程纯铁制成。

交流电磁铁由于通入的是交流电,铁芯中存在磁滞损耗和涡流损耗,线圈和铁芯都发热,所以交流电磁铁的吸引线圈有骨架,使铁芯与线圈隔离并将线圈制成短而厚的矮胖形,以利于铁芯和线圈的散热。铁芯用硅钢片叠加而成,以减小涡流。

电磁铁工作时,线圈产生的磁通作用于衔铁,产生电磁吸力,并使衔铁产生机械位移。衔铁复位时,在复位弹簧的作用下,衔铁回到原位。因此,作用在衔铁上的力有两个:电磁吸力与反力。电磁吸力由电磁机构产生,反力则由复位弹簧和触头弹簧产生。铁芯吸合时,要求电磁吸力大于反力,即衔铁位移的方向与电磁吸力方向相同;衔铁复位时,要求反力大于电磁吸力,即衔铁位移的方向与反力的方向相同。

当线圈中通以直流电时,气隙磁感应强度不变,直流电磁铁的电磁吸力为恒值。当线圈中通以交流电时,磁感应强度为交变量,交流电磁铁的电磁吸力 F 在0(最小值)~F_m(最大值)之间变化,其吸力曲线如图1.2所示。在一个周期内,当电磁吸力的瞬时值大于反力时,衔铁吸合;当电磁吸力的瞬时值小于反力时,衔铁释放。所以电源电压每变化一个周期,电磁铁吸合两次、释放两次,使电磁机构产生剧烈的振动和噪声,理发师用的推剪就是利用这种振动而工作的,但电磁式低压电器却不能正常工作。

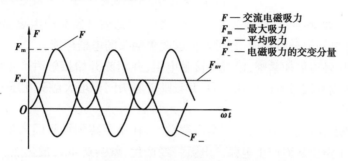

图1.2　交流电磁铁吸力变化情况

为了消除交流电磁铁产生的振动和噪声,可在铁芯的端面开一小槽,在槽内嵌入铜制短路环,如图1.3所示。加上短路环后磁通被分成大小相近,相位相差约90°电角度的两相磁通 Φ_1 和 Φ_2,因此两相磁通不会同时为零。由于电磁吸力与磁通的平方成正比,所以由两相磁通产生的合成电磁吸力较为平坦,在电磁铁通电期间,电磁吸力始终大于反力,使铁芯牢牢吸合,这样就消除了振动和噪声。一般短路环包围2/3的铁芯端面。

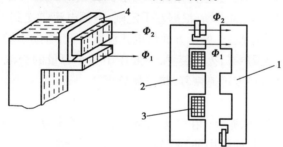

图1.3　交流电磁铁的短路环
1—衔铁;2—铁芯;3—线圈;4—短路环

（3）触头系统

触头是电器的执行部分,起接通和分断电路的作用。一对触头中有一个是静触头,一个是动触头。在常态下,静触头和动触头断开的叫常开触头,静触头和动触头接通的叫常闭触头。通常触头用铜制成,但是铜制触头表面易产生氧化膜,使触头的接触电阻增大,从而使触头的损耗也增大,因此有些小容量电器的触头采用表面镀,以减小接触电阻。

触头主要有两种结构形式:桥式触头和指形触头。以触头的接触面积大小可分点接触、面接触和线接触3种接触方式,具体如图1.4所示。

图1.4（a）是点接触的桥式触头,图1.4（b）是面接触的桥式触头,两个触点串于同一条电路中,电路的通断由两个触点共同完成。点接触形适用于电流不大且接触压力小的场合,面接触形适用于大电流的场合。

5

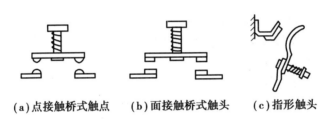

(a)点接触桥式触点　**(b)面接触桥式触头**　**(c)指形触头**

图 1.4　触头的结构形式

图 1.4（c）为指形触头，其接触区为一直线，触头接通或分断时产生滚动摩擦，以利于去掉氧化膜，同时缓冲触头闭合时的撞击能量，能够改善触头的电器性能。

为了使触头接触得更加紧密，以减小接触电阻，并消除开始接触时产生的振动，在触头上装有接触弹簧，在刚刚接触时产生初压力，并且随着触头闭合增大触头互压力。

（4）灭弧装置

在空气中分断大电流电路时，电流会击穿空气，在小距离的触头间产生很大的电场，使触头表面的大量电子溢出从而产生电弧。电弧一经产生，就会产生大量热能。电弧的存在既烧蚀触头金属表面，降低电器的使用寿命，又延长了电路的分断时间，对电器和电路都会造成不良后果，所以必须迅速把电弧熄灭。

为使电弧熄灭，可采用将电弧拉长、使弧柱冷却或把电弧分成若干段电弧等方法。灭弧装置就是基于这些原理来设计的。

1）电动力灭弧

图 1.5 是一种桥式结构双断点触头系统。当触头分断时，在断口产生电弧。电弧电流在两电弧之间产生如图 1.5 所示的磁场，根据左手定则，电弧电流要受到一个指向外侧的电动力 F 的作用，使电弧向外运动并拉长，另一方面使电弧温度降低，有助于熄灭电弧。

这种灭弧方法简单，无需专门灭弧装置，一般用于中小容量的交流电路中，当交流电弧电流过零时，触头间隙的介质强度迅速恢复，将电弧熄灭。

2）磁吹灭弧

磁吹灭弧的原理如图 1.6 所示。在触头电路中串入一个磁吹线圈 1，该线圈产生的磁通经过导磁夹板 5 引向触头周围，如图中的"×"符号所示；触头断口产生电弧后，电弧电流所产生的磁通如图 1.6"⊕"和"⊙"符号所示。可见弧柱下方两个磁通是相加的，而弧柱上方彼此相

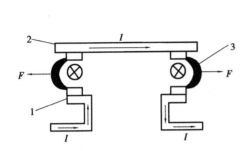

图 1.5　双断点触头的电动力灭弧
1—静触头；2—动触头；3—电弧

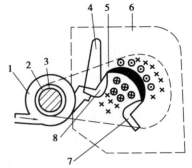

图 1.6　磁吹灭弧
1—磁吹线圈；2—绝缘塞；3—铁芯；4—引弧角；
5—导磁夹板；6—灭弧罩；7—动触头；8—静触头

减,因此电弧在下强上弱的磁场作用下,被拉长并吹入灭弧罩 6 中,引弧角 4 与静触头 8 相连接,其作用是引导电弧向上运动,将热量传递给罩壁,使电弧冷却并熄灭。

该灭弧装置是利用电弧电流本身来灭弧的,因而电弧电流越大,吹弧能力也越强。它广泛应用于直流电路中。

3)金属栅片灭弧

图 1.7 为金属栅片灭弧装置示意图。灭弧栅由多片镀铜薄钢片(称为栅片)组成,它们安放在电器触头上方的灭弧栅内,彼此之间互相绝缘。电器的触头分离时所产生的电弧将在磁吹电动力的作用下被推向灭弧栅内。电弧进入栅片后被分割成一段段串联的短弧,而栅片就是这些短弧的电极。每两片灭弧栅片之间都有150~250 V 的绝缘强度,使整个灭弧栅的绝缘强度大大加强,以致外加电压无法维持,电弧迅速熄灭。除此之外,栅片还能吸收电弧热量,使电弧冷却。基于上述原因,电弧进入栅片后就会很快熄灭。由于栅片灭弧装置的灭弧效果在交流时要比直流时强得多,所以在交流电器中常采用栅片灭弧。

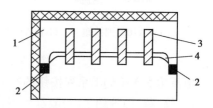

图 1.7 金属栅片灭弧
1—灭弧室;2—触头;
3—灭弧栅片;4—电弧

4)灭弧罩

灭弧罩结构简单,它是用陶土或石棉水泥制成的耐高温的灭弧装置,用来降温和隔断电弧,可用于交流和直流电路中。

1.2 主令电器

在控制系统中,主令电器是一种专门发布控制命令、直接或通过电磁式电器间接作用于控制电路并改变电路工作状态的电器,常用来控制控制系统中电动机的启动、停车、调速及制动等。

常用的主令电器有:控制按钮、行程开关、接近开关,万能转换开关、主令控制器及其他主令电器,如脚踏开关、倒顺开关、紧急开关、钮子开关等。本节仅介绍几种常用的主令电器。

1.2.1 按钮

按钮是手动开关,通常用来短时间接通或断开小电流控制的电路。它通过控制接触器或继电器等电器的电磁线圈去控制主电路的通断,在结构上一般分为揿钮式、紧急式、钥匙式和旋钮式。其中,紧急式表示紧急操作,按钮上装有蘑菇形钮帽,颜色为红色,一般安装在操作台(控制柜)明显位置上。按钮分为常开按钮、常闭按钮及常开、常闭按钮封装在一起的复合按钮。其结构示意图如图 1.8 所示。

按钮主要依据所需的触点数、使用场合及颜色来选择。为避免误操作,通常将按钮帽做成红、绿、黑、黄、蓝、白、灰等颜色。按照国标 GB 5226—85 规定,"停止"和"急停"按钮必须用红色;"启动"按钮用绿色;"启动"与"停止"交替动作的按钮用黑色、白色或灰色,不能用红色或绿色;"点动"按钮用黑色等。

常见按钮有 LA 系列和 LAY1 系列。LA 系列按钮的额定电压为交流 500 V、直流 440 V,

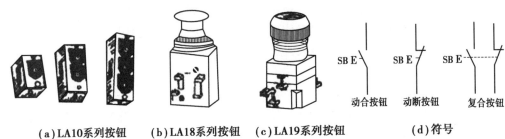

(a)LA10系列按钮　　(b)LA18系列按钮　　(c)LA19系列按钮　　(d)符号

图 1.8　控制按钮的结构示意图及符号

额定电流为 5 A;LAY1 系列按钮的额定电压为交流 380 V、直流 220 V,额定电流为 5 A。按钮帽有红、绿、黄、白等颜色,一般红色用作停止按钮,绿色用作启动按钮。

控制按钮的型号含义和电气符号如图 1.9 所示。

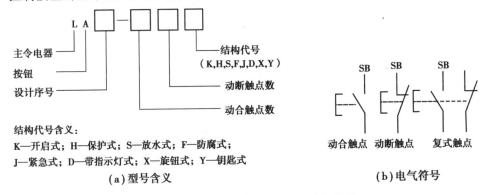

(a)型号含义　　　　　　　　　　　　　(b)电气符号

图 1.9　控制按钮的型号含义和电气符号

1.2.2　行程开关

行程开关又称位置开关或限位开关。它的作用与按钮相同,只是其触点的动作不是靠手动操作,而是利用生产机械某些运动部件上的挡铁碰撞其滚轮使触头动作来实现接通或分断电路,将运动部件的位置或行程信号变换成电信号,实现相应的控制功能。

行程开关的结构分为 3 个部分:操作机构、触头系统和外壳。行程开关的外形如图 1.10

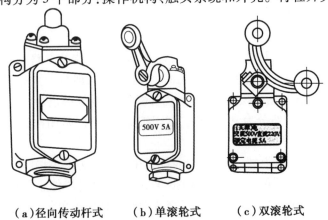

(a)径向传动杆式　　(b)单滚轮式　　(c)双滚轮式

图 1.10　行程开关的外形示意图

所示。行程开关分为单滚轮、双滚轮及径向传动杆等形式,其中,单滚轮和径向传动杆行程开关可自动复位,双滚轮为碰撞复位。

常见的行程开关有 LX19 系列、LX22 系列、JLXK1 系列和 JLXW5 系列。其额定电压为交流 500 V、380 V,直流 440 V、220 V,额定电流为 20 A、5 A 和 3 A。

行程开关的型号含义和电气符号如图 1.11 所示。

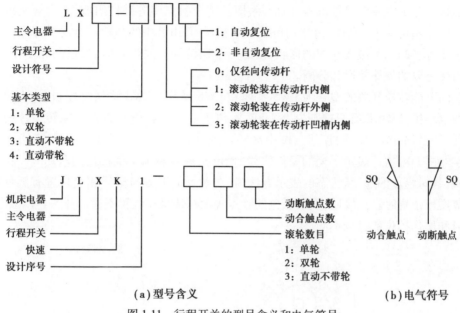

（a）型号含义　　　　　　　　　　　　（b）电气符号

图 1.11　行程开关的型号含义和电气符号

1.2.3　接近开关

接近式位置开关是一种无触点式位置开关,简称接近开关,具有工作稳定可靠、寿命长、重复定位精度高以及能适应恶劣的工作环境等特点。它由感应头、高频振荡器、放大器和外壳组成。当运动部件与接近开关的感应头接近时,就使其输出一个电信号。

接近开关包括电感式和电容式两种。

电感式接近开关的感应头是一个具有铁氧体磁芯的电感线圈,只能用于检测金属体。振荡器在感应头表面产生一个交变磁场,当金属块接近感应头时,金属中产生的涡流吸收了振荡的能量,使振荡减弱以至停振,因而存在振荡和停振两种信号,经整形放大器转换成二进制的开关信号,从而起到“开”和“关”的控制作用。

电容式接近开关的感应头是一个圆形平板电极,与振荡电路的地线形成一个分布电容,当有导体或其他介质接近感应头时,电容量增大而使振荡器停振,经整形放大器输出电信号。电容式接近开关既能检测金属,又能检测非金属及液体。

常用的电感式接近开关型号有 LJ1、LJ2 等系列,电容式接近开关型号有 LXJ15、TC 等系列产品。

接近开关按供电方式可分为直流型和交流型,按输出形式又可分为直流两线制、直流三线制、直流四线制、交流两线制和交流三线制。

接近开关的电气符号如图 1.12 所示。

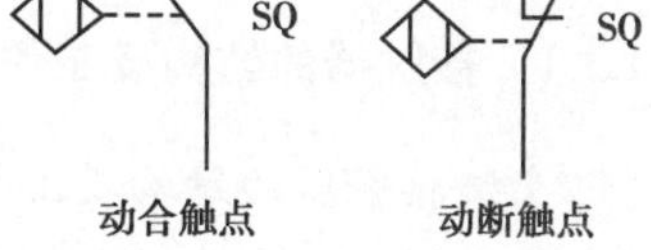

图 1.12　接近开关的电气符号

1.2.4 万能转换开关

万能转换开关是一种多挡式、控制多回路的主令电器,一般可作为多种配电装置的远距离控制,也可作为电压表、电流表的换相开关,还可作为小容量电动机的启动、制动、调速及正反向转换的控制。其触头挡数多、换接线路多、用途广泛,故有"万能"之称。

万能转换开关主要由操作机构、面板、手柄及数个触点座等部件组成,并用螺栓组装成一个整体。触点座可有 1~10 层,每层均可装 3 对触点,并由其中的凸轮进行控制,如图 1.13(a)所示。由于每层凸轮可做成不同的形状,因此当手柄转到不同位置时,通过凸轮的作用,可使各对触点按需要的规律接通和分断。

常见的万能转换开关的型号为 LW5 系列和 LW6 系列。LW5 系列可控制 5.5 kW 及以下的小容量电动机,LW6 系列只能控制 2.2 kW 及以下的小容量电动机。万能转换开关的图形符号及文字符号如图 1.13(b)所示。图中水平方向的数字 1~3 表示触点编号,垂直方向的数字及文字"左""0""右"表示手柄的操作位置(挡位),虚线表示手柄操作的联动线。在不同的操作位置,各对触点的通、断状态的表示方法为:在触点的下方与虚线相交位置有黑色圆点表示在对应操作位置时触点接通,没涂黑色的圆点表示在该操作位置不通。开关具体型号不同,触点数目和操作挡位数目也不同。

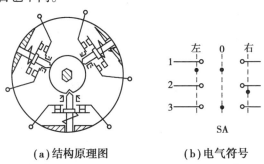

(a)结构原理图   (b)电气符号

图 1.13 万能转换开关结构原理图和电气符号

1.3 接触器

接触器是一种应用广泛的开关电器。它主要用于频繁接通或分断交、直流主电路和大容量的控制电路,可远距离操作,配合继电器可以实现定时操作、联锁控制及各种定量控制和失压及欠压保护。接触器广泛应用于自动控制电路,其主要控制对象是电动机,也可用于控制其他电力负载,如电热器、照明、电焊机、电容器组等。

接触器按流过其主触点的电流性质分为直流接触器和交流接触器。

1.3.1 接触器的结构及工作原理

(1)交流接触器的结构及工作原理

如图 1.14 所示,交流接触器主要由电磁机构、触头系统、灭弧装置及支架底座等其他部分组成。

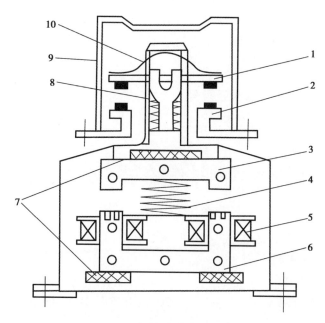

图 1.14 接触器的结构示意图

1—动触点;2—静触点;3—衔铁;4—缓冲弹簧;5—电磁线圈;
6—铁芯;7—垫毡;8—触点弹簧;9—灭弧罩;10—压力弹簧

1)电磁机构

电磁系统包括电磁线圈、铁芯和衔铁,是接触器的重要组成部分,依靠它带动触点实现闭合与断开。

2)触头系统

触头是接触器的执行部分,包括主触点和辅助触点。主触点的作用是接通和分断主回路,控制较大的电流,而辅助触点接在控制回路中,以满足各种控制方式的要求。

3)灭弧装置

灭弧装置用来保证触点断开电路时,产生的电弧能可靠地熄灭,减少电弧对触点的损伤。为了迅速熄灭断开时的电弧,通常接触器都装有灭弧装置,一般采用半封式纵缝陶土灭弧罩,并配有强磁吹弧回路。

4)其他部分

其他部分有绝缘外壳、弹簧、短路环、传动机构等。

如图 1.14 所示,当接触器线圈通电后,在铁芯中产生磁通及电磁吸力。此电磁吸力克服弹簧反力使得衔铁吸合,带动触点机构动作,常闭触点打开,常开触点闭合,互锁或接通线路。线圈失电或线圈两端电压显著降低时,电磁吸力小于弹簧反力,使得衔铁释放,触点机构复位,断开线路或解除互锁。

(2)直流接触器的结构及工作原理

直流接触器的结构与工作原理基本上与交流接触器相同,即由线圈、铁芯、衔铁、触头、灭弧装置组成。所不同的是除触头电流和线圈电压为直流外,其触头大都采用滚动接触的指形触头,辅助触点则采用点接触的桥式触头。铁芯由整块钢或铸铁制成,线圈制成长而薄的圆筒形,并且为保证衔铁可靠地释放,常在铁芯与衔铁之间垫有非磁性垫片。

由于直流电弧不像交流电弧那样有自然过零点,所以更难熄灭,因此直流接触器常采用磁吹式灭弧装置。

1.3.2　接触器的主要技术参数及型号

(1)接触器的主要技术参数

1)额定电压

接触器铭牌上的额定电压是指主触点的额定电压。交流有 220 V、380 V、500 V,直流有 110 V、220 V、440 V。

2)额定电流

接触器铭牌上的额定电流是指主触点的额定电流,有 5 A、10 A、20 A、40 A、60 A、100 A、150 A、250 A、400 A、600 A。

3)吸引线圈额定电压

交流电压有 36 V、110 V、127 V、220 V、380 V;直流有 24 V、48 V、220 V、440 V。

4)通断能力

接触器的通断能力包括最大接通电流和最大分断电流。最大接通电流是指触点闭合时不会造成触点熔焊时的最大电流值。最大分断电流是指触点断开时能可靠灭弧的最大电流。一般通断能力是额定电流的 5~10 倍。当然,这一数值与电路的电压等级有关,电压越高,通断能力越小。

5)电气寿命和机械寿命

接触器的电气寿命是按规定使用类别的正常操作条件下,不需修理或更换零件的负载操作次数。目前接触器的机械寿命已达 1 000 万次以上,电气寿命是机械寿命的 5%~20%。

6)额定操作频率

额定操作频率(次/h)是指允许每小时接通的最多次数。交流接触器最高为 600 次/h,直流接触器可高达 1 200 次/h。

(2)接触器的型号

常见接触器有 CJ20 系列、3TH 和 CJX1(3TB)系列。其中,CJ20 系列是较新的产品,而 3TH 系列和 CJX1(3TB)系列是从德国西门子公司引进制造的新型接触器。3TH 系列接触器适用于交流 50 Hz 或 60 Hz,交流电压至 660 V 及直流电压至 600 V 的控制电路中,用来控制各种电磁线圈,以使信号得到放大或将信号传送给有关控制元件;CJX1(3TB)系列接触器适用于交流 50 Hz 或 60 Hz,额定电压为 600 V 的控制电路,用来远距离接通及分断,并适用于频繁地启动及控制交流电动机。

接触器的型号含义及电气符号如图 1.15 所示。

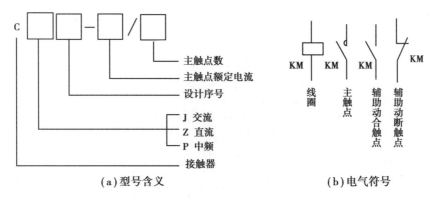

（a）型号含义　　　　　　　　　（b）电气符号

图1.15　接触器的型号含义及电气符号

1.4　继 电 器

继电器是根据一定的信号（如电流、电压、时间和速度等物理量）的变化来接通或分断小电流电路和电器的自动控制电器。

继电器实质上是一种传递信号的电器,它根据特定形式的输入信号而动作,从而达到控制目的。继电器一般不用来直接控制主电路,而是通过接触器或其他电器来对主电路进行控制,因此同接触器相比较,它的触头通常接在控制电路中,触头断流容量较小(5 A以下),一般不需要灭弧装置,但对继电器动作的准确性则要求较高。

继电器的种类很多,按其用途可分为控制继电器和保护继电器;按输入信号的性质可分为电流继电器、电压继电器、时间继电器、热继电器、速度继电器、温度继电器等;按其动作原理可分为电磁式继电器、感应式继电器、电动式继电器、电子式和热继电器等。

1.4.1　电磁式继电器的结构及工作原理

电磁式继电器结构简单、价格低廉、使用维修方便,广泛应用于自动控制系统中。

（1）结构及工作原理

继电器一般由3个基本部分组成:检测机构、中间机构和执行机构。

检测机构的作用是接受外界输入信号并将信号传递给中间机构;中间机构对信号的变化进行判断、物理量转换、放大等;当输入信号变化到一定值时,执行机构(一般是触头)动作,从而使其所控制的电路状态发生变化,接通或断开某部分电路,达到控制或保护的目的。

继电器种类很多,按输入信号可分为电压继电器、电流继电器、功率继电器、速度继电器、压力继电器、温度继电器等;按工作原理可分为电磁式继电器、感应式继电器、电动式继电器、电子式继电器、热继电器等;按用途可分为控制继电器和保护继电器;按输出形式可分为有触点继电器和无触点继电器。

低压控制系统中的控制继电器大部分为电磁式结构。图1.16为电磁式继电器的典型结构示意图。电磁式继电器的结构组成和工作原理与电磁式接触器相似,它也是由电磁机构和触头系统两个主要部分组成。电磁机构由线圈1、铁芯2、衔铁7组成。触头系统由于其触点都接在控制电路中,且电流小,故不装设灭弧装置。它的触点一般为桥式触点,有动合和动断两种形式。另外,为了实现继电器动作参数的改变,继电器一般还具有改变弹簧松紧和改变衔

13

铁打开后气隙大小的装置,即反作用调节螺钉 6。

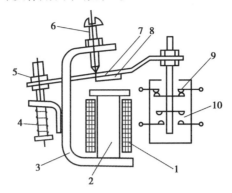

图 1.16 电磁式继电器结构示意图

1—线圈;2—铁芯;3—磁轭;4—弹簧;5—调节螺母;6—调节螺钉;

7—衔铁;8—非磁性垫片;9—常闭触点;10—常开触点

当通过电流线圈 1 的电流超过某一定值,电磁吸力大于反作用弹簧力,衔铁 7 吸合并带动绝缘支架动作,使常闭触点 9 断开,常开触点 10 闭合。通过调节螺钉 6 来调节反作用力的大小,即调节继电器的动作参数值。

(2)继电特性

继电器的主要特性是输入-输出特性,又称继电特性,继电特性曲线如图 1.17 所示。当继电器输入量 X 由零增至 X_o 以前,继电器输出量 Y 为零。当输入量 X 增加到 X_o 时,继电器吸合,输出量为 Y_1;若 X 继续增大,Y 保持不变。当 X 减小到 X_r 时,继电器释放,输出量由 Y_1 变为零,若 X 继续减小,Y 值均为零。

图 1.17 中,X_o 称为继电器的动作值,欲使继电器吸合,输入量必须等于或大于 X_o;X_r 称为继电器返回值,欲使继电器释放,输入量必须等于或小于 X_r。

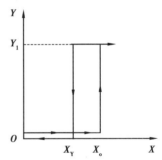

图 1.17 继电器的继电特性

1.4.2 电流继电器

电流继电器主要用于电动机、发电机或其他负载的过载及短路保护,直流电动机磁场控制或失磁保护等。电流继电器的线圈串联接入主电路,其线圈匝数少、导线粗、阻抗小,用来感测主电路的电流,触点接于控制电路,为执行元件。电流继电器反映的是电流信号,常用的电流继电器有欠电流继电器和过电流继电器两种。

欠电流继电器用于欠电流保护,吸合电流为线圈额定电流的 30%~65%,释放电流为额定电流的 10%~20%。因此在电路正常工作时,欠电流继电器的衔铁是吸合的,其常开触点闭合,常闭触点断开。只有当电流降低到某一整定值时,衔铁释放,控制电路失电,从而控制接触器及时分断电路。

过电流继电器在电路正常工作时不动作,整定范围通常为额定电流的 1.1~3.5 倍。当被保护线路的电流高于额定值并达到过电流继电器的整定值时,衔铁吸合,触点机构动作,控制电路失电,从而控制接触器及时分断电路,对电路起过流保护作用。

JT4 系列交流电磁继电器适合于交流 50 Hz,380 V 及以下的自动控制回路中作零电压、过

电压、过电流和中间继电器使用,过电流继电器也适用于 60 Hz 交流电路。

通用电磁式继电器有 JT3 系列直流电磁式继电器和 JT4 系列交流电磁式继电器,二者均为老产品。新产品有 JT9、JT10、JL12、JL14、JZ7 等系列,其中,JL14 系列为交直流电流继电器,JZ7 系列为交流中间继电器。

1.4.3　电压继电器

电压继电器反映的是电压信号。它的线圈并联在被测电路的两端,所以匝数多、导线细、阻抗大。

电压继电器用于电力拖动系统的电压保护和控制。其线圈并联接入主电路,感测主电路的电压;触点接于控制电路,为执行元件。按吸合电压的大小,电压继电器可分为过电压继电器和欠电压继电器。

过电压继电器用于线路的过电压保护,其吸合整定值为被保护电路额定电压的 1.05 ~ 1.2(或 1.10 ~ 1.15)倍。当被保护的电路电压正常时,衔铁不动作,当被保护电路的电压高于额定值,达到过电压继电器的整定值时,衔铁吸合,触点机构动作,控制电路失电,控制接触器及时分断被保护电路。

欠电压继电器用于电路的欠电压保护,其释放整定值为电路额定电压的 0.1 ~ 0.6 倍。当被保护电路电压正常时,衔铁可靠吸合;当被保护电路电压降至欠电压继电器的释放整定值时,衔铁释放,触点机构复位,控制接触器及时分断被保护电路。

电压继电器还包括零电压继电器和中间电压继电器。

零电压继电器是当电路电压降低到 $5\% \sim 25\% U_N$ 时释放,对电路实现零电压保护,用于线路的失压保护。

中间继电器实质上是一种电压继电器。它的特点是触点数目较多,电流容量可增大,起到中间放大(触点数目和电流容量)的作用。

继电器的型号含义和电气符号如图 1.18 所示。

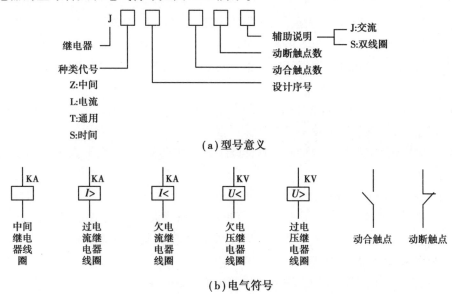

(a)型号意义

(b)电气符号

图 1.18　继电器的型号含义和电气符号

1.4.4　时间继电器

在自动控制系统中,有时需要继电器得到信号后不立即动作,而是要顺延一段时间后再动作并输出控制信号,以达到按时间顺序进行控制的目的。时间继电器的线圈通电或断电后,它的触点需要延迟一定的时间才会动作,能实现延时这种功能。

时间继电器按工作原理分可分为电磁式、空气阻尼式(气囊式)、晶体管式、单片机控制式等。

(1)空气阻尼式时间继电器

常用的空气阻尼式时间继电器为 JS7-A 系列,它是利用空气阻尼原理获得延时的,由电磁系统、延时机构和触点 3 部分组成。电磁机构为直动式双 E 形,触点系统是 LX5 形微动开关,延时机构采用气囊式阻尼器。定时调节旋钮在设定的定时范围内连续可调,延时时间长短的整定主要是通过调节气阀从而改变空气进入气室的流量来实现的。

空气阻尼式时间继电器既有通电延时型,也有断电延时型,只要将电磁机构翻转 180°,便可实现不同的延时方式。

空气阻尼式时间继电器的优点是结构简单、寿命长、价格低廉;缺点是准确度低、延时误差大,在延时精度要求高的场合不宜采用。

(2)晶体管式时间继电器

晶体管式时间继电器常用的是阻容式时间继电器,它利用 RC 电路中电容电压不能跃变只能按指数规律逐渐变化的原理(电阻尼特性)获得延时,所以只要改变充电回路的时间常数即可改变延时时间。由于调节电容比调节电阻困难,所以多用调节电阻的方式来改变延时时间。晶体管式时间继电器具有延时范围广、体积小、精度高及寿命长等优点,但其抗干扰性能差。

(3)单片机控制式时间继电器

近年来,随着微电子技术的发展,采用集成电路、功率电路和单片机等电子元件构成的新型时间继电器大量面市。如 DHC6 多制式单片机控制时间继电器,J5S17、J3320、JSZl3 等系列大规模集成电路数字时间继电器,J5145 等系列电子式数显时间继电器,J5G1 等系列固态时间继电器等。

DHC6 多制式单片机控制式时间继电器是为适应工业自动化控制水平越来越高的要求而生产的。多制式时间继电器可使用户根据需要选择最合适的制式,使用简便的方法实现以往需要较复杂接线才能实现的控制功能。这样既节省了中间控制环节,又大大提高了电气控制的可靠性。

DHC6 多制式时间继电器采用单片机控制,LCD 显示;具有 9 种工作制式,正计时、倒计时任意设定;8 种延时时段,延时范围从 0.01 s~999.9 h 任意设定;键盘设定,设定完成之后可以锁定按键,防止误操作;还可按要求任意选择控制模式,使控制线路最简单可靠。

时间继电器的图形符号及文字符号如图 1.19 所示。

时间继电器按延时方式可分为通电延时型和断电延时型。

对于通电延时型时间继电器,当线圈得电时,其延时常开触点要延时一段时间才闭合,延时常闭触点要延时一段时间才断开。当线圈失电时,其延时常开触点迅速断开,延时常闭触点

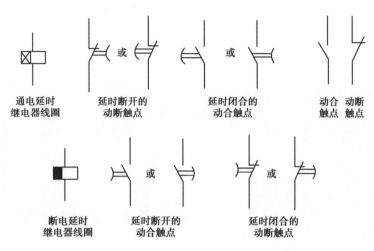

通电延时　　延时断开的　　延时闭合的　　动合　动断
继电器线圈　　动断触点　　动合触点　　触点　触点

断电延时　　延时断开的　　延时闭合的
继电器线圈　　动合触点　　动断触点

图 1.19　时间继电器的图形符号及文字符号

迅速闭合。

对于断电延时型时间继电器,当线圈得电时,其延时常开触点迅速闭合,延时常闭触点迅速断开。当线圈失电时,其延时常开触点要延时一段时间再断开,延时常闭触点要延时一段时间再闭合。

1.4.5　热继电器

热继电器是一种能反映电气设备发热状况的自动控制继电器,它利用双金属片的膨胀系数不同和电流的热效应原理进行工作,主要用于三相异步电动机的过载、缺相及三相电流不平衡的保护。

热继电器的形式有多种,其中以双金属片式应用最多。双金属片式热继电器主要由发热元件 15、主双金属片 14 和触点 10 三部分组成,如图 1.20 所示。主双金属片 14 是热继电器的感测元件,由两种膨胀系数不同的金属片辗压而成。当串联在电动机定子绕组中的热元件有电流流过时,热元件产生的热量使双金属片伸长,由于膨胀系数不同,致使双金属片发生弯曲。电动机正常运行时,双金属片的弯曲程度不足以使热继电器动作。但是当电动机过载时,流过热元件的电流增大,加上时间效应,就会加大双金属片的弯曲程度,最终使双金属片推动导板 16 使热继电器的触点 10 动作,切断电动机的控制电路。

热继电器动作后一般不能自动复位,要等双金属片冷却后按下复位按钮才能复位。热继电器动作电流的调节可以借助旋转凸轮于不同位置来实现。

由于热惯性,当电路短路时热继电器不能立即动作使电路断开,因此不能用作短路保护。同理,在电动机启动或短时过载时,热继电器也不会马上动作,这可避免电动机不必要的停车。

我国目前生产的热继电器主要有 JR0、JR1、JR2、JR9、JR10、JRl5、JRl6 等系列,JR1、JR2 系列热继电器采用间接受热方式,其主要缺点是双金属片靠发热元件间接加热,热耦合较差,并且双金属片的弯曲程度受环境温度影响较大,不能正确反映负载的过流情况。

JR15、JR16 等系列热继电器采用复合加热方式并采用了温度补偿元件,因此能较正确地反映负载的工作情况。

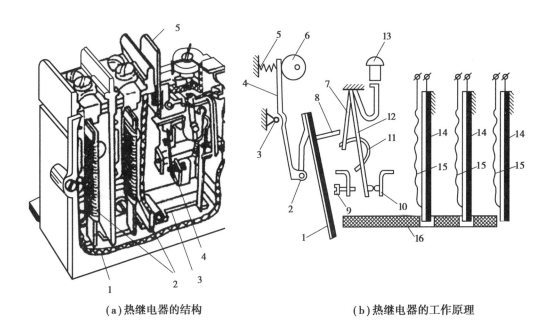

(a)热继电器的结构　　　　　　　　　(b)热继电器的工作原理

图 1.20　热继电器的结构和工作原理示意图

1—补偿双金属片;2—销子;3—支承;4—杠杆;5—弹簧;6—凸轮;7、12—片簧;8—推杆;
9—调节螺丝;10—触点;11—弓簧;13—复位按钮;14—主双金属片;15—发热元件;16—导板

JR0、JR1、JR2 和 JR15 系列的热继电器均为两相结构,是双热元件的热继电器,可以用作三相异步电动机的均衡过载保护和定子绕组为丫连接的三相异步电动机的断相保护,但不能用作定子绕组为△连接的三相异步电动机的断相保护。

JR16 和 JR20 系列热继电器均为带断相保护的热继电器,具有差动式断相保护机构。选择时主要根据电动机定子绕组的连接方式来确定热继电器的型号。在三相异步电动机电路中,对丫连接的电动机可选用两相或三相结构的热继电器,一般采用两相结构,即在两相主电路中串接热元件。但对于定子绕组为△连接的电动机必须采用带断相保护的热继电器。

热继电器的型号含义及图形符号如图 1.21 所示。

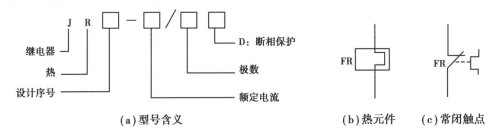

(a)型号含义　　　　　　　　　　　(b)热元件　　(c)常闭触点

图 1.21　热继电器的型号含义及图形符号

1.4.6　速度继电器

速度继电器是利用转轴的转速来切换电路的自动控制继电器,它主要用于鼠笼式异步电动机的反接制动控制中,故也称为反接制动继电器。它常常用于电动机的反接制动控制电路中,当反接制动的转速下降到接近零时自动、及时地切断电源。

图1.22为速度继电器的结构原理示意图。从结构上看,与交流电机相类似,速度继电器主要由定子、转子和触点三部分组成。定子的结构与笼型异步电动机相似,是一个笼型空心圆环,由硅钢片冲压而成,并装有笼型绕组。转子是一个圆柱形永久磁铁。

速度继电器的轴与电动机的轴相连接,转子固定在轴上,定子与轴同芯。当电动机转动时,速度继电器的转子随之转动,绕组切割磁场产生感应电动势和电流,此电流和永久磁铁的磁场作用产生转矩,使定子向轴的转动方向偏摆,通过摆锤拨动触点,使常闭触点断开、常开触点闭合。当电动机转速下降到接近零时,转矩减小,摆锤在弹簧力的作用下恢复原位,触点也复位。

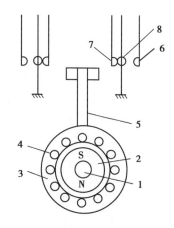

图1.22 速度继电器的结构原理示意图
1—转轴;2—转子;3—定子;4—绕组;
5—摆锤;6、7—静触点;8—动触点

速度继电器根据电动机的额定转速进行选择。

常用的感应式速度继电器有JY1和JFZ0系列。JY1系列能在3 000 r/min的转速下可靠工作,JFZ0系列触点动作速度不受定子摆锤偏转快慢的影响,触点改用微动开关。JFZ0系列的JFZ0-1型适用于300～1 000 r/min,JFZ0-2型适用于1 000～3 000 r/min。速度继电器有两对常开、常闭触点,分别对应于被控电动机的正、反转运行。一般情况下,速度继电器的触点,在转速上升达120 r/min左右时动作,在速度下降到100 r/min左右时恢复正常位置。图中速度继电器的两对常开(闭)触点不会同时动作,它与电动机的转向有关,在常开触点闭合时,只有一对闭合,另一对常开触点不会闭合。

速度继电器的图形符号和文字符号如图1.23所示。

图1.23 速度继电器的图形符号和文字符号

1.5 其他常用低压电器

1.5.1 刀开关

刀开关是一种手动操作电器中结构最简单的一种,在低压电路中用于不频繁地接通和分断电路,或用于隔离电源开关,故又称"隔离开关"。

(1)刀开关的结构和安装

刀开关是一种结构较为简单的手动电器,主要由手柄、触刀、静插座和绝缘底板等组成,如

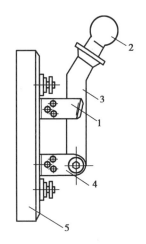

图 1.24　刀开关结构示意图
1—静触头;2—手柄;3—动触头;
4—铰链支座;5—绝缘底板

图 1.24 所示,接通或切断电路是由人工操纵手柄完成的。容量大的刀开关一般都装在配电盘的背面,通过连杆手柄操作。用刀开关切断电流时,由于电路中电感和空气电离的作用,刀片与刀座在分离时会产生电弧,特别是当切断较大电流时,电弧持续不易熄灭。因此,为安全起见,不允许用无隔弧、灭弧装置的刀开关切断大电流。在继电-接触控制系统中,刀开关一般作隔离电源用,而用接触器接通和断开负载。

刀开关在切断电源时会产生电弧,因此在安装刀开关时,手柄必须朝上,不得倒装或平装。如果安装的方向正确,那么作用在电弧上的电动力的方向和热空气的上升方向一致,这样就能使电弧迅速拉长进而熄灭,反之,若两者方向相反电弧将不易熄灭,严重时会使触头及刀片烧伤甚至造成极间短路。另外,如果倒装,手柄可能因自动下落而引起误动作合闸,很可能危及人身和设备安全。

接线时应将电源线接在上端,负载接在下端,这样拉闸后刀片与电源隔离,可防止意外发生,尽量不要带负载操作。

(2)常用刀开关

常用刀开关有 HD 系列及 HS 系列板用刀开关、HK 系列开启式负荷开关和 HH 系列封闭式负荷开关。

1)HD 系列及 HS 系列刀开关

HD 系列刀开关按现行新标准应称 HD 系列刀形隔离器,而 HS 系列为双投刀形转换开关。HD 系列刀开关、HS 系列刀形转换开关主要用于交流 380 V,50 Hz 电力网络中作电源隔离或电源转换之用,是电力网络中必不可少的电器元件,常用于各种低压配电柜、配电箱、照明箱中。HS 刀形转换开关主要用于转换电源,即当一路电源不能供电,需要另一路电源供电时就由它来转换,当转换开关处于中间位置时,可以起隔离作用。

2)HK 系列开启式负荷开关

HK 系列开启式负荷开关又称瓷底胶盖刀开关,不设专门的灭弧装置,仅利用胶盖遮护以防电弧灼伤人手,因此不宜带负载操作,适用于接通或断开有电压而无负载电流的电路。但其结构简单、操作方便、价格便宜,在一般的照明电路和功率小于 5.5 kW 的电动机控制电路中仍可采用。操作时,动作应迅速,这样可使电弧较快熄灭,既能避免灼伤人手,也能减少电弧对动触刀和静触座的灼伤。

3)HH 系列封闭式负荷开关

HH 系列封闭式负荷开关的外壳为铁制壳,俗称铁壳开关。铁壳开关由安装在铁壳内的刀开关、速断弹簧、熔断器及操作手柄等组成,通常可用于控制功率为 28 kW 以下的电动机。铁壳开关和瓷底胶盖刀开关中都装有熔断器,因此都具有短路保护作用。铁壳开关的灭弧性能、操作及通断负载的能力和安全防护性能都优于 HK 系列瓷底胶盖刀开关,但其价格较贵。

HH 系列铁壳开关的操作机构具有以下两个特点:一是采用了弹簧储能分合闸方式,其分合闸的速度与手柄的操作速度无关,从而提高了开关通断负载的能力;二是设有联锁装置,保证开关在合闸状态下开关盖不能开启,开关盖开启时又不能合闸,充分发挥外壳的防护作用,并保证了更换熔丝等操作的安全。

刀开关的型号含义和电气符号如图 1.25 所示。

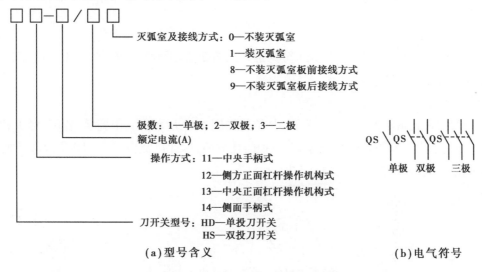

(a) 型号含义　　　　　　　　　(b) 电气符号

图 1.25　刀开关的型号含义和电气符号

1.5.2　熔断器

熔断器是一种结构简单、使用方便、价格低廉、控制有效的短路保护电器,使用时串联在电路中,当电路或用电设备发生短路时,熔体能自身熔断,切断电路,阻止事故蔓延,因而能实现短路保护,无论是在强电系统还是在弱电系统中都得到广泛的应用。

(1)熔断器的结构和工作原理

熔断器主要由熔体(俗称保险丝)和安装熔体的熔管(或熔座)组成。熔体是熔断器的主要部分,其材料一般由熔点较低的金属材料铝锑合金丝、铅锡合金丝和铜丝制成。熔管是装熔体的外壳,由陶瓷、绝缘钢纸或玻璃纤维制成,在熔体熔断时兼有灭弧作用。

熔断器的熔体与被保护的电路串联,当电路正常工作时,熔体允许通过一定大小的电流而不熔断。当电路发生短路或严重过载时,熔体中流过很大的故障电流,当电流产生的热量使熔体温度升高达到熔点时,熔体熔断并切断电路,从而达到保护的目的。

电流流过熔体时产生的热量与电流的平方和电流通过的时间成正比,因此电流越大,熔体熔断所需的时间越短。这一特性称为熔断器的保护特性(或安秒特性),如图 1.26 所示。

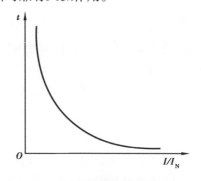

图 1.26　熔断器的安秒特性

熔断器的安秒特性为反时限特性,即短路电流越大,熔断时间越短,这样就能满足短路保护的要求。由于熔断器对过载反应不灵敏,不宜用于过载保护,主要用于短路保护。表 1.2 表示某熔体安秒特性数值关系。

表 1.2　熔断器安秒特性数值关系

熔断电流	$1.25\sim1.3I_{RN}$	$1.6I_{RN}$	$2I_{RN}$	$2.5I_{RN}$	$3I_{RN}$	$4I_{RN}$
熔断时间	∞	1 h	40 s	8 s	4.5 s	2.5 s

（2）熔断器的分类

熔断器的类型很多,按结构形式可分为插入式熔断器、螺旋式熔断器、封闭管式熔断器、快速熔断器和自复式熔断器等。

1）插入式熔断器

常用的插入式熔断器为 RC1A 系列,其结构如图 1.27 所示。它由瓷盖、瓷座、触头和熔丝 4 部分组成,由于其结构简单、价格便宜、更换熔体方便,因此广泛应用于 380 V 及以下的配电线路末端作为电力、照明负荷的短路保护。

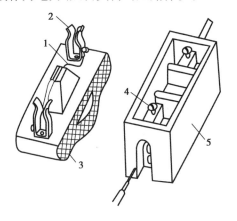

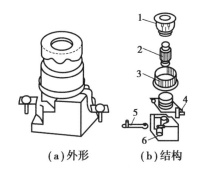

（a）外形　　（b）结构

图 1.27　插入式熔断器结构　　　　图 1.28　螺旋式熔断器外形与结构
1—熔丝;2—动触点;3—瓷盖;　　　　1—瓷帽;2—熔断管;3—瓷套;
4—静触点;5—瓷体　　　　　　　　4—上接线座;5—下接线座;6—瓷座

2）螺旋式熔断器

常用的螺旋式熔断器是 RL1 系列,其外形与结构如图 1.28 所示,由瓷座、瓷帽和熔断管等组成。熔断管上有一个标有颜色的熔断指示器,当熔体熔断时,熔断指示器会自动脱落,显示熔丝已熔断。

在安装使用时,电源线应接在下接线座,负载线应接在上接线座,这样在更换熔断管时（旋出瓷帽）,金属螺纹壳的上接线座便不会带电,保证维修者的安全。螺旋式熔断器多用于机床配线中作短路保护。

3）封闭管式熔断器和快速熔断器

封闭管式熔断器主要用于负载电流较大的电力网络或配电系统中,熔体采用封闭式结构,一是可防止电弧的飞出和熔化金属的滴出;二是在熔断过程中,封闭管内将产生大量的气体,使管内压力升高,从而使电弧因受到剧烈压缩而很快熄灭。封闭管式熔断器分无填料式和有填料式两种,常用的型号有 RM10 系列和 RT0 系列。

快速熔断器是在 RL1 系列螺旋式熔断器的基础上,为保护晶闸管半导体元件而设计的,其结构与 RL1 完全相同。常用的型号有 RLS 系列、RS0 系列等,RLS 系列主要用于小容量晶闸管元件及成套装置的短路保护;RS0 系列主要用于大容量晶闸管元件的短路保护。

4)自复式熔断器

RZ1 型自复式熔断器是一种新型熔断器,它采用金属钠作熔体。在常温下,钠的电阻很小,当电路发生短路时,钠气化,电阻变得很高,从而限制短路电流。其优点是动作快,能重复使用,无需备用熔体。缺点是它不能真正分断电路,只能利用高阻闭塞电路,故常与自动开关串联使用,以提高组合分断性能。

熔断器的型号含义和电气符号如图 1.29 所示。

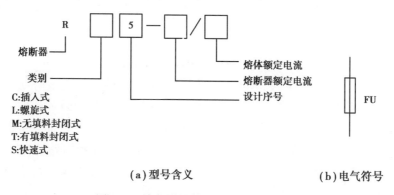

(a)型号含义　　　　　　　(b)电气符号

图 1.29　熔断器的型号含义和电气符号

1.5.3　低压断路器

低压断路器(也称自动开关)是一种既可以接通和分断正常负荷电流和过负荷电流,又可以接通和分断短路电流的开关电器。低压断路器在电路中除起控制作用外,还具有一定的保护功能,如过负荷、短路、过载、欠压和漏电保护等。低压断路器可以手动直接操作,也可以电动操作,还可以远方遥控操作。

(1)断路器的结构和工作原理

低压断路器主要由触头、灭弧装置、操动机构和保护装置等组成。断路器的保护装置由各种脱扣器来实现。断路器的脱扣器形式有:欠压脱扣器、过电流脱扣器、分励脱扣器等。

低压断路器工作原理如图 1.30 所示。断路器的主触点依靠操动机构手动或电动合闸,主触点闭合后,自由脱扣机构将主触点锁在合闸位置上。此时,短路脱扣器的线圈和热脱扣器的热元件串联在主电路中,失压脱扣器的线圈并联在电路中。当电路发生短路或严重过载时,电流脱扣器线圈 3 中的电流急剧增加,将衔铁吸合,使自由脱扣机构动作,主触点在弹簧作用下分开,从而切断电路。热脱扣器的热元件在电路过载时使双金属片向上弯曲,推动自由脱扣机构动作。当电路发生失压或欠压故障时,电压线圈 6 中的磁通下降,使电磁吸力下降或消失,衔铁在弹簧作用下向上移动,推动自由脱扣机构动作。分励脱扣器用作远距离分断电路。

(2)断路器的分类

低压断路器的分类方式很多,按使用类别分为选择型(保护装置参数可调)和非选择型

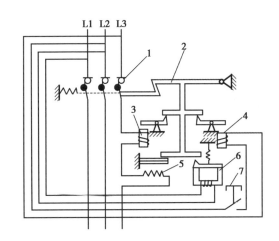

图 1.30　低压断路器工作原理图

1—主触点；2—自由脱扣机构；3—过电流脱扣器；4—分励脱扣器；

5—热脱扣器；6—失压脱扣器；7—按钮

（保护装置参数不可调）；按结构形式分为 DW15、DW16、CW 系列万能式（又称框架式）和 DZ5 系列、DZ15 系列、DZ20 系列、DZ25 系列塑壳式断路器，其派生产品有 DZX 系列限流断路器，带剩余电流保护功能（漏电保护功能）的剩余电流动作保护断路器，缺相保护断路器等；按灭弧介质分为空气式和真空式（目前国产多为空气式）；按操作方式分为手动操作、电动操作和弹簧储能机械操作；按极数分为单极式、二极式、三极式和四极式；按安装方式分为固定式、插入式、抽屉式和嵌入式等。低压断路器容量范围很大，最小为 4 A，而最大可达 5 000 A。

（3）断路器的主要技术参数

我国低压电器标准规定低压断路器应有下列特性参数：

1）形式

断路器形式包括相数、极数、额定频率、灭弧介质、闭合方式和分断方式。

2）主电路额定值

主电路额定值有：额定工作电压、额定电流、额定短路接通能力、额定短路分断能力等。万能式断路器的额定电流还分主电路的额定电流和框架等级的额定电流。

3）额定工作制

断路器的额定工作制可分为 8 h 工作制和长期工作制两种。

4）辅助电路参数

断路器辅助电路参数主要为辅助接点特性参数。万能式断路器一般具有常开触点、常闭触点各 3 对，供信号装置及控制回路用，而塑壳式断路器一般不具备辅助触点。

5）其他

断路器特性参数除上述各项外，还包括脱扣器形式、特性及使用类别等。

低压断路器的主要技术参数见表 1.3。

表 1.3　DZ5 系列低压断路器的主要技术参数

型　号		DZ5-20			DZ5-50		
额定电压 U_N/V		AC400			AC400		
壳架等级额定电流 I_N/A		20			50		
额定电流 I_N/A		0.15、0.2、0.3、0.45、0.65、1\1.5、2.3、4.5、6.5、10、15、20			10 I_N		
断路保护电路整定值 I_r/A	配电用	10 I_N			10 I_N		
	保护电动机用	12 I_N			12 I_N		
额定短路分断能力/A	I_N/A	复式脱扣器	电磁式脱扣器	热脱扣器	液压		
	0.15~6.5 10~20	1 200~1 500	1 200~1 500	14 I_N	2 500		
寿命/次	有载	1 500			1 500		
	无载	8 500			8 500		
	总计	10 000			10 000		
每小时操作次数 次/h		120			120		
极数 P		2、3			3		
保护特性		热式和电磁脱扣器			液压脱扣器阻尼（电动机用）		
配电用	$I／I_r$	1.05	1.3	2.0	3.0	1.0	1.2	1.5
	动作时间	≥1 h 不动作	<1 h 动作	<4 min 动作	可返回 时间>1 s	>2 h 不动作	1 h 动作	<3 min
保护电动机用	$I／I_r$	1.05	1.2	1.5	7.2	7.2		12
	动作时间	≥1 h 不动作	<1 h 动作	<3 min 动作	2 s<可返回 时间<1 s	可返回 时间>1 s		<0.2 s

断路器的型号含义和电气符号如图 1.31 所示。

（4）智能化低压断路器

微处理器和计算机技术引入低压电器后，一方面使低压电器具有智能化功能；另一方面通过中央控制系统使低压开关电器进入计算机网络系统。

微处理器引入低压断路器，使断路器的保护功能大大增强，它不但具有过载长延时、短路短延时、瞬时、接地漏电等四段保护特性，还具有过载监控保护，电流表、电压表显示及故障电流和时间值显示等。

智能化断路器可反映负载电流的有效值，消除输入信号中的高次谐波，从而避免高次谐波

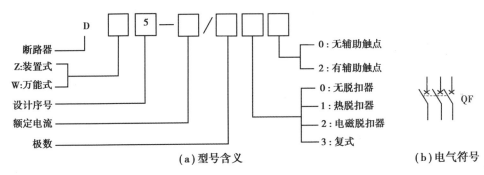

图 1.31　断路器的型号含义和电气符号

造成的误动作。

采用微处理器还能提高断路器的自身诊断和监视功能,可监视检测电压、电流和保护特性,并可用液晶屏显示。当断路器内部温升超过允许值,或触头磨损量超过限定值时能发出警报。

智能化断路器能保护各种启动条件的电动机,并具有很高的动作准确性,整定调节范围宽,可以保护电动机的过载、断相、三相不平衡、接地故障等。智能化断路器通过与控制计算机组成网络还可自动记录断路器运行情况和实现遥测、遥控和遥信。

智能化断路器是传统低压断路器改造、提高、发展的方向。近年来,我国的断路器生产厂也已开发生产各种类型的智能化控制的低压断路器,相信今后智能化断路器在我国一定会有更大的发展。

随着科学技术的发展,新功能、新设备会不断出现,从 20 世纪 80 年代后期开始,对新一代低压电器产品普遍提出了高性能、高可靠、小型化、多功能、组合化、模块化、电子化、环保型、智能化的要求。随着计算机网络的发展与应用,采用计算机网络控制的低压电器均要求能与中央控制计算机进行通信,为此各种可通信低压电器应运而生,它们很有可能成为今后一段时间低压电器的重要发展方向之一。

本章小结

本章主要介绍了常用低压电器的用途、基本构造、工作原理及其主要参数、型号与电气符号。对于这些种类繁多的低压电器,应抓住它们的共同本质,了解其特点,这对于正确选择和合理使用这些电器是很有必要的。

每种电器都有一定的使用范围,要根据使用要求正确选用。电器的技术参数是选用的主要依据,其参数可以在产品说明书及电工手册中查阅。

从工作原理上来说,低压电器绝大部分都是利用电磁原理制成的,所以自动化电器普遍带有电磁机构,因此电磁线圈的电流种类、电压高低也是这些电器选择的重要依据。对电磁式继电器而言,为适应控制系统要求,其电磁系统能够进行调整并有一定的调整范围。

学习本章时一定要联系实际,对照低压电器的实物进行实验实训。同时对照电器产品目录了解电器参数及其意义,学会正确选择和合理使用电器。

习题与思考题

1.1　拆装常用低压电器,掌握其结构和各部件的作用。

1.2　灭弧的基本原理是什么? 低压电器常用的灭弧方法有哪几种?

1.3　熔断器有哪些用途? 在电路中应如何连接?

1.4　刀开关、万能转换开关的作用是什么?

1.5　交流接触器线圈断电后,动铁芯不能立即释放,电动机不能立即停止,原因是什么?

1.6　交流电磁线圈误接入直流电源或直流电磁线圈误接入交流电源会出现什么情况? 为什么?

1.7　交流接触器的主触点、辅助触点和线圈各接在什么电路中,应如何连接?

1.8　什么是继电器? 它与接触器的主要区别是什么? 在什么情况下可用中间继电器代替接触器启动电动机?

1.9　空气阻尼式时间继电器是利用什么原理达到延时目的的? 如何调整延时时间的长短?

1.10　热继电器有何作用? 在实际使用中应注意哪些问题?

1.11　在电动机控制电路中,熔断器和热继电器能否互相取代? 为什么?

1.12　两相热继电器和三相热继电器能互相代替使用吗? 为什么?

1.13　使用低压断路器可以对线路和电器设备起到哪些保护作用? 其额定电流应该怎样选择?

1.14　什么是速度继电器? 其作用是什么? 速度继电器内部的转子有什么特点? 若其触头过早动作,应如何调整?

1.15　单相交流电磁铁的短路环断裂或脱落后,在工作中会出现什么现象? 为什么?

1.16　断路器可以拥有哪些脱扣器? 用于保护电动机需要哪些脱扣器? 用于保护灯光球场的照明线路需要哪些脱扣器? 断路器与熔断器相比较,各有什么特点?

1.17　闸刀开关在安装时,为什么不得倒装? 如果将电源线接在闸刀下端,有什么问题?

1.18　"将 3 只 20 A 的接触器的触头并联起来,就可正常控制 60 A 的负载;若控制 30 A 的负载,它们的寿命就约延长一倍。"这种说法对吗? 为什么?

1.19　两个同型号的交流接触器,线圈额定电压为 110 V,试问能不能串联后接于 220 V 交流电源?

1.20　额定电流 30 A 的电动机带稳定负载,测得电流值为 26 A,应如何整定热继电器的额定电流值? 对于三角形接法的电动机应如何选择热继电器?

第 **2** 章

继电器-接触器控制的基本线路

学习目标：

1. 了解绘制电气图的基本规则。

2. 熟悉电气图的常用符号。

3. 熟练掌握三相异步电动机继电器-接触器的基本控制线路。

4. 理解其工作原理和控制及保护功能，为分析生产机械电气控制线路识图、安装接线及故障检测打下良好的基础。

2.1 电气控制系统图的绘制规则和常用符号

电气控制线路是由许多电器元件按照一定的要求和规律连接而成的。为了表达各种设备电气控制系统的结构和原理，便于电气控制系统的安装、调试、使用和维修，需要将电气控制系统中各电器元件及它们之间的连接线路用一定的图形表达出来，这种图形就是电气控制系统图，一般包括电气原理图、电器布置图和电气安装接线图 3 种。各种图有其不同的用途和规定画法，但都要求按照统一的图形和文字符号及标准画法来绘制。为此，国家制订了一系列标准来规范电气控制系统的各种技术资料。

2.1.1 常用电气图的图形符号与文字符号

国家标准局参照国际电工委员会（IEC）颁布的标准，制定了我国电气制图的一系列有关国家标准，其中包括 GB/T 4728-1998—2000《电气图用图形符号》和 GB 7159—1987《电气技术中的文字符号制定通则》。在电气控制系统图中常用的电器元件的图形和文字符号可参见附录。

在国家标准中，电气技术中的文字符号分为基本文字符号（单字母或双字母）和辅助文字符号。基本文字符号中的单字母符号按英文字母将各种电气设备、装置和元器件划分为 23 个大类，每个大类用一个专用单字母符号表示。如"K"表示继电器、接触器类，"F"表示保护器件类等，单字母符号应优先采用。双字母符号是由一个表示种类的单字母符号与另一字母组成,其组合应以单字母符号在前,另一字母在后的次序列出。只有当用单字母符号不能满足要求,容易混淆,需要将大类进一步划分时,才采用双字母符号,以便较详细和具体地表述电气设备、装置和元器件。如"F"表示保护器件类,而"FU"表示熔断器,"FR"表示热继电器等。双字母符号的第一个字母只允许按 GB 7159—1987《电气技术中的文字符号制定通则》中单字母所表示的种类使用,详见表 2.1。

表 2.1　单字母和双字母符号的使用规则

基本文字符号		项目种类	设备、装置 元器件举例	基本文字符号		项目种类	设备、装置 元器件举例
单字母	双字母			单字母	双字母		
A	AT	组件部件	抽屉柜	Q	QF QM QS	开关器件	断路器 电动机保护开关 隔离开关
B	BP BQ BT BV	非电量到电量变换器,或电量到非电量变换器	压力变换器 位置变换器 温度变换器 速度变换器	R	RP RT RV	电阻器	电位器 热敏电阻器 压敏电阻器
F	FU FV	保护器件	熔断器 限压保护器件	S	SA SB SP SQ ST	控制、记忆、信号电路的开关器件选择器	控制开关 按钮开关 压力传感器 位置传感器 温度传感器
H	HA HL	信号器件	声响指示器 指示灯	T	TA TC TM TV	变压器	电流互感器 电源变压器 电力变压器 电压互感器
K	KA KM KP KR KT	接触器、继电器	中间继电器 交流继电器 接触器 极化继电器 簧片继电器 延时有或无继电器	X	XP XS XT	端子、插头、插座	插头 插座 端子板
P	PA PJ PS PV PT	测量设备 实验设备	电流表 电度表 记录仪器 电压表 时钟、操作时间表	Y	YA YV YB	电气操作的机械器件	电磁铁 电磁阀 电磁离合器

2.1.2 电气原理图

电气系统图中,电气原理图应用最多,为便于阅读和分析控制线路,根据简单、清晰的原则,采用电气原件展开的方式绘制而成。它包括所有电气元件的导线部分和接线端点,但并不按电气元件的实际位置来画,也不反映电气元件的形状、大小和安装方式。

由于电气原理图具有结构简单、层次分明,适于研究、分析电路的工作原理等优点,所以无论在设计部门还是竹产现场都得到了广泛的应用。现以 CW6132 型普通车床的电气原理图(如图 2.1 所示)为例来说明绘制电气原理图应遵循的一些基本原则:

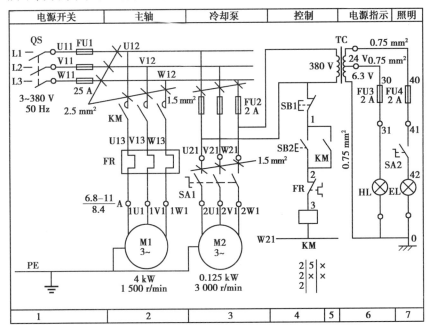

图 2.1 CW6132 型普通车床的电气原理图

①电气原理图一般分为主电路、控制电路和辅助电路 3 个部分。主电路包括从电源到电机的电路,是大电流通过的部分,画在图的左边(如图 2.1 中的 1、2、3 区)。控制电路和辅助电路通过的电流相对较小,控制电路一般为继电器、接触器的线圈电路,包括各种主令电器、继电器、接触器的触点(如图 2.1 中的 4、5 区)。辅助电路一般指照明、信号指示、检测等电路(如图 2.1 中的 6、7 区)。各电路均应尽可能按动作顺序由上至下、由左至右画出。

②电气原理图中所有电器元件的图形和文字符号必须符合国家规定的统一标准。在电气原理图中,电器元件采用分离画法,即同一电器的各个部件可以不画在一起,但必须用同一文字符号标注。对于同类电器,应在文字符号后加数字序号以示区别(如图 2.1 中的 FU1~4)。

③在电气原理图中,所有电器的可动部分均按原始状态画出。即对于继电器、接触器的触点,应按其线圈不通电时的状态画出;对于控制器,应按其手柄处于零位时的状态画出;对于按钮、行程开关等主令电器,应按其未受外力作用时的状态画出。

④动力电路的电源线应水平画出;主电路应垂直于电源线画出;控制电路和辅助电路应垂直于两条或几条水平电源线之间;耗能元件(如线圈、电磁阀、照明灯和信号灯等)应接在下面一条电源线一侧,而各种控制触点应接在另一条电源线上。

⑤应尽量减少线条数量,避免线条交叉。各导线之间有电联系时,应在导线交叉处画实心圆点。根据图面布置需要,可以将图形符号旋转绘制,一般按逆时针方向旋转90°,但其文字符号不可以倒置。

⑥在电气原理图上应标出各个电源电路的电压值、极性或频率及相数;对某些元器件还应标注其特性(如电阻、电容的数值等);不常用的电器(如位置传感器、手动开关等)还要标注其操作方式和功能等。

⑦为方便阅图,在电气原理图中可将图幅分成若干个图区,图区行的代号用英文字母表示,一般可省略;列的代号用阿拉伯数字表示,其图区编号写在图的下面,并在图的顶部标明各图区电路的作用。

⑧在继电器、接触器线圈下方均列有触点表以说明线圈和触点的从属关系,即"符号位置索引"。也就是在相应线圈的下方给出触点的图形符号(有时也可省去),对未使用的触点用"×"表明(或不作表明)。

接触器各栏表示的含义如下:

左栏	中栏	右栏
主触点所在图区号	辅助常开触点所在图区号	辅助常闭触点所在图区号

继电器各栏表示的含义如下:

左栏	右栏
常开触点所在图区号	常闭触点所在图区号

此外,绘制电气控制线路图中的支路、元件和接点时,一般都要加上标号。主电路标号由文字和数字组成。文字用以标明主电路中的元件或线路的主要特征,数字用以区别电路的不同线段。如三相交流电源引入线端采用 L1、L2、L3 标号,电源开关之后的三相交流电源主电路和负载端分别标 U,V,W。如 U11 表示电动机的第一相的第一个接点,依次类推。控制电路的标号由 3 位或 3 位以下的数字组成,并且按照从上到下、从左至右的顺序标号。

2.1.3　电器元件布置图

电器元件布置图表明电气设备上所有电器元件的实际安装位置,为生产机械电气控制设备的制造、安装、维修提供必要的资料。电器元件布置图设计以经济合理、安全美观为原则,图中电器元件用实线框表示,而不必按其外形形状画出;同时图中往往还留有 10% 以上的备用面积及导线管(槽)的位置,以供走线和改进设计时用;在图中还需要标注出必要的尺寸。CW6132 型普通车床的电器布置图如图 2.2 所示。

2.1.4　电气安装接线图

电气安装接线图反映的是电气设备各控制单元内部元件之间的接线关系,是为了安装电气设备和电气元件、进行配线或检修电器故障服务的,图中可以看出电气设备中各元件的空间位置和接线情况,在安装和检修时对照原理图一起作用。图 2.3 所示为 CW6132 型普通车床的电气安装接线图。

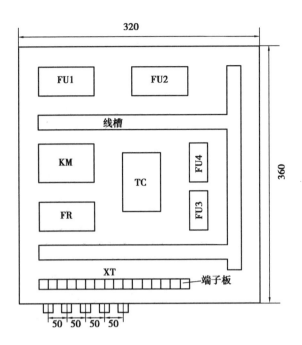

图 2.2　CW6132 型普通车床的电器布置图

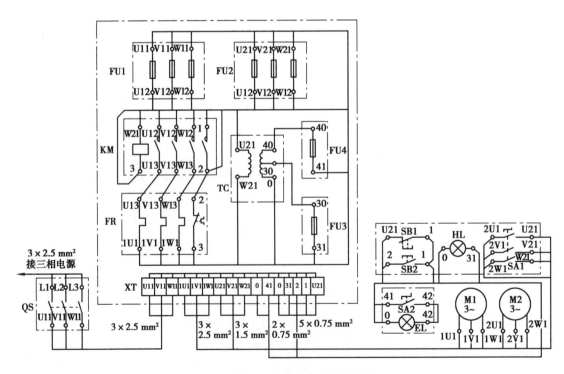

图 2.3　CW6132 车床电气安装接线图

2.2 电气控制电路的基本控制规律

电气控制线路的种类很多,有的看上去电路元件繁多,结构复杂,但实际上大多数线路都由一些基本控制线路组成。掌握这些基本控制规律,可为机床控制线路的阅读分析、安装接线、故障检修打下基础。

2.2.1 自锁控制电路

(1)手动控制电路

图 2.4 为用开关(刀开关、组合开关或空气开关)控制的电动机直接启动和停止电路。这种电路一般只适用于不频繁启动的小容量电动机,不能实现自动控制和远距离控制,也不能实现零压、欠压和过载保护。

(2)点动控制电路

生产机械有时需要做调整运动,调节刀架刀具及工件的相对位置,要求对电动机点动运行。点动控制电路是用按钮和接触器控制电动机的最简单的控制线路,其原理图如图 2.5 所示,分为主电路和控制电路两部分。主电路的电源引入采用了隔离开关 QS,电动机的电源由接触器 KM 主触点的通、断来控制。

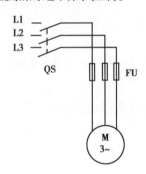

图 2.4 手动控制电路

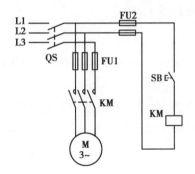

图 2.5 点动控制电路

电路工作原理如下:

首先合上电源开关 QS。

启动:

按下SB ——▶ KM线圈得电 ——▶ KM主触点闭合 ——▶ 电动机M运转

停止:

松开SB ——▶ KM线圈失电 ——▶ KM主触点分断 ——▶ 电动机M停转

这种按钮按下时电动机就运转、按钮松开后电动机就停止的控制方式,称为点动控制。

(3)自锁控制电路

大多数情况下,电动机要长时间连续单向运行,由接触器自锁控制电路来完成。接触器自锁控制电路如图 2.6(a)所示,它是一种广泛采用的连续运行控制线路。在点动控制电路的基础上它又在控制回路增加了一个停止按钮 SB1,还在启动按钮 SB2 的两端并联了接触器的一对辅助常开触点 KM。除此之外,还增设了热继电器 FR 作为电动机的过载保护,它的常闭触点串联在控制回路中,发热元件串联在主回路中,这对长期运转的电动机是很有必要的。

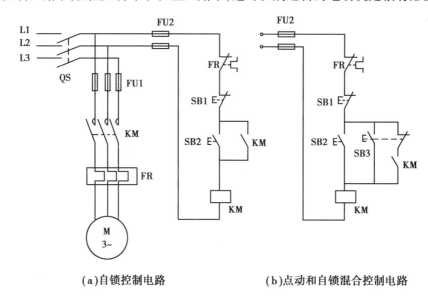

(a)自锁控制电路   (b)点动和自锁混合控制电路

图 2.6 三相异步电动机自锁控制电路

电路工作原理如下:

首先合上电源开关 QS。

启动:

按下SB2 ── KM线圈得电 ── → KM主触点闭合 ── → 电动机M运转
                     ── KM辅助动合触点闭合,自锁

当松开 SB2 后,由于 KM 辅助常开触点闭合,KM 线圈仍得电,电动机 M 继续运转。这种依靠接触器自身辅助常开触点使其线圈保持通电的现象称为自锁(或称自保),起自锁作用的辅助常开触点称为自锁触点(或称自保触点),这样的控制线路称为具有自锁(或自保)的控制线路。

停止:

按下SB1 ── KM线圈失电 ── → KM主触点分析 ── → 电动机M停转
                     ── KM辅助动合触点分断,解锁

(4)点动和自锁混合控制电路

生产实际中,很多生产机械既需要点动控制,又可以连续运行,实现点动和长动的混合控制,如刨床、铣床等主轴控制。

图 2.6(b)所示的电路既能进行点动控制,又能进行自锁控制,所以称为点动和自锁混合控制电路。图中 SB2 为连续运转启动按钮,当按下按钮 SB2 时,其工作原理与自锁控制电路的工作原理相同。SB3 为点动按钮,当按下 SB3 时,接触器 KM 线圈得电,其 3 个主触点闭合,电动机通电转动(此时,SB3 常闭触点分断,KM 辅助常开触点的自锁不起作用)。松开 SB3 时,接触器 KM 线圈失电,3 个主触点分断,电动机断电停转。

（5）电路保护环节

1）短路保护

图 2.6（a）中，由熔断器 FU1、FU2 分别对主电路和控制电路进行短路保护。为了扩大保护范围，电路中熔断器应安装在靠近电源端，通常安装在电源开关下面。

2）过载保护

图 2.6（a）中，由热继电器 FR 对电动机进行过载保护。当电动机工作电流长时间超过额定值时，FR 的常闭触点会自动断开控制回路，使接触器线圈失电释放，从而使电动机停转，实现过载保护作用。

3）欠压和失压保护

图 2.6（a）中，由接触器本身的电磁机构还能实现欠压和失压保护。当电源电压过低或失去电压时，接触器的衔铁自行释放，电动机断电停转；而当电压恢复正常时，要重新操作启动按钮才能使电动机再次运转。这样可以防止重新通电后因电机自行运转而发生的意外事故。

2.2.2　互锁控制电路

在生产加工过程中，除了要求电动机实现单向运行外，往往还要求电动机能实现可逆运行，如 Z37 型摇臂钻床、X62 型万能铣床、钻床液压泵等机床设备。可逆运行由电动机的正反转控制来实现，由三相交流电动机的工作原理可知，如果控制装置将接至电动机的三相电源线中的任意两相对调，就可以实现电动机的正反转。

（1）正反转控制电路

图 2.7 为两个接触器的电动机正反转控制电路，其主电路与单向连续运行控制线路相比，只增加了一个反转控制接触器 KM2。当 KM1 的主触点闭合时，电动机接电源正相序；当 KM2 的主触点闭合时，电动机接电源反相序，从而实现电动机正转和反转的控制。

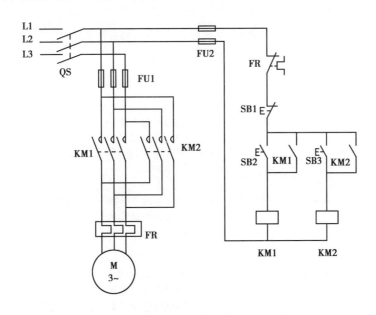

图 2.7　两个接触器的电动机正反转控制电路

如图 2.7 所示，如果按下正转启动按钮 SB2，接触器 KM1 线圈得电并自锁，电动机开始正转;如果按下反转启动按钮 SB3,接触器 KM2 线圈得电并自锁,电动机开始反转。但是若同时按下 SB2 和 SB3,则接触器 KM1 和 KM2 线圈同时得电并自锁,它们的主触点都闭合,这时会造成电动机三相电源的相间短路事故,所以该电路一般不能使用。

为了避免两接触器同时得电而造成电源相间短路,在控制电路中,分别将两个接触器 KM1、KM2 的辅助常闭触点串接在对方的线圈回路里,如图 2.8 所示。这样可以形成互相制约的控制,即一个接触器通电时,其辅助常闭触点会断开,使另一个接触器的线圈支路不能通电。这种利用两个接触器(或继电器)的常闭触点互相制约的控制方法叫做互锁(也称联锁),而这两对起互锁作用的触点称为互锁触点。

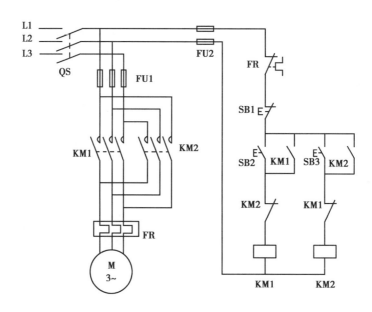

图 2.8 接触器互锁的电动机正反转控制电路

接触器互锁的电动机正反转控制的工作原理如下:

首先合上电源开关 QS。

正转启动:

停止:

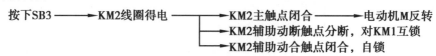

反转启动:

按下SB3 ──→ KM2线圈得电 ──→ KM2主触点闭合 ──→ 电动机M反转
├──→ KM2辅助动断触点分断,对KM1互锁
└──→ KM2辅助动合触点闭合,自锁

欲使用该电路改变电动机的转向时必须先按下停止按钮,使接触器触点复位后才能按下另一个启动按钮使电动反向运转。

（2）按钮、接触器双重互锁的正反转控制电路

在图 2.8 所示的接触器互锁正反转控制电路中,若其中一个接触器发生熔焊现象,则当接触器线圈得电时,其常闭触点不能断开另一个接触器的线圈电路,这时仍会发生电动机相间短路事故,因此应采用图 2.9 所示的按钮、接触器双重互锁的正反转控制电路。所谓按钮互锁,就是将复合按钮常开触点作为启动按钮,而将其常闭触点作为互锁触点串接在另一个接触器线圈支路中。这样,要使电动机改变转向,只要直接按反转按钮就可以了,而不必先按停止按钮,简化了操作。同时,控制电路中保留了接触器的互锁作用,因此更加安全可靠,为电力拖动自动控制系统广泛采用。

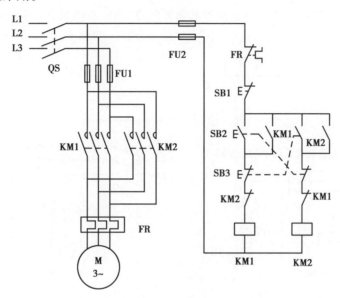

图 2.9　按钮、接触器双重互锁的电动机正反转控制电路

2.2.3　行程控制电路

机械设备中,如机床的工作台、高炉的加料设备等要求工作台在一定距离内能自动往返运动,这就需要能对电动机实现自动转换正反转控制。由行程开关控制的工作台自动往返运动的示意图及控制电路如图 2.10 所示。图中 SQ1、SQ2 分别为工作台正、反向进给的换向开关,SQ3、SQ4 分别为正、反向限位保护开关,机械撞块 1、2 分别固定在运动部件的左侧和右侧。

电路工作过程分析如下:

启动时,按下正转启动按钮 SB2,KM1 线圈得电并自锁,电动机正转运行并带动机床运动部件左移。当运动部件上的撞块 1 碰撞到行程开关 SQ1 时,将 SQ1 压下,使其常闭触点断开,切断了正转接触器 KM1 线圈回路;同时 SQ1 的常开触点闭合,接通了反转接触器 KM2 线圈回路,使 KM2 线圈得电自锁,电动机由正向旋转变为反转,带动运动部件向右运动。当运动部件上的撞块 2 碰撞到行程开关 SQ2 时,SQ2 动作,使电动机由反转又转入正转运行,如此往返运动,从而实现运动部件的自动循环控制。

若启动时工作台在左端,应按下 SB3 进行启动。

2.2.4 多地控制电路

能在两地或多地控制同一台电动机的控制方式,叫做电动机的多地控制。

图 2.11 所示为两地控制的电路图。所谓两地控制,是在两个地点各设一套电动机启动和停止用的控制按钮,图中 SB3、SB2 为甲地控制的启动和停止按钮,SB4、SB1 为乙地控制的启动和停止按钮。电路的特点是:两地的启动按钮 SB3、SB4(常开触点)要并联,停止按钮 SB1、SB2(常闭触点)要串联。这样就可以分别在甲、乙两地起、停同一台电动机,达到操作方便之目的。

对三地或多地控制,只要将各地按钮的常开触点并联、常闭触点串联就可实现。

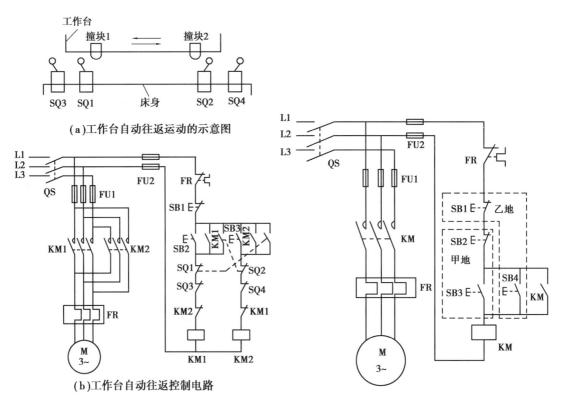

图 2.10   工作台自动往返运动的示意图及控制电路　　　　图 2.11   两地控制电路

2.2.5 顺序控制电路

在多电动机驱动的生产机械上,各台电动机所起的作用不同,设备有时要求某些电动机按一定顺序启动并工作,以保证操作过程的合理性和设备工作的可靠性。如,铣床工作台(放置工件)的进给电动机必须在主轴(刀具)电动机启动的条件下才能启动。这就对电动机启动过程提出了顺序控制的要求。实现顺序控制要求的电路称为顺序控制电路。常用的顺序控制电路有两种:一种是主电路的顺序控制;另一种是控制电路的顺序控制。

(1)主电路的顺序控制

主电路顺序启动控制电路如图 2.12 所示。电动机 M1、M2 分别通过接触器 KM1、KM2 来控制,接触器 KM2 的 3 个主触点串在接触器 KM1 主触点的下方。这就保证了只有当 KM1 闭合,电动机 M1 启动运转后,KM2 才能使 M2 得电启动,满足电动机 M1、M2 顺序启动的要求。图中启动按钮 SB2、SB3 分别用于两台电动机的启动控制,按钮 SB1 用于电动机的同时停止控制。

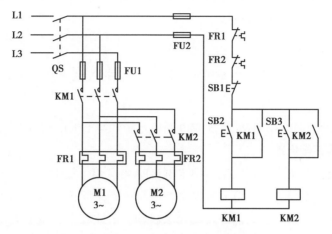

图 2.12　主电路实现顺序控制电路

（2）控制电路的顺序控制

用控制电路来实现电动机顺序控制的电路如图 2.13 所示。图 2.13（a）中接触器 KM2 的线圈串联在接触器 KM1 自锁触点的下方,这就保证了只有当 KM1 线圈得电自锁、电动机 M1 启动后,KM2 线圈才可能得电自锁,使电动机 M2 启动。图中接触器 KM1 的辅助常开触点具有自锁和顺序控制的双重功能。

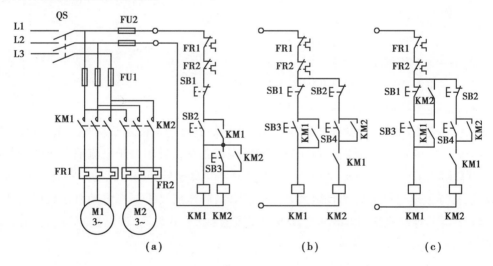

图 2.13　控制电路实现电动机顺序控制的电路

图 2.13（b）是将图 2.13（a）中 KM1 辅助常开触点自锁和顺序控制的功能分开,专门用一个 KM1 辅助常开触点作为顺序控制触点,串联在接触器 KM2 的线圈回路中。当接触器 KM1 线圈得电自锁、辅助常开触点闭合后,接触器 KM2 线圈才具备得电工作的先决条件,同样可以实现顺序启动控制的要求。在该线路中按动停止按钮 SB1 和 SB2 可以分别控制两台电动机使其停转。

39

图 2.13(c)所示的电路除具有顺序启动控制功能以外,还能实现逆序停车的功能。图中接触器 KM2 的辅助常开触点并联在停止按钮 SB1 常闭触点两端,只有接触器 KM2 线圈失电(电动机 M2 停转)后,操作 SB1 才能使接触器 KM1 线圈失电,从而使电动机 M1 停转,即实现 M1、M2 顺序启动、逆序停车的控制要求。

2.3 三相异步电动机降压启动控制电路

前面介绍的各种控制电路启动时,加在电动机定子绕组上的电压就是电动机的额定电压,属于全压启动,又称直接启动。

电动机直接启动时,定子启动电流为额定电流的 4~7 倍。过大的启动电流将导致供电线路上产生很大的压降,不仅会减小电动机本身的启动转矩,而且还将影响接在同一电网上的其他用电设备的正常工作,甚至使它们停转或无法启动。因此较大容量的电动机需要采用降压启动,有时为了减小和限制启动时对机械设备的冲击,即使允许直接启动的电动机,也往往采用降压启动。

通常规定电源容量在 180 kV·A 以上,电动机容量在 7 kW 以下的三相异步电动机可采用直接启动。在工程实践中,也可按式(2.1)所示的经验公式来确定:

$$\frac{I_{st}}{I_N} \leqslant \frac{3}{4} + \frac{S_N}{4P_N} \tag{2.1}$$

式中　I_{st}——电动机的启动电流,A;

　　　I_N——电动机的额定电流,A;

　　　P_N——电动机的额定功率,kW;

　　　S_N——电源变压器的容量,kV·A。

凡不能满足直接启动条件的,均须采取降压启动。

降压启动是指利用启动设备将电压适当降低后加到电动机的定子绕组上进行启动,待电动机启动到一定的转速后,再将其电压恢复到额定值正常运转。由于电流随电压的降低而减小,所以降压启动达到了减小启动电流的目的。由于电动机转矩与电压的平方成正比,所以降压启动也将导致电动机的启动转矩大大降低,因此,降压启动需要在电动机空载或轻载下进行。鼠笼式异步电动机常用的降压启动方法主要有:定子串电阻(或电抗)降压启动、自耦变压器降压启动、丫-△降压启动等。

2.3.1 定子串电阻降压启动控制电路

这种启动方法是:启动时,在电动机的定子绕组中串接电阻,通过电阻的分压作用,使电动机定子绕组上的电压减小;待启动完毕后,将电阻切除,使电动机在额定电压下正常运转。其控制电路如图 2.14 所示。

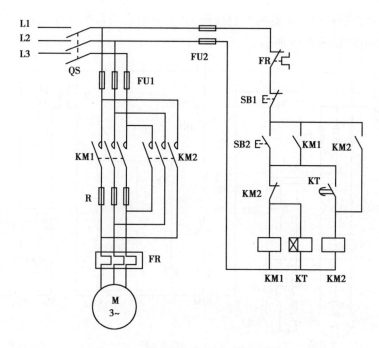

图 2.14　定子串电阻降压启动控制电路

电路工作原理如下：

首先合上电源开关 QS。

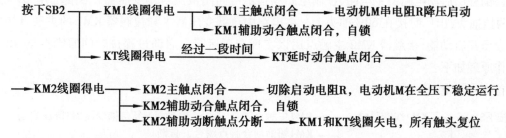

采用定子串电阻降压启动的缺点是：减小了电动机启动转矩；电阻上功率损耗较大；如果启动频繁，则电阻的温升很高，对于精密的机床会产生一定的影响，但控制设备简单，在中小型生产机械中应用较广。

2.3.2　自耦变压器降压启动控制电路

自耦变压器降压启动是指电动机启动时利用自耦变压器来降低加在电动机定子绕组上的启动电压。待启动一定时间，转速升高到预定值后，将自耦变压器切除，电动机定子绕组直接接上电源电压，进入全压运行。

自耦变压器降压启动适用于容量较大的三相交流笼型异步电动机的不频繁启动，常用的自耦变压器降压启动装置分为手动和自动两种操作形式。手动操作的自耦补偿启动器有 QJ3、QJ5 等系列；自动操作的有 XJ01、CTZ 等系列。实际应用中，自耦变压器二次侧有电源电压的 65%、73%、80% 等抽头，使用时应根据负载情况及供电系统要求选择一个合适的抽头。

下面以 XJ01 系列自耦补偿启动器的控制线路为例,介绍启动器的工作原理。XJ01 系列自耦补偿启动器控制电路如图 2.15 所示。

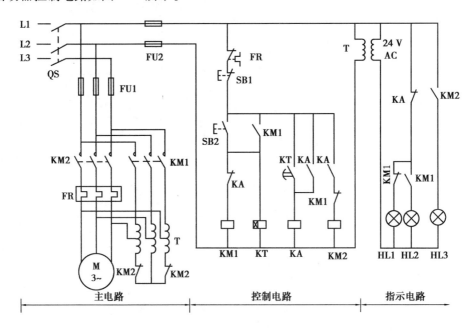

图 2.15　XJ01 系列自耦补偿启动器控制电路

自耦补偿启动电路由主电路、控制电路和指示电路组成。自耦变压器二次侧备有 65% 及 80% 两挡抽头,出厂时接在 60% 抽头上。主电路中自耦变压器 T 和接触器 KM1 的主触点构成自耦变压器启动器,接触器 KM2 主触点用以实现全压运行。启动过程按时间原则控制,电动机工作原理如下:

首先合上电源开关 QS。

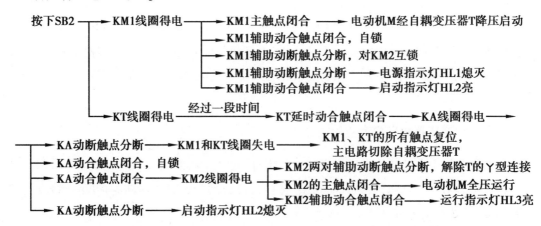

图 2.15 所示控制电路选用中间继电器 KA,用以增加触点个数和提高控制电路设计的灵活性。指示电路用于通电、启动、运行指示。该电路还具有过载和失压保护。

自耦变压器降压启动方法适用于启动较大容量的电动机,启动转矩可以通过改变抽头的连接位置得到改变。但是自耦变压器价格较贵,而且不允许频繁启动,通常用于启动大型的和特殊用途的电动机。

2.3.3　Y-△降压启动控制电路

Y-△降压启动是指电动机启动时,把定子绕组接成星形,以降低启动电压,限制启动电流;待电动机启动后,再把定子绕组改接为三角形,使其全压运行。

Y-△降压启动适用于正常运行时定子绕组为三角形连接的电动机。Y 形接法降压启动时,加在每相定子绕组上的启动电压只有三角形接法的 $\frac{1}{\sqrt{3}}$,启动电流为三角形接法的 $\frac{1}{3}$,启动转矩也只有三角形接法的 $\frac{1}{3}$。Y-△降压启动的优点是启动设备简单,成本低,运行比较可靠,维护方便,所以广为应用。

Y-△降压启动控制线路已经很成熟,并已做成专用的启动设备,如 QX3 系列。启动时,定子绕组首先接成星形,待转速上升到接近额定转速时,再将定子绕组接成三角形,使电动机进入正常运行状态。M7475B 型平面磨床主电机,YH32-500D 型四柱液压机的油压泵电机,就是一种典型的 Y-△降压启动控制方式。

图 2.16 为 QX3-13 型 Y-△降压启动器的控制电路。该电路使用了 3 个接触器和 1 个时间继电器,可分为主电路和控制电路两部分。主电路中接触器 KM1 和 KM3 的主触点闭合时定子绕组为星形连接(启动);KM1、KM2 主触点闭合时定子绕组为三角形连接(运行)。控制电路按照时间控制原则实现自动切换。

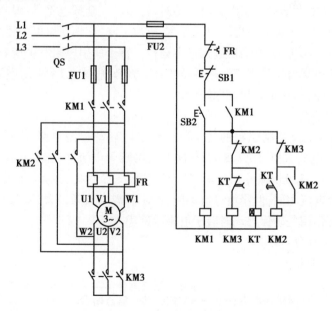

图 2.16　QX3-13 型 Y-△自动启动器控制电路

电路工作过程如下:

首先合上电源开关 QS。

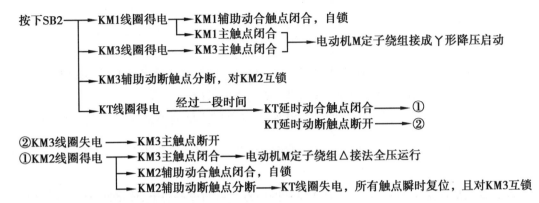

注意:控制回路中 KM2、KM3 之间设有互锁,以防止 KM2、KM3 主触点同时闭合造成电动机主电路短路,保证电路的可靠工作。电路还具有短路、过载和零压、欠压等保护功能。

2.3.4 绕线式异步电动机转子串电阻降压启动控制电路

如果希望在启动时既要限制启动电流,又不降低启动转矩,则可选用绕线式三相异步电动机。启动时,在其转子电路串入启动电阻或频敏变阻器,启动完成后将转子电路串入的启动电阻或频敏变阻器由控制电路自动切除。

绕线式三相异步电动机可以通过滑环在转子绕组中串接外加电阻来改善电动机的机械特性,从而减少启动电流、提高启动转矩,使其具有良好的启动性能,以适用于电动机的重载启动。

绕线式三相异步电动机转子串电阻启动时,转子串入全部电阻,以限制启动电流和提高启动转矩。启动过程中,随着电动机转速的提高,电流下降,应将所串电阻逐级切除,到启动结束时,转子所串电阻全部切除,电动机进入正常运行。转子所串电阻有平衡短接法和不平衡短接法两种,手动凸轮控制器常采用不对称短接法,磁力启动器常采用平衡短接法。启动过程的控制原则有电流控制原则和时间控制原则两种。

(1)电流控制原则

图 2.17 所示为电流控制原则的转子串三级电阻启动控制电路,转子电阻采用平衡短接法。3 个过电流继电器 KA1、KA2、KA3 根据电动机转子电流的变化,控制接触器 KM1、KM2、KM3 依次得电动作,逐级切除外加电阻 R1、R2、R3。3 个过电流继电器的线圈串接在转子回路中,它们的吸合电流相同,但释放电流不同,KA1 释放电流为最大,KA2 次之,KA3 最小。KA 为中间继电器,其作用是确保启动时转子电阻全部串入。

电路的启动过程分析如下:

合上电源开关 QS。

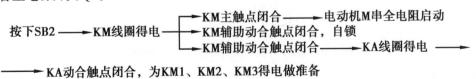

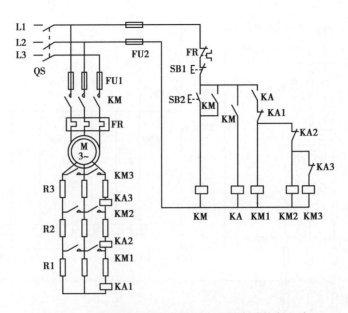

图 2.17 按电流原则控制的转子串电阻启动控制电路

由于电动机刚启动时转子电流很大,3 个电流继电器 KA1、KA2、KA3 都吸合,它们的常闭触点全部断开,转子绕组串全电阻启动。随着电动机转速的升高,转子电流逐渐减小,当减小至 KA1 的释放电流时,KA1 首先释放,KA1 的常闭触点恢复闭合,接触器 KM1 线圈得电,主触点闭合,切除第一级电阻 R1。R1 被切除后,转子电流重新增大,但随着电动机转速的继续升高,转子电流又会减小,当减小至 KA2 的释放电流时,KA2 释放,KA2 的常闭触点恢复闭合,接触器 KM2 线圈得电,主触点闭合,切除第二级电阻 R2。如此继续下去,直到全部电阻被切除,电动机启动完毕,进入正常运行状态。

中间继电器 KA 的作用是保证电动机在转子电路中接入全部电阻的情况下开始启动。因为电动机开始启动时,启动电流由零上升到最大值需要一定的时间,这样就有可能出现 KA1、KA2、KA3 的常闭触点未断开,从而使接触器 KM1、KM2、KM3 的线圈吸合而将电阻 R1、R2、R3 短接,相当于电动机直接启动。采用 KA 后,刚启动时 KA 的常开触点切断了接触器 KM1、KM2、KM3 线圈回路,保证启动时串入全部电阻。

(2)时间控制原则

图 2.18 为按时间原则控制的转子串电阻启动电路。图中 KM 为电源接触器,KM1—KM3 用来短接转子电阻,时间继电器 KT1—KT3 控制启动过程。

在图 2.18 所示电路中,按启动按钮 SB2,接触器 KM 线圈得电并自锁,主触点闭合,电动机串全电阻启动。与此同时,时间继电器 KT1 线圈得电,经一段时间延时以后,时间继电器 KT1 的延时常开触点闭合,接触器 KM1 线圈得电,其主触点闭合,切除转子电阻 R1,同时其辅助常开触点闭合,时间继电器 KT2 线圈得电。这样,通过时间继电器线圈依次通电,接触器 KM1—KM3 线圈依次得电,主触点依次闭合,转子电阻将被逐级短接,直到转子电阻全部切除,电动机启动完毕,进入全压运行工作状态。此时 KM3 的常闭触点断开,KT1 线圈失电,其延时常开触点马上断开,KM1 线圈失电,此后,KT2、KM2、KT3 依次失电。

如图 2.18 所示,在 KM 线圈支路中串联 KM1、KM2、KM3 的常闭触点,主要是为了保证电动机在启动瞬间串接所有电阻。

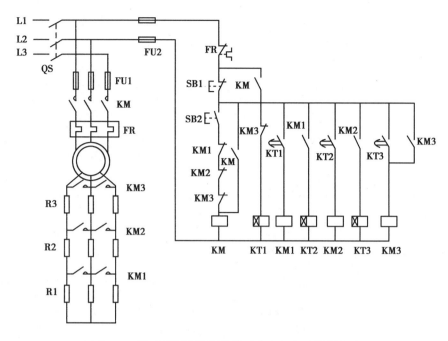

图 2.18　按时间原则控制的转子串电阻启动控制电路

2.4　三相异步电动机制动控制电路

许多由电动机驱动的机械设备需要能迅速停车和准确定位,要求对电动机进行制动,强迫其立即停车。由于机械惯性的影响,高速旋转的电动机从切除电源到停止转动要经过一定的时间,这样往往满足不了某些生产工艺快速、准确停车的控制要求,这就需要对电动机进行制动控制。

所谓制动,就是给正在运行的电动机加上一个与原转动方向相反的制动转矩迫使电动机迅速停转。电动机常用的制动方法有机械制动和电气制动两大类。

2.4.1　机械制动控制电路

利用机械装置使电动机断开电源后迅速停转的方法称为机械制动。机械制动常用的方法有电磁抱闸制动和电磁离合器制动,这里主要介绍电磁抱闸制动。它可分为通电制动型和断电制动型两种。

电磁抱闸制动装置由电磁操作机构和弹簧力机械抱闸机构组成,图 2.19 所示为断电制动型电磁抱闸的结构及其控制电路。

工作原理:合上电源开关 QS,按下启动按钮 SB2 后,接触器 KM 线圈得电自锁,主触点闭合,电磁铁线圈 YB 通电,衔铁吸合,使制动器的闸瓦和闸轮分开,电动机 M 启动运转。停车时,按下停止按钮 SB1 后,接触器 KM 线圈断电,自锁触点和主触点分断,使电动机和电磁铁线圈 YB 同时断电,衔铁与铁芯分开,在弹簧拉力的作用下,闸瓦紧紧抱住闸轮,电动机迅速停转。

电磁抱闸制动适用于各种传动机构的制动,且多用于起重电动机的制动。

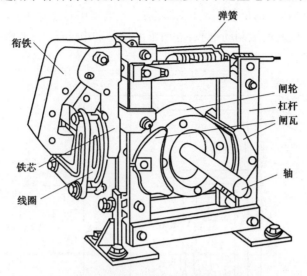

（a）断电制动型电磁抱闸的结构示意图

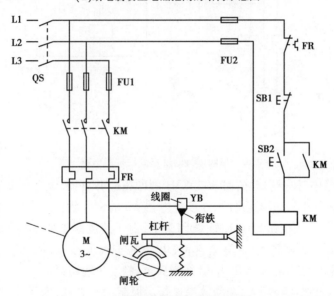

（b）电磁抱闸断电制动控制电路

图 2.19　断电制动型电磁抱闸的结构及其控制电路

2.4.2　反接制动控制电路

用于快速停车的电气制动方法有反接制动和能耗制动。

（1）反接制动控制电路

反接制动依靠改变电动机定子绕组中三相电源的相序,使电动机旋转磁场反转,从而产生一个与转子惯性转动方向相反的电磁转矩,使电动机转速迅速下降,电动机制动到接近零转速时,再将反接电源切除。通常采用速度继电器检测速度的过零点,并及时切除反接电源,以免电动机反向运转。反接制动也可采用时间继电器进行控制,但需要对时间继电器进行时间调试,以便准确地控制切除电源的时间。

图 2.20 所示为单向运行的反接制动控制电路。主电路中接触器 KM1 用于接通电动机工作相序电源,KM2 用于接通反接制动电源,电动机反接制动电流很大,通常在制动时串接电阻 R 以限制反接制动电流。

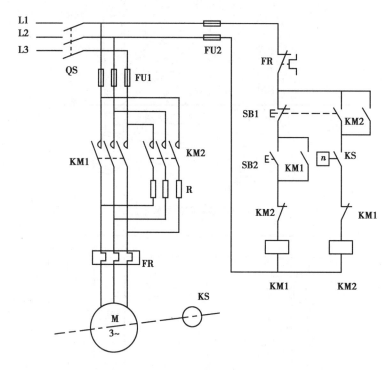

图 2.20　单向运行的反接制动控制电路

图 2.20 所示电路中,按下启动按钮 SB2,KM1 线圈得电并自锁,电动机开始运行。当电动机的速度达到速度继电器的动作速度时,速度继电器 KS 的常开触点闭合,为电动机反接制动做准备。制动时,按下停止按钮 SB1,KM1 线圈失电,由于速度继电器 KS 的常开触点在惯性转速作用下仍然闭合,使 KM2 线圈得电自锁,电动机实现反接制动。当其转子转速小于 100 r/min 时,KS 的常开触点复位断开,KM2 线圈失电,制动过程结束。

反接制动的优点是制动转矩大,制动效果显著。但制动不平稳,而且能量损耗大,因此常用于制动不频繁,功率小于 10 kW 的中小型机床及辅助性的电力拖动中。

（2）能耗制动控制电路

能耗制动是在切除三相交流电源之后,定子绕组通入直流电流,在定子、转子之间的气隙中产生静止磁场,惯性转动的转子导体切割该磁场,形成感应电流,产生与惯性转动方向相反的电磁力矩而使电动机迅速停转,并在制动结束后将直流电源切除。这种制动方法把转子及拖动系统的动能转换为电能并以热能的形式迅速消耗在转子电路中,因而称为能耗制动。

图 2.21 所示为按时间原则控制的能耗制动控制电路。接触器 KM1、KM2 的主触点用于电动机工作时接通三相电源,并可实现正反转控制,接触器 KM3 主触点用于制动时接通全波整流电路提供的直流电源,电路中的电阻 R 起限制和调节直流制动电流以及调节制动强度的作用。

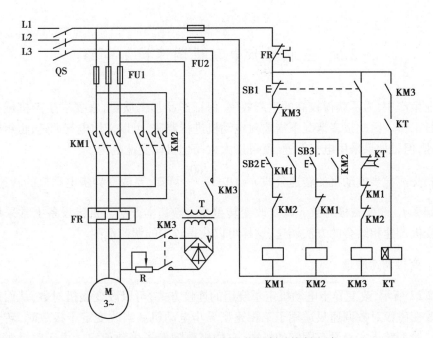

图 2.21 按时间原则控制的能耗制动控制电路

电动机工作原理如下：

首先合上电源开关 QS。

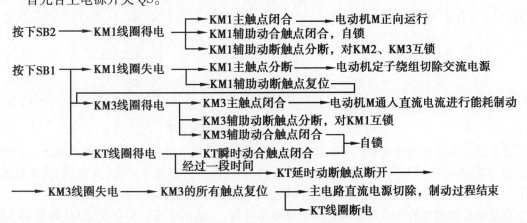

图 2.21 所示电路中，制动时，KM3 接触器线圈的自锁触点除了自身的 KM3 常开触点外，还串联了一个时间继电器的瞬动触点 KT，目的是保证在制动过程结束时及时切除直流电源。若不串联 KT 的瞬动触点，则制动时按下停止按钮 SB1，KM3 线圈得电并自锁，电动机进行能耗制动。若此时时间继电器损坏，则其延时常闭触点不会断开，导致 KM3 一直得电，则电动机的定子绕组一直通入直流电，从而烧坏电机。

按下按钮 SB3 则可实现电动机反转，停车时仍按停车复合按钮 SB1，制动过程与正转制动相似。

能耗制动的制动过程还可以按速度原则进行控制。能耗制动的制动力矩随惯性转速的下降而减小，故制动平稳，并且可以准确停车，因此这种制动方法广泛应用于金属切削机床中。

2.5　三相异步电动机调速控制电路

在工业生产中,为了获得较高的生产效率、保证产品加工质量,常要求生产机械在不同的转速下进行工作。因此很多情况下需要对电动机进行调速,可以采用电气调速,也可以采用机械方法调速,但是如果采用电气调速,就可以大大简化机械变速机构。

由三相交流异步电动机的转速公式 $n=(1-s)\dfrac{60f_1}{p}$ 可知,要改变异步电动机的转速,可采用改变电源频率 f_1、改变磁极对数 p 以及改变转差率 s 等基本方法。机床设备上常采用机械齿轮变速和变极调速相结合的方法调速,这样可以获得较大的调速范围。

2.5.1　变极调速原理

如图 2.22 所示,改变异步电动机定子绕组的连接方式,可以改变磁极对数,从而得到不同的转速。改变磁极对数调速只适用于三相笼型异步电动机。当改变定子极数时,转子极数也同时改变。笼型转子本身没有固定的极数,它的极数随定子极数而定。由于磁极对数 p 只能成倍地变化,所以这种调速方法不能实现无级调速。

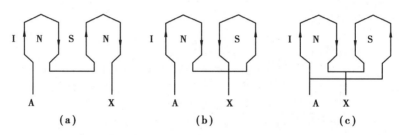

图 2.22　电动机定子绕组变极连接示意图

常见的交流变极调速电动机有双速电动机和多速电动机。双速电动机是靠改变定子绕组的连接方式,形成两种不同的磁极对数,获得两种不同的转速;多速电动机(双速以上)是在定子上设置多绕组,不同工作绕组以及绕组的接法不同,电动机的转速也不相同。

电动机变极调速的优点是它既适用于恒功率负载,又适用于恒转矩负载,且线路简单,维修方便;缺点是有级调速且价格昂贵,仅在金属切削机床上广泛应用。

双速电动机定子绕组常见的接法有Y/YY和△/YY两种。图 2.23 所示为 4/2 极 △/YY 的双速电动机定子绕组接线图。在制造时,每相绕组就分为两个相同的绕组,中间抽头依次为 U2、V2、W2,这两个绕组可以串联或并联。

根据变极调速原理"定子一半绕组中电流方向变化,磁极对数成倍变化",图 2.23(a)将绕组的 U1、V1、W1 三个端子接三相电源,将 U2、V2、W2 三个端子悬空,三相定子绕组接成三角形(△)。这时每相的两个绕组串联,电动机以 4 极运行,为低速。图 2.23(b)将 U2、V2、W2 三个端子接三相电源,U1、V1、W1 连成星点,三相定子绕组连接成双星(YY)形。这时每相两个绕组并联,电动机以 2 极运行,为高速。根据变极调速理论,为保证变极前后电动机转动方向不变,要求变极的同时改变电源相序。

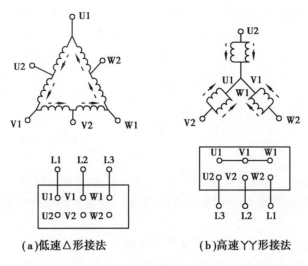

(a)低速△形接法　　　　(b)高速丫丫形接法

图 2.23　4/2 极△/丫丫形的双速电动机定子绕组接线图

2.5.2　变极调速控制电路

4/2 极的双速交流异步电动机控制电路如图 2.24 所示。KM1 为低速接触器,KM1 动作,绕组接成三角形低速运行;KM2、KM3 为高速接触器,KM2、KM3 动作绕组接成双星形高速运行。为了保证电动机在高低速转换过程中旋转方向始终一致,三角形接法时,KM1 接触器的三对主触点闭合时的相序为:L1-U1、L2-V1、L3-W1;丫丫接法时,KM3 接触器的 3 对主触点闭合时将 U1、V1、W1 接成星点,KM2 接触器的 3 对主触点闭合时的相序为:L1-W2、L2-V2、L3-U2。

图 2.24 所示电路中,合上电源开关 QS,按下 SB2 低速启动按钮,接触器 KM1 线圈得电并自锁,KM1 的主触点闭合,电动机 M 的绕组连接成三角形并以低速运转。由于 SB2 的常闭触点断开,时间继电器线圈 KT 不得电。

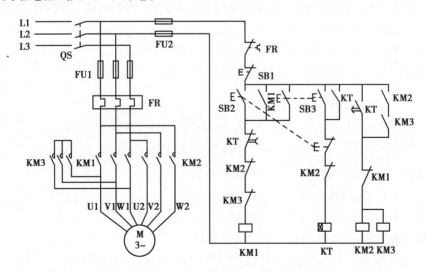

图 2.24　4/2 极的双速交流异步电动机控制电路

按下高速启动按钮 SB3,接触器 KM1 线圈得电并自锁,电动机 M 连接成△形低速启动;由

51

于 SB3 是复合按钮,时间继电器 KT 线圈同时得电吸合,KT 瞬时常开触点闭合自锁,经过一定时间后,KT 延时常闭触点分断,接触器 KM1 线圈失电释放,KM1 主触点断开,KT 延时常开触点闭合,接触器 KM2、KM3 线圈得电并自锁,KM2、KM3 主触点同时闭合,电动机 M 的绕组连接成丫丫形并以高速运行。

本章小结

1.电气控制系统图主要有电气原理图、元件布置图和安装线路图。为了正确绘制原理图和分析阅读这些图纸,必须注意它们的绘制原则,并且所使用的电气图的图形符号与文字符号要符合国家标准。

2.电气控制中的基本单元电路主要是指三相异步电动机的启动、正反转、制动、调速等控制电路,它们是分析和设计机械设备的电气控制线路的基础。这些单元电路通常是通过各种主令电器、控制电器及各种控制触点的逻辑关系的不同组合来实现的,其共同规律是:

①几个条件中只要有一个条件满足,接触器线圈就得电,可以采用并联接法(或逻辑)。

②所有的条件都满足时,接触器才得电,可以采用串联接法(与逻辑)。

③当第一个接触器线圈得电后,第二个接触器线圈才能得电,可以将第一个接触器的辅助常开触点串接在第二个接触器线圈回路中,或将第二个接触器线圈电源从前者的自锁触点之后引入,实现顺序启动的联锁控制。

④要求两个接触器一个得电后,另一个不能得电,可将接触器的辅助常闭触点接在对方的线圈回路里,使得两个接触器之间实现互锁。

3.电气控制线路的保护环节主要有短路保护、过载保护、过电流保护、欠电流保护和欠电压保护等,这些保护作用分别由相关的电器元件来完成。

将基本控制单元电路按生产工艺要求进行有机地组合,就能组成一个继电器-接触器控制系统,实现对机械设备控制的自动化。

在实际生产中,往往对控制电路提出按时间原则、速度原则、行程原则、电流原则和联锁原则来进行控制,可以考虑应用相对应的控制电器来满足以上要求。

习题与思考题

2.1 画出下列电器元件的图形符号,并标出其文字符号。

(1)熔断器,(2)热继电器,(3)按钮,(4)时间继电器,(5)中间继电器,(6)过电流继电器,(7)限位开关,(8)速度继电器,(9)断路器,(10)接触器。

2.2 简述继电器-接触器控制系统设计的原则。

2.3 三相笼型感应电动机允许采用直接启动的容量大小如何决定?

2.4 在电动机控制线路中,怎样实现自锁控制和互锁控制?这些控制起什么作用?

2.5 在电气控制线路中采用低压断路器作电源引入开关,电源电路是否还要用熔断器作短路保护?控制电路是否还要用熔断器作短路保护?

2.6　电动机正反转控制线路中采用了接触器互锁,在运行中发现合上电源开关后:

(1)按下正转(或反转)按钮,正转(或反转)接触器就不停地吸合与释放,电路无法工作;松开按钮后,接触器不再吸合。

(2)电动机立即正向启动,当按下停止按钮时,电动机停转;但一松开停止按钮,电动机又正向启动。

(3)正向启动与停止控制均正常,但在反转控制时,只能实现启动控制,不能实现停止控制,只有切断电源开关才能使电动机停转。

试分析上述错误的原因。

2.7　设计一个控制线路,要求第一台电动机启动 10 s 后,第二台电动机自动启动,运行 20 s 后,两台电动机同时停转。

2.8　分析图 2.18 中的电路,并思考以下问题:

(1)电动机启动的工作原理;

(2)KM1、KM2、KM3 辅助常闭触点串接在 KM 线圈回路中的作用;

(3)KM3 辅助常闭触点串接在 KT1 线圈回路中的作用;

(4)KM 辅助常开触点的联锁作用;

(5)应如何整定 KT1、KT2、KT3 的动作时间? 为什么?

2.9　在图 2.25 中,要求按下启动按钮后能依次完成下列动作:

(1)运动部件 A 从 1 到 2;

(2)接着 B 从 3 到 4;

(3)接着 A 从 2 回到 1;

(4)接着 B 从 4 回到 3。

试画出电气控制线路(提示:用四个位置开关,装在原位和终点)。

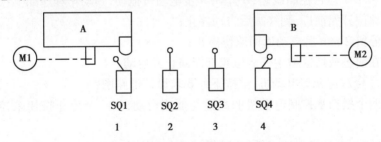

图 2.25　题 2.6 图

2.10　如在上题中完成上述动作后能自动循环工作,试画出电气控制线路。

2.11　设计一个小车运行的控制线路,其要求如下:

(1)小车由原位开始前进,到终端后自动停止;

(2)在终端停留 2 min 后自动返回原位停止;

(3)要求在前进或后退途中的任意位置都能停止或启动。

2.12　试在图 2.20 的基础上进一步组成电动机可逆运行的反接制动控制电路。

2.13　试设计一个控制一台三相异步电动机的控制电路,使其满足下列要求:

(1)丫-△降压启动;

(2)停机时进行能耗制动;

（3）具有必要的保护环节。

2.14 画出能在两地实现的具有双重连锁的电动机正反转控制电路。

2.15 三台皮带运输机分别由三台电动机 M1、M2、M3 拖动,如图 2.26 所示,为了使皮带上不堆积被运送的物料,要求电动机按如下顺序启停:

（1）启动顺序为:M1→M2→M3;

（2）若 M1 停转,则 M2、M3 必须同时停转;若 M2 停转,则 M3 必须同时停转。

试画出其控制电路。

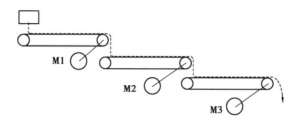

图 2.26 题 2.15 图

2.16 设计一个控制线路,要求第一台电动机启动 10 s 后,第二台电动机自行启动;运行 5 s 后,第一台电动机停止并同时使第三台电动机自行启动;再运行 10 s,电动机全部停止。

2.17 试设计游泳池自动进水控制电路,要求池内水位低于最低水位时能自动进水,池内的水位高于最高水位时能自动停止进水。

2.18 某生产设备使用一台电动机,其额定功率为 5 kW、额定电压为 380 V、额定电流为 12.5 A。启动电流是额定电流的 6 倍,现用按钮进行启动和停止控制,试设计控制电路,要求有短路保护和过载保护,并选用接触器、按钮、熔断器、热继电器、电源开关等电器。

2.19 设计一小车运行控制线路,小车由异步电动机拖动,其动作程序如下:

（1）小车由原位开始前进,到终端后自动停止;

（2）在终端停留 2 min 后自动返回原位停止;

（3）要求能在前进或后退途中任意位置都能停止或启动。

2.20 现有一台双速笼型电动机,试按下列要求设计电路图:

（1）分别由两个按钮来控制电动机的高速与低速启动,由一个停止按钮来控制电动机的停止。

（2）高速启动时,电动机先接成低速,经延时后自动换接成高速;

（3）具有短路与过载保护。

第 **3** 章
典型机械设备电气控制电路分析

学习目标：

1. 了解几种典型机械设备的基本结构。

2. 掌握其电气控制系统原理。

3. 熟练掌握阅读分析电气控制原理图的方法与步骤，培养识图读图能力，为机床及其他生机械电气控制系统的设计、安装、调试和维护打下基础。

3.1 电气控制电路分析基础

3.1.1 电气控制分析的内容

电气控制系统是电气控制系统的核心技术资料，通过对这些资料的分析可以掌握机床控制线路的工作原理、技术指标、使用方法、维护要求等。分析的具体内容和要求如下：

（1）设备说明书

设备说明书由机械（包括液压部分）与电气两部分组成。在分析时首先要阅读这两部分说明书，了解以下内容：

①设备的构造，主要技术指标，以及机械、液压和电气部分的工作原理。

②电气传动方式，电机和执行电器的数目、规格型号、安装位置、用途及控制要求。

③设备的使用方法，各操作手柄、开关、旋钮、指示装置的布置以及在控制电路中的作用。

④清楚了解与机械、液压部分直接关联的电器（行程开关、电磁阀、电磁离合器、传感器等）的位置、工作状态及与机械、液压部分的关系，及它们在控制中的作用。

（2）电气控制原理图

这是控制线路分析的核心内容。原理图主要由主电路、控制电路、辅助电路、保护及联锁环节以及特殊控制电路等部分组成。

在分析电气原理图时，必须阅读其他技术资料。如各种电动机及执行元件的控制方式、位置及作用，各种与机械有关的行程开关和主令电器的状态等，这方面的内容只有通过阅读说明书才能了解。

在原理图分析中,还可以通过所选用的电器元件的技术参数分析出控制线路的主要参数和技术指标,如可估计出各部分的电流、电压值,以便在调试及检修设备中合理地使用仪表。

（3）电气设备总装接线图

阅读分析总装接线图可以了解系统的组成分布状况,各部分的连接方式,主要电气部件的布置和安装要求,导线和穿线管的规格型号等。这些都是安装设备不可缺少的资料,阅读分析总装接线图要和阅读分析说明书、电气原理图结合起来。

（4）电器元件布置图与接线图

这是制造、安装、调试和维护电气设备必须具备的技术资料。在调试和检修中可通过布置图和接线图方便地找到各种电器元件和测试点,以便进行必要的调试、检测和维修保养。

3.1.2 电气原理图阅读分析的方法

在详细阅读了设备说明书,了解了电气控制系统的总体结构、电机和电器元件的分布状况及控制要求等内容后,便可以阅读分析电气原理图了。

电气原理图阅读和分析的方法步骤如下:

（1）分析主电路

从主电路入手,根据机械设备的生产工艺对电动机和执行电器的控制要求去分析它们的控制内容。控制内容包括启动、制动、调速等。

（2）分析控制电路

根据主电路中各电动机和执行电器的控制要求,逐一找出控制电路中的控制环节,利用前面学过的典型控制环节的知识,按功能不同将控制线路"化整为零"来分析。分析控制线路最基本的方法是"查线读图法"。

（3）分析辅助电路

辅助电路包括电源指示、各执行元件的工作状态显示、参数测定、照明和故障报警等部分,它们大多是由控制电路中的元件来控制的,所以在分析辅助电路时,还要对照控制电路进行分析。

（4）分析联锁及保护环节

机床对于安全性及可靠性有很高的要求,实现这些要求,除了合理地选择拖动和控制方案外,还在控制线路中设置了一系列电气保护和必要的电气联锁。

（5）总体检查

经过"化整为零",逐步分析每一个局部电路的工作原理以及各部分之间的控制关系后,还必须用"集零为整"的方法检查整个控制线路,看是否有遗漏。特别要从整体角度去进一步检查和理解各控制环节之间的联系,以达到清晰地理解原理图中每一个电器元件的作用、工作过程及主要参数的目的。

查线读图法是分析电气原理图最基本的方法,其应用也最广泛。此外还有图示分析法、逻辑分析法等,但它们一般只用来进行局部电路原理的分析或配合查线读图法使用,应用较少,故不在这里介绍。

3.2　C650 卧式车床的电气控制系统

机床的电气控制系统是由各种主令电器、接触器、继电器、保护装置和电动机等按照一定的控制要求用导线连接而成的。机床的电气控制,通过对各个电动机实现启动、正反转、制动、调速和顺序控制等基本要求,来满足机床设备的生产工艺要求,同时还应保证机床各运动间的相互协调和准确,并具有各种保护装置,工作可靠,且能实现自动控制。

3.2.1　车床的主要结构与运动分析

图 3.1 所示为 C650 卧式车床结构示意图。它主要由床身、主轴变速箱、尾座进给箱、丝杠、光杠、刀架和溜板箱等组成。

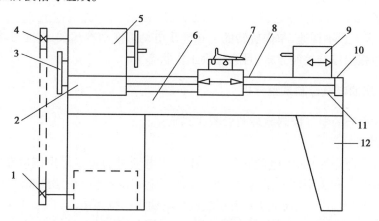

图 3.1　C650 卧式车床结构示意图

1、4—带轮;2—进给箱;3—挂轮架;5—主轴箱;6—床身;
7—刀架;8—溜板;9—尾架;10—丝杆;11—光杆;12—床腿

车削加工的主运动是主轴通过卡盘或顶尖带动工件的旋转运动,它承受切削加工时的主要切削功率;进给运动是溜板带动刀架的纵向或横向直线运动。车床的辅助运动包括刀架的快速进给与快速退回,尾座的移动与工件的夹紧与松开等。

车削加工时,应根据工件材料、刀具种类、工件尺寸、工艺要求等来选择不同的切削速度,这就要求主轴能在相当大的范围内调速。目前,大多数中小型车床采用三相笼型异步电动机拖动,主轴的变速是靠齿轮箱的机械有级调速来实现的,调速范围可达 40 以上。

车削加工时,一般不要求反转,但在加工螺纹时,为避免乱扣,要反转退刀,所以 C650 车床通过主电动机的正反转实现主轴的正反转;加工螺纹时,为保证螺纹的加工质量,要求工件的旋转速度与刀具的移动速度之间具有严格的比例关系,为此,C650 卧式车床溜板箱与主轴变速箱之间通过齿轮传动来连接,并用同一台电动机拖动。

C650 车床的床身较长,为了提高工作效率,车床刀架的快速移动由一台单独的电动机来拖动,并采用点动控制。

进行车削加工时,刀具的温度很高,需用切削液来进行冷却。为此,车床备有一台冷却泵电机,拖动冷却泵,实现刀具的冷却。

3.2.2 车床的电力拖动形式及控制要求

（1）主轴的旋转运动

C650 型车床的主运动是工件的旋转运动，由主电机拖动，其功率为 30 kW，采用直接启动的方式启动。主电机由接触器控制实现正反转，通过主轴变速机构的操作手柄，可使主轴获得各种不同的速度。为提高工作效率，主电机采用反接制动。

（2）刀架的进给运动

溜板带着刀架的直线运动，称为进给运动。刀架的进给运动由主轴电动机带动，并使用走刀箱调节加工时的纵向和横向走刀量。

（3）刀架的快速移动

为了提高工作效率，车床刀架的快速移动由一台单独的快速移动电动机拖动，其功率为 2.2 kW，并采用点动控制。

（4）冷却系统

车床内装有一台不调速、单向旋转的三相异步电动机拖动冷却泵，供给刀具切削时使用的冷却液，采用直接启停的控制方式，且为连续工作状态。

3.2.3 车床的电气控制系统分析

C650 卧式车床的电气控制原理图如图 3.2 所示。

（1）主电路

图 3.2 中，组合开关 QS 为电源开关。FU1 为主电动机的短路保护用熔断器，FR1 为其过载保护用热继电器，R 为限流电阻，在主轴点动时限制启动电流，在反接制动时又起限制过大的反向制动电流的作用。电流表 PA 用来监视主电动机的绕组电流，由于主电动机功率很大，故 PA 接入电流互感器 TA 回路。当主电动机启动时，电流表 PA 被短接，只有当正常工作时，电流表 PA 才指示电动机绕组电流。机床工作时，可调整切削用量，使电流表的电流接近主电动机额定电流的对应值（经 TA 后减小了的电流值），以便提高工作效率和充分利用电动机的潜力。KM1、KM2 为正反转接触器，KM3 是用于短接电阻 R 的接触器，由它们的主触点控制主电动机。

图 3.2 中，KM4 为控制冷却泵电动机 M2 的接触器，FR2 为 M2 的过载保护用热继电器。KM5 为控制快速移动电动机 M3 的接触器，由于 M3 点动短时运转，故不设置热继电器。

（2）控制电路

1）主轴电动机的点动控制

如图 3.3 所示，按下点动按钮 SB2 不松手→接触器 KM1 线圈通电→KM1 主触点闭合→主轴电动机把限流电阻 R 串入电路中进行降压启动和低速运转。由于中间继电器 KA 未通电，故虽然 KM1 的辅助常开触点（9-10，此号表示触点两端的线号）已闭合，但不自锁。因而，松开 SB2→KM1 线圈随即断电→主轴电动机 M1 停转。

2）主轴电动机的正反转控制

虽然主电动机的额定功率为 30 kW，但只是切削时消耗的功率较大，而启动时负载很小，因而启动电流并不很大，所以在非频繁启动的一般工作时，仍然采用了全压直接启动。

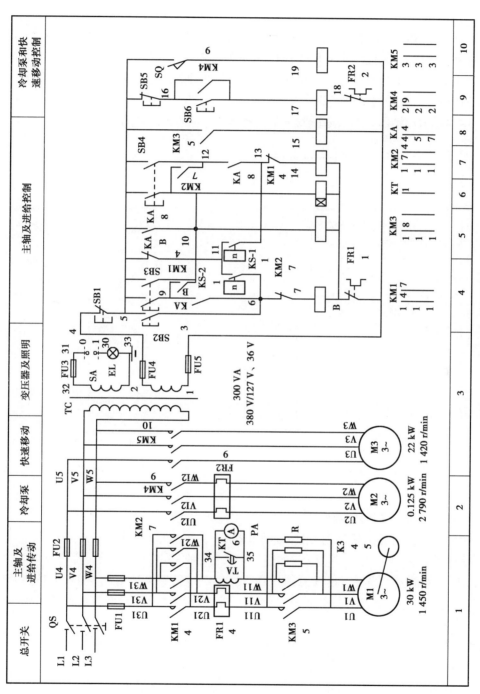

图3.2　C650卧式车床电气原理图

如图 3.4 所示,按下正向启动按钮 SB3→KM3 线圈通电→KM3 主触点闭合→短接限流电阻 R 同时另有一个常开辅助触点 KM3(5-15)闭合→KA 线圈通电→KA 常开触点(5-10)闭合→KM3 线圈自锁保持通电→把电阻 R 切除同时 KA 线圈也保持通电。另一方面,当 SB3 尚未松开时,由于 KA 的另一常开触点(9-6)已闭合→KM1 线圈通电→KM1 主触点闭合→KM1 辅助常开触点(9-10)也闭合(自锁)→主电动机 M1 全压正向启动运行。这样,松开 SB3 后,由于 KA 的两个常开触点闭合,其中 KA(5-10)闭合使 KM3 线圈继续通电,KA(9-6)闭合使 KM1 线圈继续通电,故可形成自锁通路。在 KM3 线圈通电的同时,通电延时时间继电器 KT 通电,其作用是避免电流表受启动电流的冲击。

图 3.4 中,SB4 为反向启动按钮,反向启动过程与正向类似,请读者自己分析。

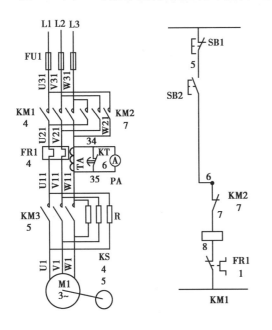

图 3.3　卧式车床主轴电动机点动控制电路　　　图 3.4　车床主轴电动机正反转及反接制动控制电路

3)主电动机的反接制动控制

C650 车床采用反接方式制动,用速度继电器 KS 进行检测和控制。

假设原来主电动机 M1 正转运行,如图 3.4 所示,则 KS-1(11-13)闭合,而反向常开触点 KS-2(6-11)依然断开。当按下反向总停按钮 SB1(4-5)后,原来通电的 KM1、KM3、KT 和 KA 随即断电,它们的所有触点均被释放而复位。然而,当 SB1 松开后,反转接触器 KM2 立即通电,电流通路是:

4(线号)→SB1 常闭触点(4-5)→KA 常闭触点(5-11)→KS 正向常开触点 KS-1(11-13)→KM1 常闭触点(13-14)→KM2 线圈(14-8)→FR1 常闭触点(8-3)→3(线号)。

这样,主电动机 M1 就串接电阻 R 进行反接制动,正向速度很快降下来。当速度降到很低时($n \leqslant 100$ r/min),KS 的正向常开触点 KS-1(11-13)断开复位,从而切断了上述电流通路,至此正向反接制动就结束了。

反向反接制动过程同正向类似,请读者自己分析。

4）主轴电动机负载检测及保护环节

C650 车床采用电流表检测主轴电动机定子电流,为防止启动电流的冲击,采用时间继电器 KT 的延时断开的常闭触点连接在电流表的两端,为此 KT 延时应稍长于启动时间。而制动停车时,当按下停止按钮 SB1 后,KM3、KA、KT 线圈相继断电释放,KT 触点瞬时闭合,将电流表短接,使其免受反接制动电流的冲击。

5）刀架快速移动控制

转动刀架手柄,限位开关 SQ(5-19)被压动而闭合,使得快速移动接触器 KM5 线圈得电,快速移动电动机 M3 就启动运转,而当刀架手柄复位时,M3 随即停转。

6）冷却泵控制

按 SB6(16-17)按钮→KM4 接触器线圈得电并自锁→KM4 主触点闭合→冷却泵电动机 M2 启动运转;按下 SB5(5-16)→KM4 接触器线圈失电→M2 停转。

（3）辅助电路（照明电路和控制电源）

图 3.2 中,TC(3)为控制变压器,二次侧有两路,一路为 127 V,提供给控制电路;另一路为 36 V(安全电压),提供给照明电路。置灯开关 SA(30-31)于 1 位时,SA 就闭合,照明灯 EL(30-33)点亮;置 SA 为 0 位时,EL 就熄灭。

3.2.4　车床电气控制系统的特点

从上述分析中可知,这种车床的电气控制系统有以下几个特点:

①主轴的正反转是通过电气方式,而不是通过机械方式实现的,从而简化了机械结构。

②主电动机的制动采用了电气反接制动形式,并用速度继电器进行控制。

③控制回路由于电器元件很多,故通过控制变压器 TC 与三相电网进行电隔离,提高了操作和维修时的安全性。

④采用时间继电器 KT 对电流表 PA 进行保护。当主电动机正向或反向启动以后,KT 通电,延时时间未到时,PA 就被 KT 的延时断开的常闭触点(34-35)短路,从而避免了大启动电流的冲击,延时到后,才有电流指示。

⑤中间继电器 KA 起着扩展接触器 KM3 触点的作用。从电路中可见 KM3 的常开触点(5-15)直接控制 KA,故 KM3 和 KA 的触点的闭合和断开情况相同。从图 3.2 可见,KA 的常开触点用了 3 个(9-6、5-10、12-13),常闭触点用了 1 个(5-11),而 KM3 的辅助常开触点只有 2 个,故不得不增设中间继电器 KA 进行扩展。可见电气线路要考虑电器元件触点的实际情况,这点在线路设计时更应引起重视。

3.3　X62W 卧式万能铣床的电气控制系统

在金属切削机床中,铣床在数量上位于第二位,仅次于车床。铣床主要用于加工零件的平面、斜面、沟槽等型面的机床,装上分度头后,可以加工齿轮或螺旋面,装上回转圆工作台则可以加工凸轮和弧形槽。铣床的种类很多,有卧铣、立铣、龙门铣、仿形铣以及各种专用铣床等。现以应用最广泛的 X62W 卧式万能铣床为例进行分析。

3.3.1　铣床的主要结构与运动分析

X62W 卧式万能铣床具有主轴转速高、调速范围宽、操作方便和加工范围广等特点,其结构如图 3.5 所示。

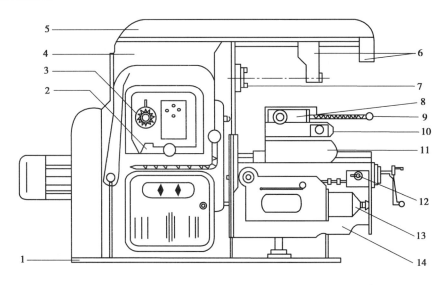

图 3.5　X62W 万能铣床外形简图

1—底座;2—主轴变速手柄;3—主轴变速数字盘;4—床身;5—悬梁;6—刀杆支架;

7—主轴;8—工作台;9—工作台纵向操纵手柄;10—回转台;11—床鞍;

12—工作台升降及横向操纵手柄;13—进给变速手柄及数字盘;14—升降台

这种铣床主要由底座、床身、悬梁、刀杆支架、工作台、溜板箱和升降台等部分组成。箱形的床身固定在底座上,是机床的主体部分,用来安装和连接机床的其他部件,床身内还装有主轴的传动机构和变速操纵机构。床身的顶部是水平导轨,其上装有带一个或两个刀杆支架的悬梁,刀杆支架用来支承铣刀心轴的一端,心轴的另一端固定在主轴上,并由主轴带动旋转,悬梁可沿水平导轨移动,以便调整铣刀的位置。主轴带动铣刀的旋转运动称为主运动,它同工作台的进给运动之间无速度比例协调的要求,故主轴的拖动由一台主电机承担,并能完成顺铣和逆铣。床身的前侧面装有垂直导轨,升降台可沿导轨上下移动。在升降台上面的水平导轨上,装有可在平行于主轴轴线方向移动(横向移动即前后移动)的溜板,溜板上部可以转动的回转台。工作台装在回转台的导轨上,可作垂直于轴线方向的移动(纵向移动即左右移动),工作台上有固定的燕尾槽。这样,固定在工作台上的工件可作上下、前后及左右 3 个方向的移动。各运动部件在 3 个方向上的运动由同一台进给电动机拖动(正反转),但是在同一时间内只允许一个方向上的运动,通过机械和电气方式来联锁和实现这种控制。

此外,溜板可绕垂直轴线左右旋转 45°,因此工作台还能在倾斜方向进给,以加工螺旋槽。工作台上还可以安装圆工作台,使用圆工作台可铣削圆弧、凸轮。这时,其他 3 个方向的移动必须停止,要求通过机械和电气方式进行联锁。

3.3.2　铣床的电力拖动形式及控制要求

（1）主轴旋转电动机 M1

铣刀的旋转运动为铣床的主运动，由一台笼型异步电动机 M1 拖动。为适应顺铣和逆铣的需要，要求主轴电动机能进行正反转，但又不能在加工过程中转换铣削方式，故采用倒顺开关（即正、反转转换开关）控制主轴电动机的转向。又因铣削加工是多刀多刃的不连续切削，故负载易波动，为减轻负载波动的影响，往往在主轴传动系统中加入飞轮。但随之又将引起主轴停车惯性大，导致停车所需时间加长，因此为实现快速停车，主电动机常采用反接制动方式，同时为操作方便，主轴电动机应能在两处实行启动停止等操作控制。

（2）工作台进给电动机 M2

工作台在上述 3 个方向上的直线运动为铣床的进给运动，由于铣床的主运动和进给运动之间没有速度比例协调的要求，故进给运动由一台进给电动机 M2 拖动，3 个方向的选择由操纵手柄改变传动链来实现，每个方向上都有正反向运动，因此要求进给电动机能正反转，同一时间只允许工作台向一个方向移动，故 3 个方向的运动之间应有联锁保护。

（3）辅助运动

为了缩短调整运动的时间，提高铣床的工作效率，工作台在上下、左右、前后 3 个方向上必须能进行快速移动控制，另外还要求圆工作台能快速回转，这些都称为铣床的辅助运动。X62W 铣床通过采用快速电磁铁 YA 吸合来改变传动链的传动比从而实现快速移动。

（4）变速冲动

为适应加工的需要，主轴转速与进给速度应有较宽的调节范围。X62W 铣床采用机械变速的方法，通过改变变速箱传动比来实现。为保证变速时齿轮易于啮合，减小齿轮端面的冲击，要求变速时有电动机冲动（短时转动）控制。

（5）联锁控制

根据工艺要求，主轴旋转与工作台进给应有联锁控制，即进给运动要在铣刀旋转之后才能进行，加工结束时必须在铣刀停转前停止进给运动；圆工作台的旋转运动与工作台的上下、左右、前后 3 个方向的运动之间也有联锁控制，即圆工作台旋转时，工作台不能向其他方向移动。

（6）冷却泵控制 M3

由一台电动机 M3 拖动，给铣削加工时提供冷却液。

3.3.3　铣床的电气控制系统分析

X62W 卧式万能铣床电气控制原理图如图 3.6 所示。这种机床控制线路的显著特点是其控制由机械和电气密切配合进行。因此，在分析电气原理图之前必须详细了解各转换开关、行程开关的作用，各指令开关的状态以及与相应控制手柄的动作关系。表 3.1、表 3.2、表 3.3 分别列出了工作台纵向（左右）进给行程开关 SQ1、SQ2，工作台横向（前后）、升降（上下）进给行程开关 SQ3、SQ4 以及圆工作台转换开关 SA1 的工作状态，其中"+"表示开关闭合，"-"表示开关断开。SA5 是主轴换向开关，SA3 是冷却泵控制开关，SA4 是照明灯开关，SQ6、SQ7 分别是工作台进给变速和主轴变速冲动开关，均由各自的变速手柄和变速手轮控制。

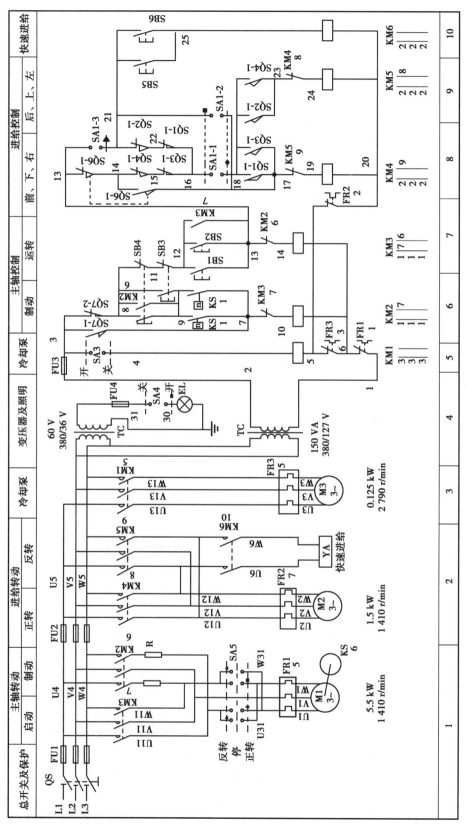

图3.6 C62W万能铣床电气原理图

表3.1　工作台纵向行程开关工作状态

纵向手柄 触　点	向左	中间 （停）	向右
SQ1-1	−	−	+
SQ1-2	+	+	−
SQ2-1	+	−	−
SQ2-2	−	+	+

表3.2　工作台升降、横向行程开关工作状态

升降、横向手柄 触　点	向前 向下	中间 （停）	向后 向上
SQ3-1	+	−	−
SQ3-2	−	+	+
SQ4-1	−	−	+
SQ4-2	+	+	−

表3.3　圆工作台转换开关工作状态

位　置 触　点	接通圆 工作台	断开圆 工作台
SA1-1	−	+
SA1-2	+	−
SA1-3	−	+

（1）主电路

由图 3.6 可知，主电路中共有 3 台电动机，其中，M1 为主轴拖动电动机，M2 为工作台进给拖动电动机，M3 为冷却泵拖动电动机。QS 为电源总开关，各电动机的控制过程分别是：

①M1 由 KM3 控制，由倒顺开关 SA5 预选转向，KM2 的主触点串联两相电阻与速度继电器 KS 配合实现反接制动停车。另外，还通过机械结构和接触器 KM2 进行变速冲动控制。

②工作台进给拖动电动机 M2 由接触器 KM4、KM5 的主触点控制，并由接触器 KM6 主触点控制快速电磁铁 YA，从而决定工作台的移动速度，KM6 接通为快速，断开为慢速。

③冷却泵拖动电动机由接触器 KM1 控制，单方向旋转。

（2）控制电路

由于控制电器较多，所以控制电压为 127 V，由控制变压器 TC 供给。

1）主电动机的起停控制

在非变速状态，同主轴变速手柄相关联的主轴变速冲动行程开关 SQ7（3-7、3-8）不受压。根据所用的铣刀，由 SA5 选择转向，合上 QS，如图 3.7 所示，按下 SB1（12-13）或 SB2（12-13）→KM3 线圈得电并自锁→KM3 的主触点闭合，主电动机 M1 启动。由于本机床较大，为方便操作和提高安全性，可在两处起停。

加工结束，需停止时，按下 SB3（8-9、11-12）或 SB4（8-9、8-11）→KM3 线圈随即断电，但此时速度继电器 KS 的正向触点（9-7）或反向触点（9-7）总有一个闭合着→制动接触器 KM2 线圈立即通电→KM2 的 3 对主触点闭合→电源接反相序→主电动机 M1 串入电阻 R 进行反接制动。

2）主轴变速冲动控制

主轴变速时，首先将主轴变速手柄微微压下，使它从第一道槽内拔出，然后拉向第二道槽；当落入第二道槽内后，再旋转主轴变速盘，选好速度，然后将手柄以较快速度推回原位。若推不上时，再一次拉回来、推过去，直至手柄推回原位，变速操作才算完成。

铣床的变速既可以在停车时进行，也可以在运行时进行。如图 3.7 所示，在上述的变速操作中，就在将手柄拉到第二道槽或从第二道槽推回原位的瞬间，通过变速手柄连接的凸轮，将压下弹簧杆一次，而弹簧杆将碰撞主轴变速冲动开关 SQ7（3-7、3-8）使其动作，即 SQ7-2 分断，

SQ7-1 闭合,接触器 KM2 线圈短时通电,电动机 M1 串入电阻 R 低速冲动一次。若原来主轴旋转着,当把变速手柄拉到第二道槽时,主电动机 M1 速度由于反接制动而迅速下降。当选好速度,将手柄推回原位时,冲动开关又动作一次,主电动机 M1 低速反转,这样有利于变速后的齿轮啮合。由此可见,可在不停车的条件下直接变速。若原来处于停车状态,则不难想象,在主轴变速操作中,SQ7 第一次动作时,M1 反转一下,SQ7 第二次动作时,M1 又反转一下,故也可停车变速。当然,若要求主轴在新的速度下运行,则需重新启动主电动机。

3)工作台移动控制

从图 3.6 中可见,工作台移动控制电路电源的一端(线号 13)串入接触器 KM3 的自锁触点(12-13),从而保证只有主轴旋转后工作台才能进给的联锁要求。进给电动机 M2 由接触器 KM4、KM5 控制,实现正反转。工作台移动方向由各自的操作手柄来选择。有两个操作手柄,一个为左右(纵向)操作手柄,有左、中、右 3 个位置;另一个为前后(横向)和上下(升降)十字操作手柄,该手柄有五个位置,即上、下、前、后、中间零位。当扳动操纵手柄时,通过联动机构,将控制运动方向的机械离合器合上,同时压下相应的行程开关,其工作状态见表 3.1 和表 3.2。

图 3.8 中的 SA1(8、9 区)为圆工作台转换开关,它是一种选择开关,其工作状态见表 3.3。当使用圆工作台时,SA1-2(17-21)闭合,不使用圆工作台而使用普通工作台时,SA1-1(16-18)和 SA1-3(13-21)均闭合。

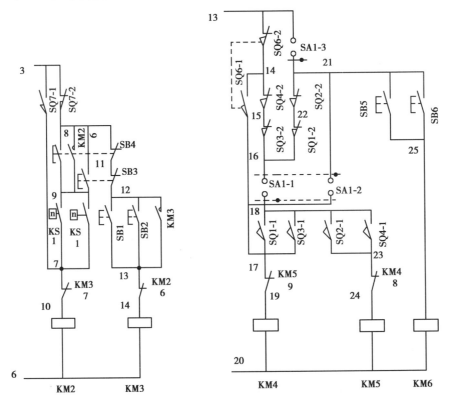

图 3.7　X62W 万能铣床主电动机控制　　图 3.8　X62W 万能铣床工作台移动控制电路

工作台移动控制主要包括以下 3 个方面:

①工作台纵向(左右)移动。此时 SA1 置于使用普通工作台位置,而十字手柄必须置于中

间零位。若要工作台向右进给,则需将纵向操纵手柄扳向右,使得 SQ1 受压,KM4 线圈得电,M2 正转,从而使工作台向右进给。KM4 的电流通路(如图 3.8 所示)为:

13(线号)→SQ6-2(13-14)→SQ4-2(14-15)→SQ3-2(15-16)→SA1-1(16-18)→SQ1-1(18-17)→KM5 常闭互锁触点(17-19)→接触器 KM4 线圈(19-20)→20(线号)

从此电流通路中不难看到,如果操作者同时将十字手柄扳向工作位置,则 SQ4-2 和 SQ3-2 中必有一个断开,KM4 线圈根本不能得电。这样就通过电气方式来实现工作台左右移动同前后及上下移动之间的互锁。

若此时要快速移动,在图 3.8 所示电路中按下 SB5(21-25)或 SB6(21-25),使得接触器 KM6 以"点动方式"得电,快速电磁铁线圈 YA 通电,然后接上快速离合器使工作台向右快速移动。松开按钮以后,就恢复向右进给状态。

在工作台的左右终端均安装了撞块。当不慎向右进给至终端时,左右操作手柄就被右端撞块撞到中间停车位置,用机械方法使 SQ1 复位,KM4 线圈断电,从而实现限位保护。

工作台向左移动时电路的工作原理与向右时相似。

②工作台横向(前后)和升降(上下)移动。若要工作台向上进给,则应将十字手柄扳向上,使得 SQ4 受压,接触器 KM5 线圈得电,从而使 M2 反转实现工作台向上进给。KM5 得电的电流通路(如图 3.8 所示)为:

13(线号)→ SA1-3(13-21)→ SQ2-2(21-22)→ SQ1-2(22-16)→ SA1-1(16-18)→ SQ4-1(18-23)→KM4 常闭互锁触点(23-24)→接触器 KM5 线圈(24-20)→20(线号)

上述电流通路中的常闭触点 SQ2-2 和 SQ1-2 用于工作台前后及上下移动同左右移动之间的互锁。

类似地,若要快速上升,只需按下 SB5 或 SB6 即可。另外,也设置了上下限位保护用终端撞块。工作台向下移动时,电路的工作原理与向上移动时相似。

若要工作台向前进给,则只需将十字手柄扳向前,使得 SQ3 受压,接触器 KM4 线圈得电,从而使 M2 正转实现工作台向前进给。工作台向后进给,可通过将十字手柄向后扳动实现。

③工作台的主轴停车快速移动。工作台也可在主轴不转时进行快速移动,这时可将主电动机 M1 的换向开关 SA5 扳在停止位置,然后扳动所选方向的进给手柄,按下主轴启动按钮和快速按钮,使接触器 KM4 或 KM5 及 KM6 线圈通电,工作台可沿选定方向快速移动。

4)工作台各运动方向的联锁

在同一时间内,只允许工作台向一个方向移动,各运动方向之间的联锁是利用机械和电气两种方法来实现的。

工作台的向左、向右控制,是同一手柄操作的,手柄本身带动行程开关 SQ1 和 SQ2 起到左右移动的联锁作用,见表 3.1 中 SQ1 和 SQ2 的工作状态。同理,工作台的前后和上下四个方向的联锁,是通过十字手柄本身来实现的,见表 3.2 中行程开关 SQ3 和 SQ4 的工作状态。

工作台的纵向移动同横向及升降移动之间的联锁是利用电气方法实现的。由纵向操作手柄控制的 SQ1-2 和 SQ2-2 和横向、升降进给操作手柄控制的 SQ3-2 和 SQ4-2 所组成的两个并联支路来控制接触器 KM4 和 KM5 的线圈,若两个手柄都扳动,则把这两个支路都断开,使接触器 KM4 或 KM5 都不能工作,从而达到联锁的目的,防止两个手柄同时操作而损坏机床。

5)工作台进给变速冲动控制

与主轴变速冲动类似,为了使工作台变速时齿轮易于啮合,控制电路中也设置了工作台瞬时冲动控制环节。变速应在工作台停止移动时进行。进给变速操作过程是:先启动主轴电动机 M1,拉出蘑菇形变速手轮,同时转动至所需要的进给速度,再把手柄用力往外拉,并立即推回原位。

在手轮拉到极限位置时,其连杆机构推动冲动开关 SQ6,使得 SQ6-2(13-14)断开,SQ6-1(14-17)闭合,由于手轮被很快推回原位故 SQ6 短时动作,接触器 KM4 线圈短时得电,则 M2 短时冲动。KM4 得电的电流通路(如图 3.8 所示)为:

13(线号)→SA1-3(13-21)→SQ2-2(21-22)→SQ1-2(22-16)→SQ3.2(16-15)→SQ4-2(15-14)→SQ6-1(14-17)→KM5 常闭互锁触点(17-19)→KM4 线圈(19-20)→20(线号)

可见,左右操作手柄和十字手柄只要有一个不在中间停止位置,此电流通路便被切断。但是在这种工作台朝某一方向运动的情况下进行变速操作,由于没有使进给电动机 M2 停转的电气措施,因而在转动手轮改变齿轮传动比时可能会损坏齿轮,故这种误操作必须严格禁止。

6)圆工作台控制

为了扩大机床的加工能力,可在工作台上安装圆工作台。在使用圆工作台时,工作台纵向及十字操作手柄都应置于中间停止位置,且应将圆工作台转换开关 SA1 置于圆工作台"接通"位置。按下主轴启动按钮 SB1 或 SB2 后,主轴电动机 M1 便启动,而进给电动机 M2 也因接触器 KM4 线圈的得电而旋转。由于圆工作台的机械传动链已接上,故也跟着旋转。这时,KM4 的得电电流通路(如图 3.8 所示)为:

13(线号)→SQ6-2(13-14)→SQ4-2(14-15)→SQ3-2(15-16)→SQ1-2(16-22)→SQ2-2(22-21)→SA1-2(21-17)→KM5 常闭互锁触点(17-19)→KM4 线圈(19-20)→20(线号)

可见,此时电动机 M2 正转并带动圆工作台单向旋转。由于圆工作台的控制电路中串联了 SQ1~SQ4 的常闭触点,所以扳动工作台任一方向的进给手柄,都将使圆工作台停止转动,这样实现了圆工作台转动与普通工作台三个方向移动的联锁保护。

7)冷却泵电动机的控制

通过转换开关 SA3 控制接触器 KM1 来控制冷却泵电动机 M3 的启动和停止。

(3)辅助电路及保护环节

变压器 TC 为机床的局部照明提供 36 V 的安全电压,转换开关 SA4(31-32)控制照明灯的亮灭。

M1、M2 和 M3 为连续工作制,由 FR1、FR2 和 FR3 实现过载保护。当主电动机 M1 过载时,FR1 动作,其常闭触点 FR1(1-6)断开,切除整个控制电路的电源。当冷却泵电动机 M3 过载时,FR3 动作,其常闭触点 FR3(5-6)断开,切除 M2、M3 的控制电源。当进给电动机 M2 过载时,FR2 动作,其常闭触点 FR2(5-20)断开并切除自身的控制电源。

由 FU1、FU2 实现主电路的短路保护,FU3 实现控制电路的短路保护,FU4 实现照明电路的短路保护。另外,还有工作台终端极限保护和各种运动的联锁保护,这方面的相关内容前面已详细叙述。

3.3.4 铣床电气控制系统的特点

从以上分析可知,铣床电气控制系统有以下特点:

①电气控制系统与机械配合相当密切。如既配有同方向操作手柄关联的限位开关,又配有同变速手柄或手轮关联的冲动开关,并且各种运动之间的联锁,既有通过电气方式实现的,

也有通过机械方式实现的。

②进给控制线路中的各种开关进行了巧妙的组合,既达到了一定的控制目标,又进行了完善的电气联锁。

③控制线路中设置了变速冲动控制,有利于齿轮的啮合,使变速顺利进行。

④采用两地控制,操作方便。

⑤具有完善的电气联锁,并具有短路、过载及超行程限位保护环节,工作可靠。

3.4　电气控制系统设计的基本原则和内容

任何一台机械设备的结构形式和使用效能均与其电气自动化程度有着十分密切的关系,因此电气设计与机械设计应同时进行并密切配合。对于电气设计人员来说,必须对生产机械结构、加工工艺有一定的了解,只有这样才能设计出符合要求的电气控制系统。

3.4.1　电气控制系统设计的基本原则

在设计过程中应遵循以下几个原则:

①最大限度地满足生产机械和生产工艺对电气控制的要求。在设计前,应深入现场进行调查,广泛搜集资料,并与生产过程有关人员、机械部分设计人员、实际操作者密切配合,共同拟定电气控制方案,协同解决设计中出现的各种问题,使设计成果满足生产工艺要求。

②在满足控制要求的前提下,设计方案要力求简单、经济、实用,不宜盲目追求自动化和高指标,应使控制系统操作简单,使用与维修方便。

③妥善处理机械与电气的关系。很多生产机械是采用机电结合控制方式来实现控制要求,要从工艺要求、制造成本、机械电气结构的复杂性和使用维护等方面很好地协调和处理二者的关系。

④正确合理地选用电器元件,降低生产成本,确保使用安全、可靠。

⑤操作、维护要方便,外形要协调、美观。

⑥为适应生产的发展和工艺的改进,在选择控制设备时,其能力应留有适当裕量。

3.4.2　电气控制系统设计的基本内容

电气控制系统设计的基本任务是根据生产机械的控制要求,设计和完成电控装置在制造、使用和维护过程中所需的图样和资料。具体来说,就是完成电气原理图设计与电气工艺设计。

(1)电气原理图设计内容

①拟定电气控制系统设计任务书。

②选择电力拖动方案和控制方式。

③确定电动机类型、型号、容量和转速。

④设计并绘制电气原理图和选择电器元件,制订元器件明细表。

⑤对原理图各连接点进行编号。

⑥编写设计说明书。

（2）电气工艺设计内容

电气工艺设计主要是为了便于组织电气控制装置的制造与施工,实现原理图设计功能及各项技术指标,为设备的调试、维护、使用提供必要的图纸资料。工艺设计的主要内容如下:

①绘制电控装置总装、部件、组件、单元装配图(元器件布置安装图)和接线图。

②设计并绘制电器安装板及非标准的电器安装零件图。

③设计电气箱,根据组件尺寸及安装要求确定电气柜结构与外形尺寸,设置安装支架,标明安装方式以及各组件的连接方式、通风散热方式和开门方式等。

④绘制装置布置图、出线端子图和设备连接图。

⑤列出所用各类元器件及材料清单。

⑥编写操作、使用和维护说明书。

3.4.3 电气控制系统设计的一般程序

设计程序一般是先进行原理设计再进行工艺设计,电气控制系统的设计通常按以下步骤进行:

（1）拟定电气设计任务书

电气控制系统设计的技术条件通常是以电气设计任务书的形式加以表达的,它是整个系统设计的依据。拟定电气设计任务书时,应聚集电气、机械工艺、机械结构三方面的设计人员,根据所设计的机械设备的总体技术要求,共同商讨,共同拟定。

在电气设计任务书中,应简要说明所设计的机械设备的型号、用途、工艺过程、技术性能、传动要求、工作条件、使用环境等。除此以外还应做到以下几点:

①给出机械及传动结构简图、工艺过程、负载特性、动作要求、调速要求及工作条件。

②给出电气保护、控制精度、生产效率、自动化程度、稳定性及抗干扰要求。

③给出电源种类、电压等级、频率及容量要求。

④给出设备布局、安装、操作台布置、照明、显示和报警方式等要求。

⑤给出目标成本及经费限额、验收标准及方式等。

（2）选择电力拖动方案与控制方式

电力拖动方案与控制方式的确定是设计的重要部分。电力拖动方案是指根据生产工艺要求、生产机械的结构、运动要求、负载性质、调速要求以及投资额等条件去确定电动机的类型、数量、拖动方式,并拟定电动机启动、运行、调速、转向、制动等控制要求,并把这些作为电气控制原理图设计及电器元件选择的依据。

（3）选择电动机

拖动方案确定以后,就可以进一步选择电动机的类型、数量、结构形式、容量、额定电压以及额定转速等。

（4）选择控制方式

根据电力拖动方案决定采用什么方法去实现这些控制要求。

（5）设计电气原理线路图

设计电气原理线路图并合理选用元器件,编制元器件目录清单。

（6）设计各种施工图纸

设计电气设备制造、安装、调试所必需的各种施工图纸,并编制各种材料定额清单。

（7）编写设计说明书

最后编写设计说明书。

3.5　电气控制系统原理图设计的注意事项

生产机械电气控制系统原理图是生产机械的重要组成部分,它对生产机械能否正确可靠地工作起着决定性的作用。因此,必须正确设计电气控制系统,合理选用电器元件,尽量使电气控制系统满足生产工艺的要求。

3.5.1　合理选择控制线路电流种类与控制电压数值

在控制线路比较简单的情况下,可直接采用电网电压,即交流电压 220 V 或 380 V 供电,以省去控制变压器。对于具有 5 个以上电磁线圈(例如接触器、继电器等)的控制线路,应采用控制变压器降低电压,或用直流低电压控制,这样既节省安装空间,又便于采用晶闸管无触点器件,还具有动作平稳可靠、检修操作安全等优点。对于微机控制系统,应注意弱电控制与强电电源之间的隔离,两者之间不能共用零线,以免引起电源干扰。照明、显示及报警等电路应采用安全电压。

交流标准控制电压等级:380、220、127、110、48、36、24、6.3 V。

直流标准控制电压等级:220、110、48、24、12 V。

3.5.2　电气控制系统设计的注意事项

(1)正确选择电器元件

在电器元件选用中,要尽可能选用标准电器元件,同一用途应尽可能选用相同型号。

(2)力求控制线路简单,布线经济

在满足生产工艺要求的前提下,使用的电器元件越少,电气控制系统中所涉及的触点的数量也越少,控制线路也就越简单;同时还可以提高控制线路的工作可靠性,降低故障率。优化控制线路的方法有以下 4 种:

1)合并同类触点

图 3.9(a)和图 3.9(b)所示电路中实现的控制功能一致,但图 3.9(b)比图 3.9(a)少了一对触点。合并同类触点时,应保证所有触点的容量大于两个线圈电流之和。

2)利用转换触点的方式

利用具有转换触点的中间继电器可将两对触点合并成一对触点,如图 3.10 所示。

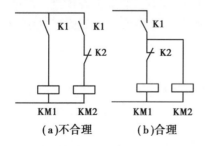

图 3.9　同类触点合并

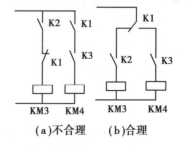

图 3.10　中间继电器的应用

3)尽量缩短连接导线的数量和长度

在设计电气控制系统时,应根据实际环境条件,合理考虑并安排各种电气设备和电器元件的位置及实际连线,以保证各种电气设备和电器元件之间连接导线的数量最少且长度最短。

如图 3.11(a)和图 3.11(b)所示,仅从控制原理上分析,没有什么不同,但若考虑实际接线,图 3.11(a)就不合理。因为按钮装在操作台上,而接触器装在电气柜内,因此从电气柜到操作台需引 4 根导线。图 3.11(b)较为合理,因为它将启动按钮和停止按钮直接相连,从而保证两个按钮之间的距离最短,因此所需导线最短,并且此时从电气柜到操作台只需引出 3 根导线。所以,一般情况下,都将启动按钮和停止按钮直接连接。

特别要注意的是同一电器的不同触点在电气线路中要尽可能具有更多的公共连接线,这样可减少导线段数和缩短导线长度,如图 3.12 所示。图中行程开关装在生产机械上,继电器装在电气柜内。图 3.12(a)中要用 4 根长导线连接,而图 3.12(b)中只需用 3 根长导线连接。

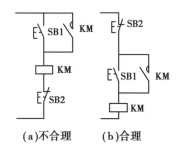 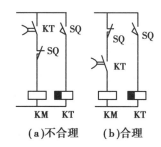

图 3.11 电器元件触点的安排   图 3.12 节省连接导线的方法

4)正常工作中要尽可能减少通电电器的数量

这样即利于节能,又可以延长电器元件的寿命,还能减少故障。

(3)保证电气控制系统工作的可靠性

保证电气控制系统工作的可靠性,最主要是指选择可靠的电器元件。在具体的电气控制系统设计中主要注意以下几点:

1)电器元件触点位置的正确画法

同一电器元件的常开触点和常闭触点靠得很近时,如果分别接在电源的不同相上,如图 3.13(a)所示的行程开关 SQ 的常开触点和常闭触点,常开触点接在电源的一相上,常闭触点接在电源的另一相上,当触点断开产生电弧时,可能在两触点间形成飞弧造成电源短路。如果改成图 3.13(b)的形式,那么两触点间的电位相同,这样就不会造成电源短路。因此在控制线路设计时,应使分布在线路不同位置的同一电器的触点尽量接到同一个极或尽量共接同一电位点,以免在电器触点上引起短路。

2)电器元件线圈位置的正确画法

交流控制线路中不允许把两个电器元件的线圈串联在一起使用,即使是两个同型号电压线圈,也不能采用串联后接在两倍线圈额定电压的交流电源上的方法。这是因为每个线圈上所分配到的电压与线圈的阻抗成正比,而两个电器元件的动作总是有先后之差,不可能同时动作。如图 3.14(a)所示,若接触器 KM1 先吸合,则 KM1 线圈的电感显著增加,其阻抗比未吸合的接触器 KM2 的阻抗要大,因而在该线圈上的电压降增大,使 KM2 的线圈电压达不到动作电压,此时 KM2 线圈电流增大,还有可能将线圈烧毁。因此,如果需要两个电器元件同时动作,其线圈应并联,如图 3.14(b)所示。

在直流控制电路中,对于电感较大的电磁线圈,如电磁阀、电磁铁或直流电动机励磁线圈等不宜与相同电压等级的继电器直接并联工作。如图 3.15(a)所示,YA 为电感量较大的电磁铁线圈,KA 为电感量较小的继电器线圈,当触点 KM 断开时,电磁铁 YA 线圈两端产生大的感应电动势将加在中间继电器 KA 的线圈上,造成 KA 误动作。为此,在 YA 线圈两端并联放电电阻 R,并在 KA 支路中串入 KM 常开触点,如图 3.15(b)所示,这样就能可靠工作。

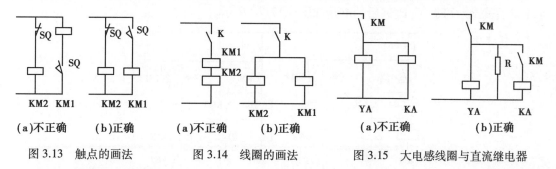

图 3.13　触点的画法　　　　图 3.14　线圈的画法　　　　图 3.15　大电感线圈与直流继电器

3)防止出现寄生电路

电气控制系统的动作过程中,发生意外接通的电路称为寄生电路。寄生电路将破坏电器元件和控制线路的工作顺序或造成误动作。图 3.16(a)所示的是一个具有指示灯和过载保护的电动机正反向控制电路。正常工作时,它能完成正反向启动、停止和信号指示。但当热继电器 FR 动作时,会出现如图中虚线所示的寄生电路,使正向接触器不能释放,起不到保护作用。如果将指示灯与其相应接触器线圈并联,则可防止出现寄生电路,如图 3.16(b)所示。

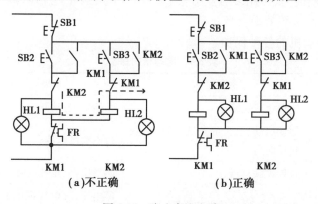

图 3.16　防止寄生电路

4)防止出现"竞争"与"冒险"

复杂控制电路中,在某一控制信号作用下,电路从一个稳定状态转换到另一个稳定状态时常常会引起几个电器状态的变化。考虑到电器元件有一定的动作时间,对一个时序电路来说就会得到几个不同的输出状态,这种现象称为电路的"竞争"。另外,对于开关电路,由于电器元件的释放延时作用,也会出现开关元件不按要求的逻辑功能输出的可能性,这种现象称为"冒险"。

"竞争"与"冒险"都将造成控制电路不能按要求动作,引起控制失灵。图 3.17 所示的为一个产生这种现象的典型电路。图 3.17(a)所示的电路中,KM1 控制电动机 M1,KM2 控制电动机 M2,其设计意图是:按 SB2 后,KM1、KT 通电,电动机 M1 运转,延时时间到后,电动机 M1 停转而 M2 运转。正式运行时,有时候可正常运行,有时候就不行。原因在于图 3.17(a)所示的电路设计不可靠,存在临界竞争现象。KT 延时时间到后,其延时断开的常闭触点总是由于机械运动原因先断开而延时闭合的常开触点晚闭合,当延时断开的常闭触点先断开后,KT 线圈随即断电,由于磁场不能突变为零和衔铁复位需要时间,故有时候延时闭合的常开触点来得及闭合,但有时候因受到某些干扰而不能闭合。将 KT 延时断开的常闭触点换成 KM2 的常闭触点以后就绝对可靠了,改进后的电路如图 3.17(b)所示。

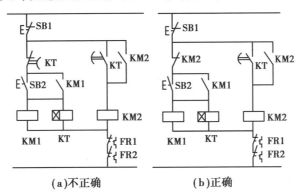

(a)不正确   (b)正确

图 3.17 典型的临界竞争电路

除上述几点外,在频繁操作的可逆线路中,正反向接触器之间要有电气联锁和机械联锁。在设计电气控制系统时,应充分考虑继电器触点的接通和分断能力。要增加接通能力,可用多触点并联;要增加分断能力,可用多触点串联。

(4)保证电气线路工作的安全性

表 3.4 列出了电动机的各种保护。

表 3.4 电动机的保护

保护名称	故障原因	采用的保护元件
短路保护	电源负载短路	熔断器、自动开关
过电流保护	错误启动、过大的负载转矩、频繁正反向启动	过电流继电器
过热保护	长期过载运行	热继电器、热敏电阻、自动开关、热脱扣器
零电压、欠电压保护	电源电压突然消失或降低	零电压、欠电压继电器或接触器、中间继电器
弱磁保护	直流励磁电流突然消失或减小	欠电流继电器
超速保护	电压过高、弱磁场	过电压继电器、离心开关、测速发电机

电气控制系统应具有完善的保护环节来保证整个生产机械的安全运行,消除在其工作不正常或误操作时所带来的不利影响,并尽可能使故障缩小到最小范围,以保障人身和设备的安全,避免事故的发生。

电气控制系统中常设的保护环节有短路、过流、过载、失压、零压、弱磁、超速、极限保护等。

1）短路保护

当电动机绕组和导线的绝缘被损坏，或者控制电器及线路被损坏时，线路将出现短路现象，产生很大的短路电流，使电动机、电器、导线等电气设备严重损坏。因此在发生短路故障时，保护电器必须立即动作，迅速将电源切断。

常用的短路保护电器是熔断器和自动空气断路器。

2）过载保护

当电动机负载过大，启动操作频繁或缺相运行时，会使电动机的工作电流长时间超过其额定电流，电动机绕组过热。如果其温升超过其允许值，将会导致电动机的绝缘材料变脆，寿命缩短，严重时会使电动机损坏。因此当电动机过载时，保护电器应立即切断电源，使电动机停转，避免电动机在过载下运行。

常用的过载保护电器是热继电器和过流继电器。

3）欠电压保护

当电网电压降低时，电动机便在欠电压的条件下运行，此时电动机转速下降，定子绕组电流增加。因电流增加的幅度尚不足以使熔断器和热继电器动作，所以这两种电器起不到保护作用，如不采取保护措施，那么随着时间的延长，会使电动机过热损坏。另一方面，欠电压将引起一些电器释放，使电路不能正常工作，也可能导致人身、设备事故。因此应避免电动机在欠电压下运行。

常用欠电压保护电器是接触器和欠电压继电器。

4）零电压保护

生产机械在工作时若电网突然停电，则电动机停转，生产机械运动部件也随之停止运转。一般情况下操作人员不可能及时拉开电源开关。如不采取措施，当电源电压恢复正常时，电动机便会自行启动，很可能造成人身和设备事故，并引起电网过电流和瞬间网络电压下降。因此必须采取零电压保护措施。

在电气控制系统中用接触器和中间继电器进行零电压保护。

5）过电流保护

不正确的启动和过大的负载转矩常常会引起电动机过电流，这种过电流一般小于短路电流。电动机运行中产生过电流比发生短路的可能性更大，在频繁启动和正反转的重复短时工作制电动机中尤其如此。过电流保护通常采用过电流继电器与接触器配合动作的方法，将过电流继电器线圈串联在被保护电路中，当电路电流达到其整定值时，过电流继电器动作，其常闭触点串联在接触器控制回路中，由接触器去切断电源。

6）弱磁保护

电动机磁通的过度减少会引起电动机的超速运行甚至发生"飞车"事故，因此需要采取弱磁保护。弱磁保护是通过在电动机励磁回路中串入欠电流继电器来实现的。在电动机运行中，如果励磁电流消失或降低太多，欠电流继电器就会释放，其触点将切断接触器线圈的电源，使电动机断电停车。

7）超速保护

生产机械的设备运行速度超过规定所允许的速度时，将造成设备损坏和人身危险，所以应设置超速保护装置来控制电动机转速或及时切断电动机电源。另外，电气控制电路中还应设置极限保护、联锁保护等。

图 3.18 是电气控制系统常用保护环节的集中体现。实际应用时，一般根据情况采用上述

保护环节中的一部分,不一定要选用全部保护环节,但短路保护、过载保护、零电压保护这三种是不可缺少的。

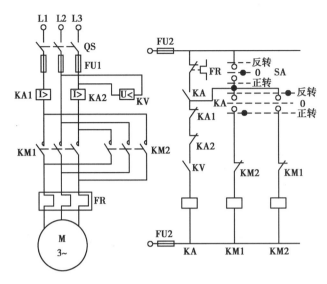

图 3.18　电气控制电路中常用的保护环节

图 3.18 中起保护作用的各元件分别为:

短路保护——熔断器 FU1 和 FU2;

过载保护——热继电器 FR;

过电流保护——过电流继电器 KA1、KA2;

零电压保护——中间继电器 KA;

欠电压保护——欠电压继电器 KV;

联锁保护——通过 KM1 和 KM2 互锁实现。

本章小结

掌握电气控制系统的分析与设计方法是一个电气工程技术人员必备的基本能力。应在掌握常用低压控制电器及电气典型控制环节的基础上,总结电气控制系统分析的基本内容和一般规律,通过典型机床控制线路的分析来说明电气控制系统分析与设计的方法和内容。

电气控制系统分析的基本要求是通过对设备说明书、电气原理图、安装布置图、接线图以及其他各种技术资料的阅读分析,掌握生产设备的工作原理、控制过程和控制方法,为设备的安装、调试、维护修理及设备的合理使用打下基础。

在进行分析时,必须对生产设备的基本结构、传动方式、运动形式、操作方法、电动机及电器元件的配置情况,机械、液压系统与电气控制的关系等方面有一个全面了解。在此基础上,应以电气原理图为中心,并结合其他电气技术资料进行系统分析。

电气原理图的分析程序是:主电路→控制电路→辅助电路→联锁、保护环节→特殊控制环节,先用"化整为零"的方法进行分析,最后再"集零为整"进行总体检查。最基本的分析方法是查线读图法。

电气控制系统设计的主要原则是在最大限度满足生产机械和工艺要求的基础上,力求可靠、安全、简单、经济。电气设计的主要任务是:选择拖动方案及控制方式,在此基础上,进行原理图设计和一系列工艺图纸资料的设计工作。电气控制原理图设计的任务是保证生产机械拖动要求、控制要求和系统主要技术指标的实现。而工艺设计的内容则是电气设备的制造、装配、调试、使用、维护以及生产管理所必需的各种技术资料,包括绘制电气设备总装配图、总接线图、各主要部件的布置图与接线图、设计电气柜和各种非标准结构件以及汇总制订生产准备所必需的各种清单、目录。各类图纸的绘制必须遵循新的国家标准。

总之,熟练掌握机床电气控制系统的分析与设计方法非常重要,一方面可为设备的安装、调试、维护修理及合理使用打下基础;另一方面可为机床电气控制系统的设计打下坚实的基础。

习题与思考题

3.1　电气控制电路的基本控制规律主要有哪些控制?

3.2　简述电气原理图分析的一般步骤。在读图分析中采用最多的是哪种方法?

3.3　说明机床电气原理图分析的基本方法与步骤。

3.4　对于笼型三相异步电动机,为何不采用过电流保护而采用短路保护?

3.5　电动机短路保护、过电流保护、过载保护各有何相同与不同?

3.6　试述车床主轴正反转控制与铣床主轴正反转控制有何不同。

3.7　简述 C650 车床按下反向启动按钮 SB4 后的启动工作原理。

3.8　简述 C650 车床反向运行时的反接制动工作原理。试述 C650 车床主电动机的制动过程。

3.9　在 C650 车床电气控制线路中,可以用 KM3 的辅助触点替代 KA 的触点吗? 为什么?

3.10　X62W 万能铣床电气控制系统中为什么设置主轴及进给变速冲动? 简述主轴变速冲动的工作原理。

3.11　简述 X62W 万能铣床中工作台和圆工作台联锁保护的原理。

3.12　简述 X62W 万能铣床工作台向左移动的工作原理。

3.13　X62W 万能铣床电气控制线路中设置主轴及进给瞬时点动控制环节的作用是什么? 请简述主轴变速时瞬时点动控制的工作原理。

3.14　X62W 万能铣床是如何实现水平工作台各方向进给联锁控制的?

3.15　试述 C650 型车床主轴电动机的控制特点及时间继电器 KT 的作用。

3.16　C650-2 型车床电气控制具有哪些保护环节?

3.17　电气控制设计中应遵循的原则是什么? 设计的基本内容是什么? 电气控制线路检修的方法有哪几种?

3.18　生产设备的电气控制系统设计包括哪些内容,遵循哪些原则?

3.19　电气原理图设计方法有哪几种? 简单的机床控制系统常用哪一种? 写出设计的步骤。

3.20　简述机床的调速方法有哪几种?

第 **4** 章
电气控制系统设计

─────────────────────────────

学习目标：

1.掌握电气控制系统设计。

2.熟练掌握阅读分析电气控制原理图的方法与步骤,培养识图读图能力,为机床及其他生产机械电气控制系统的设计、安装、调试和维护打下一定基础。

4.1　电气控制设计的原则、内容和程序

　　生产机械电气控制系统的设计,包含两个基本内容:一个是原理设计,即要满足生产机械和工艺的各种控制要求;另一个是工艺设计,即要满足电气控制装置本身的制造、使用和维修的需要。原理设计决定着生产机械设备的合理性与先进性,工艺设计决定电气控制系统是否具有生产可行性、经济性、美观、使用维修方便等特点,所以电气控制系统设计要全面考虑两方面的内容。在熟练掌握典型环节控制电路、具有对一般电气控制电路分析能力之后,设计者应能举一反三,对受控生产机械进行电气控制系统的设计并提供一套完整的技术资料。

　　生产机械种类繁多,其电气控制方案各异,但电气控制系统的设计原则和设计方法基本相同。设计工作的首要问题是树立正确的设计思想和工程实践的观点,它是高质量完成设计任务的基本保证。

4.1.1　电气控制系统设计的一般原则

　　①最大限度地满足生产机械和生产工艺对电气控制系统的要求。电气控制系统设计的依据主要来源于生产机械和生产工艺的要求。

　　②设计方案要合理。在满足控制要求的前提下,设计方案应力求简单、经济、便于操作和维修,不要盲目追求高指标和自动化。

　　③机械设计与电气设计应相互配合。许多生产机械采用机电结合控制的方式来实现控制要求,因此要从工艺要求、制造成本、结构复杂性、使用维护方便等方面协调处理好机械和电气的关系。

④确保控制系统安全可靠地工作。

4.1.2　电气控制系统设计的基本任务、内容

电气控制系统设计的基本任务是根据控制要求设计、编制出设备制造和使用维修过程中所必需的图纸、资料等。图纸包括电气原理图、电气系统的组件划分图、元器件布置图、安装接线图、电气箱图、控制面板图、电器元件安装底板图和非标准件加工图等,另外还要编制外购件目录、单台材料消耗清单、设备说明书等文字资料。

电气控制系统设计的内容主要包含原理设计与工艺设计两个部分。以电力拖动控制设备为例,设计内容主要有:

(1)原理设计内容

电气控制系统原理设计的主要内容包括:

①拟订电气设计任务书。

②确定电力拖动方案,选择电动机。

③设计电气控制原理图,计算主要技术参数。

④选择电器元件,制订元器件明细表。

⑤编写设计说明书。

电气原理图是整个设计的中心环节,它为工艺设计和制订其他技术资料提供依据。

(2)工艺设计内容

进行工艺设计主要是为了便于组织电气控制系统的制造,从而实现原理设计提出的各项技术指标,并为设备的调试、维护与使用提供相关的图纸资料。工艺设计的主要内容有:

①设计电气总布置图、总安装图与总接线图。

②设计组件布置图、安装图和接线图。

③设计电气箱、操作台及非标准元件。

④列出元件清单。

⑤编写使用维护说明书。

4.1.3　电气控制系统设计的一般步骤

(1)拟订设计任务书

设计任务书是整个电气控制系统的设计依据,又是设备竣工验收的依据。设计任务的拟定一般由技术领导部门、设备使用部门和任务设计部门等几方面共同完成。

电气控制系统的设计任务书中,主要包括以下内容:

①设备名称、用途、基本结构、动作要求及工艺过程介绍。

②电力拖动的方式及控制要求等。

③联锁、保护要求。

④自动化程度、稳定性及抗干扰要求。

⑤操作台、照明、信号指示、报警方式等要求。

⑥设备验收标准。

⑦其他要求。

（2）确定电力拖动方案

电力拖动方案选择是电气控制系统设计的主要内容之一，也是以后各部分设计内容的基础和先决条件。

所谓电力拖动方案，是指根据零件加工精度、加工效率要求、生产机械的结构、运动部件的数量、运动要求、负载性质、调速要求以及投资额等条件去确定电动机的类型、数量、传动方式以及拟订电动机启动、运行、调速、转向、制动等控制要求。

电力拖动方案的确定要从以下几个方面考虑：

1）拖动方式的选择

电力拖动方式分独立拖动和集中拖动。电气传动的趋势是多电动机拖动，这不仅能缩短机械传动链，提高传动效率，而且能简化总体结构，便于实现自动化。具体选择时，可根据工艺与结构决定电动机的数量。

2）调速方案的选择

大型、重型设备的主运动和进给运动，应尽可能采用无级调速，有利于简化机械结构、降低成本；精密机械设备为保证加工精度也应采用无级调速；对于一般中小型设备，在没有特殊要求时，可选用经济、简单、可靠的三相笼型异步电动机。

3）电动机调速性质要与负载特性适应

对于恒功率负载和恒转矩负载，在选择电动机调速方案时，要使电动机的调速特性与生产机械的负载特性相适应，这样可以使电动机得到充分合理的应用。

（3）拖动电动机的选择

电动机的选择主要包括电动机的类型、结构形式、容量、额定电压与额定转速。

电动机选择的基本原则是：

①根据生产机械调速的要求选择电动机的种类。

②工作过程中，电动机容量要得到充分利用。

③根据工作环境选择电动机的结构形式。

应该强调，在满足设计要求情况下优先考虑采用结构简单、价格便宜、使用维护方便的三相交流异步电动机。

正确选择电动机容量是电动机选择中的关键。电动机容量计算有两种方法：一种是分析计算法；另一种是统计类比法。分析计算法是按照机械功率估计电动机的工作情况，预选一台电动机，然后按照电动机实际负载情况作出负载图，根据负载图校验温升情况，确定预选电动机是否合适，不合适时再重新选择，直到电动机合适为止。

电动机容量的分析计算在有关论著中有详细介绍，这里不再重复。

在比较简单、无特殊要求、生产数量又不多的电力拖动系统中，电动机容量的选择往往采用统计类比法，或者根据经验采用工程估算的方法来选用，通常选择较大的容量，预留一定的裕量。

（4）选择控制方式

控制方式要实现拖动方案的控制要求。随着现代电气技术的迅速发展，生产机械电力拖动的控制方式从传统的继电接触器控制向 PLC 控制、CNC 控制、计算机网络控制等方面发展，控制方式越来越多。控制方式的选择应在经济、安全的前提下，最大限度地满足工艺的要求。

除上述几点外，还要设计电气控制原理图，并合理选用元器件，编制元器件明细表；设计电气设备的各种施工图纸；编写设计说明书和使用说明书。

4.2　电力拖动方案的确定和电动机的选择

4.2.1　电力拖动方案的选择

电力拖动系统是由电动机、供电电源、控制设备以及生产机械组成。因此,在电力拖动系统基本方案选择时,应该重点考虑如下几个方面的问题:

①电力拖动系统供电电源的考虑;

②电动机的选择;

③电动机与生产机械负载配合的稳定性考虑;

④调速方案的选择;

⑤电力系统的启动、制动方法,正、反转方案的选择;

⑥经济指标的考虑;

⑦电力拖动系统控制策略的选择;

⑧可靠性的考虑。

下面就上述某些方面作一简单介绍。

(1)电力拖动系统的供电电源

电力拖动系统的供电电源可分为三大类:

①交流工频 50 Hz 电源;

②独立变流机组电源;

③电力电子变流器电源。

其中,电力电子变流器电源指的是由各类电力电子器件组成的整流器(直流电源)、变频器、交流调压器(交流电源)以及各式各样的逆变器等。

(2)电力拖动系统稳定性的考虑

电机与所拖动的负载只有合理配合,才能确保电力拖动系统稳定运行。借助于电动机所提供的机械特性和生产机械的负载转矩特性便可以对电力拖动系统的稳定运行情况进行判别。

图 4.1 给出了由各种电动机组成的电力拖动系统的机械特性与恒转矩负载特性,旨在对电力拖动系统的稳定性进行判别。

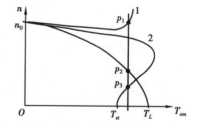

图 4.1　电力拖动系统电动机机械特性与负载转矩特性的配合

(3)调速方案的选择

电动机的机械特性决定了拖动系统的调速方式,而且每一种调速方式又具有不同的调速性质。电动机的调速特性应与负载的转矩特性一致,才能使电动机的功率得到充分利用。

对于他励直流电动机,可以采用电枢回路串电阻调速、电枢调压调速以及弱磁调速。

从调速性质来看:电枢回路串电阻调速与电枢调压调速属于恒转矩调速性质,因而适应于恒转矩负载;而弱磁调速属于恒功率调速性质,因而适应于恒功率负载。

对于同步电动机,只有改变同步电动机的供电频率实现调速。为确保电动机内部磁通以及最大电磁转矩不变,一般要求在改变定子频率的同时改变定子电压。一旦供电频率超过基频以上,则保持供电电压为额定值不变。

从调速性质来看:基频以下属于恒转矩调速,适应于恒转矩负载;而基频以上则属于恒功率调速,适应于恒功率负载。

对于异步电动机,可以采用变频调速、变极调速和改变转差率调速。其中,转差率的改变可以通过改变定子电压、转子电阻、在转子绕组上施加转差频率的外加电压(如双馈调速与串级调速)等方法来实现。

从调速性质来看:变频调速与变极调速属于恒转矩调速,适应于恒转矩负载;而变极调速则属于恒功率调速,适应于恒功率负载。改变转差率调速则视具体调速方式有所不同,其中,改变定子电压的调速方式既非恒转矩也非恒功率调速,而转子串电阻的调速则属于恒转矩调速,双馈调速则属于恒转矩调速。

(4)启、制动、正反转与相应方案的选择

电力拖动系统的过渡过程包括启、制动、正反转、加减速以及负载变化等,它与系统的快速性、生产率的提高、损耗的降低、可靠性的保证等密切相关。

电力拖动系统对启动过程的基本要求是:电动机的启动转矩必须大于负载转矩;启动电流要有一定限制,以免影响周围设备的正常运行。

对于鼠笼式异步机,其启动性能较差。容量越大,启动转矩倍数越低,启动越困难。若普通鼠笼式异步机不能满足启动要求,则可考虑采用深槽转子或双鼠笼转子异步机。若启动能力不能满足要求,可考虑采用软启动或变频启动。

直流电动机与绕线式异步电动机的启动转矩和启动电流是可调的,仅需考虑启动过程的快速性。而同步电动机的启动和牵入同步则较为复杂,通常仅适用于功率较大的机械负载。对于同步电动机,可以采用变频、辅助电动机或自耦调压器启动。

电力拖动系统制动方法的选择主要应从制动时间、制动实现的难易程度以及经济性等几个方面来考虑。

对于交、直流电动机(串励直流电动机除外),均可考虑采用反接、能耗和回馈三种制动方案。

电力拖动系统的反转。对拖动系统反转的要求是:不仅能够实现反转,而且正、反转之间的切换应当平稳、连续。一般来讲,直流电动机比交流电动机优越。但随着电力电子变流器技术的发展,交流电机包括无刷直流电动机、开关磁阻电动机等均可实现正、反转之间的平滑切换。

(5)电力拖动系统的平稳性与快速性

电力拖动系统的动力学方程式可表示为:

$$T_{em} - T_L = \frac{GD^2}{375} \frac{dn}{dt} \tag{4.1}$$

利用上式便可得到电动机启、制动或调速过程所需要的时间表达式为

$$t = \frac{GD^2}{375(T_{em} - T_L)} \int_{n_1}^{n_2} dn \tag{4.2}$$

结论:

若希望缩短启、制动过程,应使 T_{em}/GD^2 尽可能大。这是选择电动机的一个重要依据。

从运行的平稳性上看,则希望电动机的惯量与负载惯量相匹配,亦即电动机的惯量要超过负载的惯量,即

$$[GD^2]_M \geq [GD^2]_L \tag{4.3}$$

若负载惯量是变化的(如工业机械手负载等),为确保系统平稳运行,则要求负载飞轮矩的变化量应小于电动机飞轮矩的1/5,即

$$[GD^2]_M \geq 5\{\Delta[GD^2]_L\} \tag{4.4}$$

为了提高电动机的力矩惯量比,可选用小惯量电动机。但根据惯量匹配原则,小惯量电动机仅适应于负载惯量较小、过载能力要求不高的场合。对于重型机床等负载惯量大、过载严重的场合,则应选择大惯量电机,如力矩电动机。

(6)电力拖动系统经济性指标的考虑

经济性指标主要是指一次性投资与运行费用,而运行费用则取决于耗能即效率指标。电力拖动系统的设计过程中,应考虑如下几个方面:

1)电网功率因数的改善

对于异步电动机,最大功率因数大都发生在满载附近。轻载时,为了改善功率因数,可以采用调压或变频方案,也可以考虑在供电变压器上增加并联电容,通过电容器组的投切实现无功补偿。或者采用转子直流励磁的同步电动机,并使其工作在过励状态。

2)调速节能

异步电动机的最高效率多出现在满载附近。当电动机轻载或空载运行时,可以采用变频调速或使用多台电动机协调运行,以提高交流拖动系统的运行效率。

不同的调速方式具有不同的运行效率。就直流拖动系统来讲,晶闸管变流器供电的直流调速与自关断器件的斩波器调速的效率要比电枢回路串电阻调速的效率高得多。位能性负载下降(或下坡)时采用回馈制动可以回收能量,达到节电的目的。

对于交流拖动系统,可采用的调速方案有:转子串电阻调速、调压调速、滑差电机调速、双馈电机调速(包括串级调速)、变频调速等。前三种调速方式耗能较大,后两种调速方式效率较高。

3)电网污染

解决由电力电子变流器供电电源所引起的"电网污染"问题,实现所谓的"绿色"电能的转换,可采取如下措施:

①在供电变压器的二次侧额外增加有源滤波器(Active-Power-Filter,APF);

②在变流器内部采用由自关断器件组成的 PWM 整流器(Pulse-Width-Modulation Rectifier,PWM Rectifier)。

4.2.2　电动机的选择

(1)电动机选择的一般概念

电动机的选择,首要的是各种工作制下电动机容量的选择,同时还要确定电动机的电流种类、形式、额定电压与额定转速。

选择电动机功率的原则:完全满足生产机械对电动机提出的功率、转矩要求,完全满足生产机械对电动机提出的功率、转矩、转速以及启动、调速、制动和过载等要求,电动机在工作过程中能充分被利用,而且还不超过国家标准所规定的温升。

在确定电流种类(交,直,励磁方式)后,按负载功率大小来预选电动机容量。然后进行各种校验。

1)发热校验

按发热条件检验应满足:

$$P_{al} \leqslant P_N, \quad T_{al} \leqslant T_N \tag{4.5}$$

P_{al}、T_{al} 为电动机允许输出功率和允许输出转矩。

2)过载能力校验

$$T_{L\max} \leqslant \lambda_m T_N \tag{4.6}$$

对于异步机应满足:

$$T_{L\max} \leqslant 0.85\lambda_m T_N \tag{4.7}$$

3)启动能力校验

对鼠笼异步电动机要校验启动能力。

(2)电动机的工作制分类及相应电机功率的选择

1)连续工作制(S1)

连续工作制是在恒定负载下电动机连续长期运行的工作方式。其工作时间 $t_w > (3 \sim 4)T$ (T 为电机发热时间常数),可达几小时或几十小时。电动机可以按铭牌规定的数据长期运行,其温升可以达到稳定值,因此连续工作制也称为长期工作制,它的功率负荷图 $P = f(t)$ 及温升曲线 $\tau = f(t)$ 如图 4.2 所示。属于此类工作制的生产机械有水泵、通风机、造纸机和纺织机等。

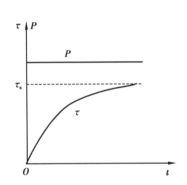

图 4.2　连续工作制的功率负载图及温升曲线

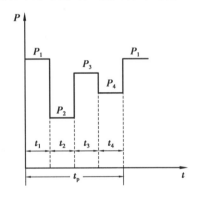

图 4.3　变化负载的功率图

连续工作制电动机容量的选择:

①恒定负载下电动机容量的选择。这时,电动机容量的选择非常简单,只要选择一台额定容量等于或略大于负载容量、转速适合的电动机即可,不需要进行发热校验。

②变化负载下电动机容量的选择。图 4.3 所示为变化负载的功率图,图中只画出了生产过程的一个周期。当电动机拖动这类生产机械工作时,因为负载周期性变化,所以电动机的温升也必然呈周期性波动。温升波动的最大值将低于对应于最大负载时的稳定温升,而高于对应于最小负载时的稳定温升。这样,如按最大负载功率选择电动机的容量,则电动机就不能得到充分利用;而按最小负载功率选择电动机容量,则电动机必将过载,其温升将超过允许值。因此,电动机的容量应选在最大负载与最小负载之间。如果选择得合适,既可使电动机得到充分利用,又可使电动机的温升不超过允许值。通常可采用以下方法选择电动机的容量。

a.等效电流法。

等效电流法的基本思想是用一个不变的电流 I_{eq} 来等效实际上变化的负载电流,要求在同一个周期内,等效电流 I_{eq} 与实际变化的负载电流所产生的损耗相等。假定电动机的铁损耗与绕组电阻不变,则损耗只与电流的平方成正比,由此可得等效电流为

$$I_{eq} = \sqrt{\frac{I_1^2 t_1 + I_2^2 t_2 + \cdots + I_n^2 t_n}{t_1 + t_2 + \cdots + t_n}} \tag{4.8}$$

式中　t_n——对应负载电流 I_n 时的工作时间。

求出 I_{eq} 后,则选用电动机的额定电流 I_N 应大于或等于 I_{eq}。

采用等效电流法时,必须先求出用电流表示的负载图。

b.等效转矩法。

如果电动机在运行时,其转矩与电流成正比(如他励直流电动机的励磁保持不变、异步电动机的功率因数和气隙磁通保持不变时),则将式(4.8)可改写成等效转矩公式

$$T_{eq} = \sqrt{\frac{T_1^2 t_1 + T_2^2 t_2 + \cdots + T_n^2 t_n}{t_1 + t_2 + \cdots + t_n}} \tag{4.9}$$

此时,选用电动机的额定转矩 T_N 应大于或等于 T_{eq},当然,这时应先求出用转矩表示的负载图。

c.等效功率法。

如果电动机运行时,其转速保持不变,则功率与转矩成正比,于是由式(4.9)可得等效功率为

$$P_{eq} = \sqrt{\frac{P_1^2 t_1 + P_2^2 t_2 + \cdots + P_n^2 t_n}{t_1 + t_2 + \cdots + t_n}} \tag{4.10}$$

此时,选用电动机的功率 P_N 大于或等于 P_{eq} 即可。

必须注意的是:用等效法选择电动机的容量时,要根据最大负载来校验电动机的过载能力是否符合要求,如果过载能力不能满足,应当按过载能力来选择较大容量的电动机。

2)短时工作制(S2)

短时工作制的电动机,其工作时间 $t_w < (3 \sim 4)T$。在工作时间内温升达不到稳定值,但它的停机时间 t_0 却很长,$t_0 > (3 \sim 4)T$,停机时电动机的温度足以降至周围环境的温度,即温升降至零。短时工作制的功率负载图及温升曲线如图 4.4 所示。属于此类工作制的生产机械有水闸闸门,吊车、车床的夹紧装置等。我国短时工作制电动机的标准工作时间有 15 min、30 min、60 min、90 min 四种。

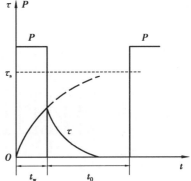

图 4.4　短时工作制的功率负载图及温升曲线

短时工作制电动机容量的选择:

①直接选用短时工作制的电动机。

我国电机制造行业专门设计制造一种专供短时工作制使用的电动机,其工作时间分为 15 min、30 min、60 min、90 min 四种,每一种又有不同的功率和转速。因此,可以按生产机械的

功率、工作时间及转速的要求,从产品目录中直接选用不同规格的电动机。

如果短时负载是变动的,则也可采用等效法选择电动机,此时等效电流为

$$I_{eq} = \sqrt{\frac{I_1^2 t_1 + I_2^2 t_2 + \cdots + I_n^2 t_n}{\alpha t_1 + \alpha t_2 + \cdots + \alpha t_n + \beta t_0}} \tag{4.11}$$

式中,I_1、t_1 为启动电流和启动时间;I_n、t_n 为制动电流和制动时间;t_0 为停转时间;α、β 为考虑对自扇冷电动机在启动、制动和停转期间因散热条件变坏而采用的系数,对于直流电动机,$\alpha = 0.75$,$\beta = 0.5$;对于异步电动机,$\alpha = 0.5$,$\beta = 0.25$。

采用等效法时,也必须注意对选用的电动机进行过载能力的校核。

②选用断续周期工作制的电动机。

当没有合适的短时工作制电动机时,也可采用断续周期工作制的电动机来代替。短时工作制电动机的工作时间 t_w 与断续周期工作制电动机的负载持续率 FC% 之间的对应关系见表4.1。

表 4.1　t_w 与 FC% 的对应关系

t_w/min	30	60	90
FC/%	15	25	40

3)断续周期工作制

断续周期工作制是在恒定负载下电动机按一系列相同的工作周期运行的工作方式。断续周期工作制的特点是重复性和短时性。在一个周期内,工作时间 $t_w < (3 \sim 4)T$,停歇时间 $t_0 < (3 \sim 4)T$。因此,工作时温升达不到稳定值,停歇时温升也降不到零,整个工作过程中温升不断地上下波动,但平均温升值越来越高。经过足够的周期后,温升将在一个稳定的小范围内上下波动,而温升的最高值小于长期运行的稳定温升。按国家标准规定,每个工作周期 $t_c = t_w + t_0 \le$ 10 min,因此这种工作制也称为重复短时工作制。

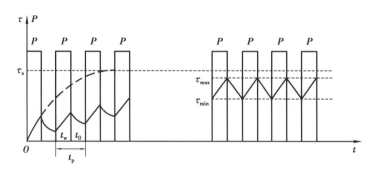

图 4.5　断续周期工作制的功率负载图及温升曲线

在断续周期工作制中,工作时间与工作周期之比称为负载持续率,也称暂载率,用 FC% 表示。我国规定的标准负载持续率有15%、25%、40%、60%等四种。

断续周期工作制电动机容量的选择:

可以根据生产机械的负载持续率、功率及转速,从产品目录中直接选择合适的断续周期工作制电动机。但是,国家标准规定该种电动机的负载持续率 FC% 只有四种,因此常常会出现

生产机械的负载持续率 $FC_x\%$ 与标准负载持续率 $FC\%$ 相差较大的情况。在这种情况下,应当把实际负载功率 P_x 按下式换算成相邻标准负载持续率 $FC\%$ 下的功率 P:

$$P = P_x \sqrt{\frac{FC_x\%}{FC\%}} \tag{4.12}$$

根据上式中的标准负载持续率 $FC\%$ 和功率 P 即可选择合适的电动机。

当 $FC_x\%$<10%时,可按短时工作制选择电动机;

当 $FC_x\%$>70%时,可按连续工作制选择电动机。

(3)电动机种类、形式、电压、转速的选择

1)电动机种类的选择

①不需调速的负载机械电动机种类的选择。

对于不需要进行调速的负载机械设备,包括连续、短时、周期等工作制的机械设备,应尽可能采用交流感应电动机;对于负载平稳且对启动与制动无特殊要求的连续运行的机械,宜优先选用普通笼形感应电动机。

②需要调速的机械电动机种类的选择

需要调速的这类机械应视调速范围和要求速度调节的连续、平滑程度来选择电动机。

对于只要求几种转速的小功率负载机械,可采用变极调速的多速(双速、三速、四速)笼形感应电动机。

对调速平滑程度要求不高并且调速比不大的负载机械,宜采用绕线转子电动机或电磁调速电动机。

对调速范围在1:3以上且需连续稳定平滑调速的负载机械,宜采用直流电动机或变频调速电动机。

对需要启动转矩大和机械特性硬度低的生产机械,宜选用直流串励电动机。

某些要求调速比不大(1:2左右)的大功率负载机械,也可采用带有串极调速装置的绕线转子感应电动机,这样还可使部分电能回馈电网,得以提高其运行的经济指标。

2)电动机形式的选择

电动机与工作机械有不同的连接方式,同时生产机械的工作环境差异很大,因此应当根据具体的生产机械类型、工作环境等来确定电动机的结构形式。

①安装形式的选择。

电动机安装形式根据安装位置的不同分为卧式和立式两种。一般情况下应选择卧式结构。立式电动机的价格较贵,只有在简化传动装置且又必须垂直运转时才采用。

②防护形式的选择。

a.开启式电动机。开启式电动机外表有很大的通风口,其散热条件好,用料省而造价较低。缺点是水气、灰尘、铁屑和油污等杂物容易侵入电动机内部,因此只能用于干燥和清洁的工作环境。

b.防护式电动机。防护式电动机的通风口设计为朝下且有防护网遮掩,其通风冷却条件比较好。该种防护形式的电动机一般可防滴、防雨、防溅以及防止外界杂物从小于 45° 角的垂直方向落入电动机内部,但不能防止潮气和灰尘的侵入,因此它比较适用于灰尘不多、较为干燥、无腐蚀性和爆炸性气体的场所。

c.封闭式电动机。封闭式电动机通常又分为自冷式、强迫通风式和密闭式 3 种。自冷式

和强迫通风式两种形式的电动机能防止从任何方向飞溅来的水滴和其他杂物侵入,并且潮气和灰尘等也不易进入电动机内部,因此适用于潮湿、灰尘多、易受风雨侵蚀、易引起火灾、有腐蚀性气体的各种地方。密闭式电动机一般用于在水或油等液体中工作的负载机械,比如潜水电动机或潜油电动机等。

d.防爆式电动机。防爆式电动机通常在封闭式电动机结构的基础上制成隔爆型、增安型和正压型三类形式,它们都适用于有易燃、易爆气体的危险环境中,如矿井、油库、煤气站等场所。

3)电动机额定电压的选择

电动机额定电压主要根据电动机运行场地的供电、电压等级而定。

一般中小型交流感应电动机多采用低压,额定电压有 380 V(丫接法或 △接法)、220/380 V(△/丫)、380/660 V(△/丫)三种。

大容量的交流电动机通常设计成高压供电,如 3 kV、6 kV 或 10 kV 电网供电,此时电动机应选用额定电压为 3 kV、6 kV 或 10 kV 的高压电动机。

直流电动机的额定电压一般为 110 V、220 V 和 440 V,其中最常用的电压等级为 220 V。当采用三相桥式可控整流电路供电时,直流电动机的额定电压应选为 440 V;若采用单相整流电路供电,则直流电动机的额定电压应选为 220 V。

4)电动机额定转速的选择

电动机额定转速都是依据生产机械的要求来选定的。在确定电动机额定转速时,必须考虑机械减速机构的传动比值,两者相互配合并经过技术与经济的全面比较才能确定。通常电动机转速不低于 500 r/min,因为当容量一定时电动机的同步转速越低,电动机尺寸越大,价格越贵,其效率也比较低。另一方面,若选用高速电动机,虽然电动机的功率得到提高,但势必加大机械减速机构的传动比,从而导致机械传动部分的结构复杂。对于无需调速的一些高、中速机械,可选用相应转速的电动机而不经机械减速机构直接传动。

而对于需要调速的机械,其生产机械的最高转速要与电动机的最高转速相适应。如果采用改变励磁的直流电动机调速,为充分利用电动机功率,应仔细选好调磁调速的基本转速。对于某些工作速度较低且经常处于频繁正、反转运行状态的生产机械,为提高生产效率、降低消耗、减小噪声和节省投资,应选择适宜的低速电动机,采用无减速机构的直接拖动更为合理。

4.3 电气原理图设计的步骤与方法

4.3.1 电气原理图设计的基本步骤

①根据选定的拖动方案及控制方式设计系统的原理框图,拟订出各部分的主要技术要求和主要技术参数。

②根据各部分的要求,设计出原理框图中各个部分的具体电路。对于每一部分的设计总是按主电路、控制电路、辅助电路、联锁与保护、总体检查、反复修改与完善的步骤进行。

③绘制总原理图。按系统框图结构将各部分联成一个整体。

④正确选用原理线路中每一个电器元件,并制订元器件目录清单。

对于比较简单的控制线路,如普通机床的电气配套设计,可以省略前两步,直接进行原理图设计和选用电器元件。对于比较复杂的自动控制线路,如专用的数控生产机械或者采用微机或电子控制的专用检测与控制系统,要求有程序预选、刀具调整与补偿和一定的加工精度、生产效率、自动显示、各种保护、故障诊断、报警、打印记录等,就必须按上述过程一步一步进行设计。只有各个独立部分都达到技术要求,才能保证总体技术要求的实现,保证总装调试的顺利进行。

4.3.2　电气原理图的设计方法

电气原理图的设计方法主要有分析设计法和逻辑设计法两种,分别介绍如下:

(1)分析设计法

分析设计法是根据生产工艺的要求去选择适当的基本控制环节(单元电路)或经过考验的成熟电路,按各部分的联锁条件组合起来并加以补充和修改,综合成满足控制要求的完整线路。当找不到现成的典型环节时,可根据控制要求边分析边设计,将主令信号经过适当的组合与变换,在一定条件下得到执行元件所需要的工作信号。设计过程中,要随时增减元器件和改变触点的组合方式,以满足拖动系统的工作条件和控制要求,经过反复修改得到理想的控制线路。由于这种设计方法是以熟练掌握各种电气控制线路的基本环节和具备一定的阅读分析电气控制线路的经验为基础,所以又称为经验设计法。分析设计法的特点是无固定的设计程序,设计方法简单,容易为初学者所掌握,对于具有一定工作经验的电气人员来说,也能较快地完成设计任务,因此在电气设计中被普遍采用。其缺点是设计方案不一定是最佳方案,当设计人员经验不足或考虑不周时会影响线路工作的可靠性。

(2)逻辑设计法

逻辑设计法是利用逻辑代数这一数学工具来进行电路设计,即根据生产机械的拖动要求及工艺要求,将执行元件需要的工作信号以及主令电器的接通与断开状态看成逻辑变量,并根据控制要求将它们之间的关系用逻辑函数关系式来表达,然后再运用逻辑函数基本公式和运算规律进行简化,使之成为需要的与或关系式,根据最简式画出相应的电路结构图,最后再作进一步的检查和完善,即能获得需要的控制线路。采用逻辑设计法能获得理想、经济的方案,所用元件数量少,各元件能充分发挥作用,当给定条件变化时,能指出电路相应变化的内在规律,在设计复杂控制线路时,更能显示出它的优点。任何控制线路,控制对象与控制条件之间都可以用逻辑函数式来表示,所以逻辑法不仅能用于线路设计,也可以用于线路简化和读图分析。逻辑代数读图法的优点是各控制元件的关系能一目了然,不会读错和遗漏。

逻辑电路有两种基本类型,对应的设计方法也各有不同。

1)组合逻辑电路

其特点是执行元件的输出状态只与同一时刻控制元件的状态有关,输入、输出呈单方向关系,即输出量对输入量无影响。它的设计方法比较简单,可以作为经验设计法的辅助和补充,用于简单控制电路的设计,或对某些局部电路进行简化,进一步节省并合理使用电器元件与触点。

2)时序逻辑电路

其特点是输出状态不仅与同一时刻的输入状态有关,而且还与输出量的原有状态及其组合顺序有关,即输出量通过反馈作用,对输入状态产生影响。这种逻辑电路设计要设置中间记忆元件(如中间继电器等),记忆输入信号的变化,以达到各程序两两区分的目的。

4.3.3 原理图设计中应注意的问题

电气控制设计中应重视设计、使用和维护人员在长期实践中总结出来的许多经验,使设计线路简单、正确、安全、可靠、结构合理、使用维护方便。通常应注意以下问题:

(1)选择控制电源

尽量减少控制线路中电源的种类,控制电源用量,控制电压等级应符合标准等级。在控制线路比较简单的情况下,可直接采用电网电压,即交流 220 V、380 V 供电,以省去控制变压器。当控制系统使用电器数量比较多时,应采用控制变压器降低控制电压,或用直流低电压控制,既节省安装空间,又便于采用晶体管无触点器件,具有动作平稳可靠、检修操作安全等优点。对于微机控制系统,应注意弱电控制与强电电源之间的分离,不能共用零线,避免引起电源干扰。照明、显示及报警等电路应采用安全电压。

(2)选择电器元件

尽量减少电器元件的品种、规格与数量。在电器元件选用中,尽可能选用性能优良、价格便宜的新型器件,同一用途尽可能选用相同型号。电气控制系统的先进性总是与电器元件的不断发展、更新紧密联系在一起的,因此,设计人员必须密切关注电机、电器技术、电子技术的新发展,不断收集新产品资料,以便及时应用于控制系统设计中,使控制线路在技术指标、稳定性、可靠性等方面得到进一步提高。

(3)减少通电电器的数量

正常工作过程中,尽可能减少通电电器的数量,以利节能,延长电器元件寿命以及减少故障。

(4)合理使用电器触点

在复杂的继电接触控制线路中,各类接触器、继电器数量较多,使用的触点也多,线路设计应注意以下问题:

①主副触点的使用量不能超过限定对数,因为各类接触器、继电器的主副触点数量是一定的。设计时,应注意尽可能减少触点使用数量,采用逻辑设计化简方法,改变触点的组合方式,以减少触点使用数量,或增加中间继电器来解决。

②检查触点容量是否满足控制要求,避免因使用不当而出现触点烧坏、熔焊的故障,合理安排接触器主副触点的位置,避免用小容量继电器去切断大容量负载。总之,要计算触点断流容量是否满足被控制负载的要求,还要考虑负载性质(阻性、容性、感性等),以保证触点工作寿命和可靠性。

(5)正确连线

具体应注意以下几个方面:

1)正确连接电器线圈

电压线圈通常不能串联使用,即使用两个同型号电压线圈也不能采用串联施加额定电压之和的电压值,因为电器动作总有先后之差,可能由于动作过程中阻抗变化造成电压分配不均匀。对于电感较大的电器线圈,如电磁阀、电磁铁或直流电机励磁线圈等则不宜与相同电压等级的接触器或中间继电器直接并联工作,否则在接通或断开电源时会造成后者的误动作。

2)合理安排电器元件及触点位置

对一个串联回路,各电器元件或触点位置互换,并不影响其工作原理,但从实际连线上却影响到安全、节省导线等各方面的问题。

3）注意避免出现寄生回路

在控制电路的动作过程中，如果出现不是由于误操作而产生的意外接通的电路，称为寄生回路。

4.4　电气控制工艺设计

电气控制设计的基本思路是一种逻辑思维，只要符合逻辑控制规律、能保证电气安全及满足生产工艺的要求，就可以说是一种好的设计。但为了满足电气控制设备的制造和使用要求，必须进行合理的电气控制工艺设计。这些设计包括电气设备的结构设计、电气设备总体配置图、总接线图设计及各部分的电器装配图与接线图设计，同时还要有部分的元件目录、进出线号及主要材料清单等技术资料。

4.4.1　电气设备总体配置设计

电气设备总体配置设计任务是根据电气原理图的工作原理与控制要求，先将控制系统划分为几个组成部分（这些组成部分均称作部件），再根据电气设备的复杂程度把每一部件划成若干组件，然后再根据电气原理图的接线关系整理出各部分的进出线号，并调整它们之间的连接方式。总体配置设计是以电气系统的总装配图与总接线图形式来表达的，图中应以示意形式反映出各部分主要组件的位置及各部分接线关系、走线方式及使用的行线槽、管线等。

总装配图、接线图（根据需要可以分开，也可并在一起）是进行分部设计和协调各部分组成为一个完整系统的依据。总体设计要使整个系统集中、紧凑，同时在空间允许条件下，把发热元件、噪声振动大的电气部件尽量放在离其他元件较远的地方或隔离起来；对于多工位的大型设备，还应考虑两地操作的方便性；总电源开关、紧急停止控制开关应安放在方便而明显的位置。总体配置设计得合理与否关系到电气系统的制造、装配质量，更将影响到电气控制系统性能的实现及其工作的可靠性、操作、调试、维护等工作的方便及质量。

（1）组件的划分

由于各种电器元件安装位置不同，在构成一个完整的自动控制系统时，就必须划分组件。划分组件的原则是：

①把功能类似的元件组合在一起；

②尽可能减少组件之间的连线数量，同时把接线关系密切的控制电器置于同一组件中；

③让强弱电控制器分离，以减少干扰；

④为力求整齐美观，可把外形尺寸、质量相近的电器组合在一起；

⑤为便于检查与调试，把需经常调节、维护和易损元件组合在一起。

（2）接线方式

在划分组件的同时要解决组件之间、电气箱之间以及电气箱与被控制装置之间的连线方式。电气控制设备各部分及组件之间的接线方式一般应遵循以下原则：

①开关电器、控制板的进出线一般采用接线端头或接线鼻子连接，这可按电流大小及进出线数选用不同规格的接线端头或接线鼻子。

②电气柜(箱)、控制箱、柜(台)之间以及它们与被控制设备之间,采用接线端子排或工业连接器连接。

③弱电控制组件、印制电路板组件之间应采用各种类型的标准接插件连接。

④电气柜(箱)、控制箱、柜(台)内的元件之间的连接,可以借用元件本身的接线端子直接连接,过渡连接线应采用端子排过渡连接,端头应采用相应规格的接线端子处理。

4.4.2 电器元件布置图的设计与绘制

电气元件布置图是某些电器元件按一定原则的组合。电器元件布置图的设计依据是部件原理图、组件的划分情况等。设计时应遵循以下原则:

①同一组件中电器元件的布置,应注意将体积大和较重的电器元件安装在电器板的下面,而发热元件应安装在电气箱(柜)的上部或后部,但热继电器宜放在其下部,因为热继电器的出线端直接与电动机相连便于出线,而其进线端与接触器直接相连接,便于接线并使走线最短,且宜于散热。

②强电、弱电分开并注意屏蔽,防止外界干扰。

③需要经常维护、检修、调整的电器元件安装位置不宜过高或过低,人力操作开关及需经常监视的仪表的安装位置应符合人体工程学原理。

④电器元件的布置应考虑安全间隙,并做到整齐、美观、对称,外形尺寸与结构类似的电器可安放在一起,以利加工、安装和配线。若采用行线槽配线方式,应适当加大各排电器间距,以利布线和维护。

⑤各电器元件的位置确定以后,便可绘制电器布置图。电气布置图是根据电器元件的外形轮廓绘制的,即以其轴线为准,标出各元件的间距尺寸。每个电器元件的安装尺寸及其公差范围应按产品说明书的标准标注,以保证安装板的加工质量和各电器的顺利安装。大型电气柜中的电器元件,宜安装在两个安装横梁之间,这样,可减轻柜体质量,节约材料。另外,为便于安装,所以设计时应计算纵向安装尺寸。

⑥在电器布置图设计中,还要根据本部件进出线的数量、采用导线规格及出线位置等,选择进出线方式及接线端子排、连接器或接插件,并按一定顺序标上进出线的接线号。

4.4.3 电气部件接线图的绘制

电气部件接线图是根据部件电气原理及电器元件布置图绘制的,它表示成套装置的连接关系,是电气安装、维修、查线的依据。接线图应按以下原则绘制:

①接线图相接线表的绘制应符合 GB 6988.6—1993 中《控制系统功能表图的绘制》的规定。

②所有电气元件及其引线应标注与电气原理图中相一致的文字符号及接线号。原理图中的项目代号、端子号及导线号的编制分别应符合 GB 5094—1985《电气技术中的项目代号》、GB 4026—1992《电器设备接线端子和特定导线线端的识别及应用字母数字系统的通则》及GB 4884—1985《绝缘导线标记》等规定。

③与电气原理图不同,在接线图中同一电器元件的各个部分(触头、线圈等)必须画在一起。

④电气接线图一律采用细线条绘制。走线方式分板前走线及板后走线两种,一般采用板

前走线。对于简单电气控制部件,电器元件数量较少、接线关系又不复杂的,可直接画出元件间的连线;对于复杂部件,电器元件数量多、接线较复杂的情况,一般是采用走线槽,只在各电器元件上标出接线号,不必画出各元件间连线。

⑤接线图中应标出配线用的各种导线的型号、规格、截面积及颜色要求等。

⑥部件与外电路连接时,大截面导线进出线宜采用连接器连接,其他应经接线端子排连接。

4.4.4　电气柜、箱及非标准零件图的设计

电气控制装置通常都需要制作单独的电气控制柜、箱,其设计需要考虑以下几方面:

①根据操作需要及控制面板、箱、柜内各种电气部件的尺寸确定电气箱、柜的总体尺寸及结构形式,非特殊情况下,应使总体尺寸符合结构基本尺寸与系列。

②根据总体尺寸及结构形式、安装尺寸,设计箱内安装支架,并标出安装孔、安装螺栓及接地螺栓尺寸,同时注明配作方式。柜、箱的材料一般应选用柜、箱用专用型材。

③根据现场安装位置、操作、维修方便等要求,设计开门方式及形式。

④为利于箱内电器的通风散热,在箱体适当部位设计通风孔或通风槽,必要时应在柜体上部设计强迫通风装置与通风孔。

⑤为便于电气箱、柜的运输,应设计合适的起吊勾或在箱体底部设计活动轮。

总之,根据以上要求,应先勾画出箱体的外形草图,估算出各部分尺寸,然后按比例画出外形图,再从对称、美观、使用方便等方面进一步考虑调整各尺寸比例。外表确定以后,再按上述要求进行各部分的结构设计,绘制箱体总装图及各箱门、控制面板、底板、安装支架、装饰条等零件图,并注明加工要求,再视需要选用适当的门锁。当然,电气箱、柜的造型结构各异,在箱体设计中应注意吸取各种形式的优点。对非标准的电器安装零件,应根据机械零件设计要求,绘制其零件图,凡配合尺寸应注明公差要求,并说明加工要求。

最后,还要根据各种图纸,对本设备需要的各种零件及材料进行综合统计,按类别列出外购成品件的汇总清单表、标准件清单表、主要材料消耗定额表及辅助材料定额表等,以便采购人员、生产管理部门按设备制造需要备料,做好生产准备工作,也便于成本核算。

本章小结

本章主要介绍了电气控制系统的设计原则、设计步骤,以及设计方案的选择方法。

电气控制系统的设计是指根据生产机械和生产工艺的要求,制订简单、正确、安全、可靠、结构合理、使用维护方便、满足生产需要的电气方案,它包含电气原理图设计与工艺设计两个方面。其中,电气原理图是整个设计的中心环节,它为工艺设计和制订其他技术资料提供依据。

电力拖动原理图设计包括这几个方面:拟订电气设计任务书;确定电力拖动方案,选择电动机;设计电气控制原理图,计算主要技术参数;选择电器元件,制订元器件明细表;编写设计说明书。其中,电力拖动方案的选择又要考虑电力拖动系统的供电电源、电动机、调速方案、启制动方法、正反转方案、可靠性等方面的考虑。

电动机的选择,首先要确定在各种工作制下如何选择电动机容量,同时还要确定电动机的种类、形式、额定电压和额定转速。

电气原理图的设计方法主要有分析设计法和逻辑设计法两种。

电气工艺设计的目的是为了满足电气控制设备的制造及使用要求。它包括电气设备的结构设计、电气设备总体配置图、总接线图设计及各部分的电器装配图与接线图设计等内容。

总之,将电气控制理论应用于实践,解决生产实践活动中的实际问题必须掌握电气控制系统的设计方法。

习题与思考题

4.1 简述电气控制系统设计的一般原则。

4.2 简述电气控制系统设计的一般步骤。

4.3 什么是电力拖动系统?

4.4 选择电动机时应考虑哪几个问题?

4.5 确定电机容量后,一般还应进行哪些方向的校验?

4.6 什么是电动机的稳定运行? 电力拖动系统稳定运行的充分必要条件是什么?

4.7 何谓连续运行工作制? 哪些设备属于这类工作制?

4.8 何为电气原理图? 绘制电气原理图的原则是什么?

4.9 原理图设计中应注意的问题有哪些?

4.10 何为电器布置图? 电器元件的布置应注意哪几方面?

第 **5** 章
电气控制的技能训练

5.1 常用低压电器的认识

5.1.1 实训目的

①熟悉常用低压电器的种类和用途。
②熟练掌握低压电器的结构、型号及技术参数。
③学会选择和使用低压电器。

5.1.2 实训器材

刀开关:HD 单投、HS 双投(各 1 个);
开启式负荷开关(胶盖开关)(1 个);
铁壳开关:HH3、HH10(各 1 个);
自动空气开关:DZ10、DZ20、DZ47、C45 系列(各 1 个);
熔断器:RC1A 瓷插式、RL1 螺旋式、RM10 无填料式、RT0 有填料式(各 1 个);
接触器:CJ20 系列(各 1 个);
中间继电器 JZ7(1 个);
时间继电器 JS7(1 个);
热继电器 JR0(1 个);
按钮:LA19-11、LA10-3H(各 1 个);
行程开关:JLXK1-311、JLXK1-111、JLXK1-211(各 1 个);
组合开关:HZ10(1 个)。

5.1.3 实训内容和步骤

①通过观察和不带电模拟操作,熟悉和掌握各种低压电器的名称、结构和工作原理。

②辨识以下低电压器的主要部件并记录其技术数据：

a.接触器的主触点、辅助常开触点、常闭触点各有几对？哪个是接触器的线圈？主触点的额定电流、额定电压,线圈的额定电压、型号。

b.热继电器的热元件和触点的认识,如何调节整定电流,如何复位？额定电压,整定电流及整定电流调节范围、型号。

c.按钮的联数,常开触点、常闭触点的识别。常开触点、常闭触点的数量、触点的额定电流、型号。

d.组合开关动、静触点的识别,额定电压、额定电流、极数及型号。

e.熔断器熔体和熔座的识别,熔体的额定电压、额定电流及型号。

f.时间继电器是通电延时还是断电延时型,瞬时触点和延时触点的辨识,如何整定延时时间,以及触点的额定电压、线圈的额定电压、延时范围和型号。

g.各种手动开关、自动开关的识别,了解它们的技术参数和触点数目及连接方式。

5.1.4　实训报告

①低压电器可分为哪两大类？每一类主要包括哪些电器？举例说明。

②刀开关、组合开关和按钮是属于手动还是自动操作电器？刀开关(包括闸刀开关、铁壳开关)和组合开关一般用作隔离开关还是负荷开关？说明负荷开关和隔离开关的作用。

③说明常用按钮有哪几种形式,并说明按钮和行程开关的作用。

④说明熔断器、热继电器在电路中起的保护作用,选择依据是什么。

⑤说明接触器、中间继电器和时间继电器的作用。

⑥说明为什么断路器(自动空气开关)是具有控制和保护功能的双重电器。

5.2　三相异步电动机点动和自锁控制电路

5.2.1　实训目的

①掌握三相异步电动机直接启动控制的常见方法。

②进一步熟悉常见低压电器的使用。

③培养电气电路的安装操作能力。

5.2.2　实训器材

①电动机控制线路接线练习板(采用行线槽布线,已安装相应的低压电器)1 块。

②电工常用工具 1 套。

③试车用三相异步电动机 1 台。

④BVR-1、0 mm² 导线若干。

5.2.3　实训操作方法及步骤

①按照图 2.5 所示的点动控制原理图在电动机控制线路安装练习板上连接点动控制电路。

首先连接图 2.5 所示的主电路,接着连接控制电路。连接控制电路时,先接串联电路,后接并联电路;并且按照从上到下、从左到右的顺序逐根连接;对于电器元件的进出线,则必须按照上面为进线、下面为出线、左边为进线、右边为出线的原则接线,以免造成元件的短接或错接。

要按照"横平竖直,弯成直角;少用导线少交叉;多线并拢一起走"的原则连接电路。在连接时尽量使各接点牢固且接触良好。

电路连接完成后,再对照原理图认真检查所连电路是否有误。

经检查无误后,接上试车电动机进行通电试运转,掌握操作方法,并观察电器的动作及电动机的运转情况。

②按照图 2.6(a)的自锁控制原理图在电动机控制线路安装练习板上连接自锁控制电路。

a.电动机自锁控制电路的接线步骤与点动控制电路相同。

b.通电试运转时,把启动按钮松开,观察电机能否继续转动。

c.在电动机运行时,可调节热继电器电流整定旋钮使其向整定值小的位置旋转,模拟过载,观察对电路的影响。

d.若断开该电路的自锁触点 KM,观察电动机会出现什么现象。

5.2.4　实训报告

①画出电动机点动与自锁控制电路的原理图,并分析其动作原理。

②分析具有自锁的电动机控制线路的失压(或零压)与欠压保护作用。

5.3　三相异步电动机正反转控制电路

5.3.1　实训目的

①掌握三相异步电动机正反转的控制方法。

②进一步熟悉常见低压电器的使用。

③培养电气电路的安装操作能力。

5.3.2　实训器材

①电动机控制线路接线练习板(采用行线槽布线,已安装相应的低压电器)1 块。

②电工常用工具 1 套。

③试车用三相异步电动机 1 台。

④BVR-1、0 mm² 导线若干。

5.3.3　实训操作方法及步骤

①按照图 2.8 所示的连接接触器联锁的正反转控制电路接线。

a.首先连接电动机正反转控制的主电路,注意接触器 KM2 在接线时要调相。

b.接着连接控制电路,接线方法与前两个实训相同,在连接控制电路导线时,要注意等电位点的连线。

c.经检查无误后,接上试车电动机进行通电试运转。首先按下正转启动按钮 SB2,观察控制电路和电动机运行情况;然后按下停止按钮 SB1,再按下反转启动按钮 SB3,观察控制电路和电动机运行情况。

②按照图 2.9 所示的连接接触器、按钮双重联锁的正反转控制电路接线。

实验步骤与接触器联锁的正反转控制电路相同。图 2.9 在接触器联锁的正反转控制电路的基础上增加了按钮联锁,对于正在正转的电动机,按下反转按钮时,观察它能否直接反转。

5.3.4　实训报告

①说明联锁的含义。

②分析双重联锁的正反转控制电路的工作原理,说明这种线路的方便性和安全可靠性。

5.4　X62W 型卧式万能铣床常见故障分析与排除

5.4.1　实训目的

①掌握 X62W 型万能铣床的电气控制原理以及常见的故障类型。

②熟悉铣床电气控制系统的接线方法及各个行程开关的作用。

5.4.2　实训器材

万能铣床控制盘、万用表、电笔、螺丝刀、钢丝钳、导线等。

5.4.3　实训线路

X62W 万能型铣床的电气控制系统如图 3.6 所示。

5.4.4　实训方法及步骤

①观察 X62W 型万能铣床的外形结构,熟悉万能铣床工作台的 6 个方向的运动。

②结合图 3.6 熟悉铣床的电气原理图,在万能铣床控制盘上说明主轴电机、进给运动是如何控制的。

③接通电源进行各种控制功能的测试。

④控制系统中的故障检测。继电-接触控制系统中的故障分为控制电路故障和主电路故障两类。若继电器或接触器吸合,此时电机不转,则故障可能出现在主电路中;若接触器不吸合,则故障可能出现在控制电路中。常用的故障检测方法有两种:电压表法和欧姆表法。

电压表法:首先给铣床电路供电,然后用万用表的交流电压挡测量主电路或控制电路中的电压,若无电压,则该点断路。

欧姆表法:主电路和控制电路不通电,利用万用表的欧姆挡依次测电路的通断情况,若电阻为无穷大,则该点断路。

⑤设置故障(如使控制按钮、接触器、熔断器、行程开关、速度继电器等接触不良或断路),进行故障分析和排除。常见故障分析见表 5.1。

表 5.1　铣床常见故障分析

故障现象	故障分析
主轴电动机无法启动	电源总开关 QS 接触不良
	控制按钮 SB1、SB2 接触不良
	接触器 KM3 线圈断线或接触不良
	控制电路中熔断器 FU3 断开
主轴停车无制动或制动效果不明显	停止按钮 SB3、SB4 接触不良
	接触器 KM2 线圈断线或接触不良
	速度继电器的触点接触不良
工作台无法进给	两个操作手柄的位置不正确
	行程开关 SQ1、SQ2、SQ3、SQ4 损坏
	接触器 KM4 或 KM5 线圈断线或接触不良
	控制电路中热继电器动作
工作台不能快速移动	快移按钮 SB5 或 SB6 损坏
	接触器 KM6 线圈断线或接触不良
	快移电磁铁 YA 损坏

⑥仔细观察铣床的运行状态,根据上述常见故障分析,结合具体的故障特点,利用万用表寻找故障点并排除。

5.4.5　实训报告

写出各步实训中观察到的现象以及故障处理方式。

习题与思考题

5.1　接触器的额定电流和额定电压应怎样选择?

5.2　电磁继电器与接触器有何异同?

5.3　从外部结构特征如何区分直流电磁机构与交流电磁机构?怎样区分电压线圈与电流线圈?

5.4　分析图 5.1 所示继电接触式控制线路实现对三相异步电动机的点动、长动控制的错误之处,标出错误位置,并改正之。(要求控制线路均要有短路、过载保护。)

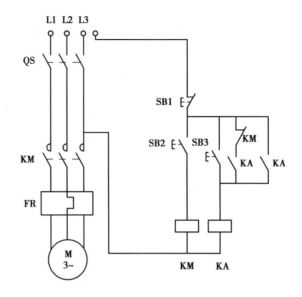

图 5.1 题 5.4 图

5.5 请分析图 5.2 所示的三相笼式异步电动机的正反转控制电路:

(1)指出电路中各电器元件的作用;

(2)根据电路的控制原理,找出主电路中的错误,并改正。

(3)根据电路的控制原理,找出控制电路中的错误,并改正。

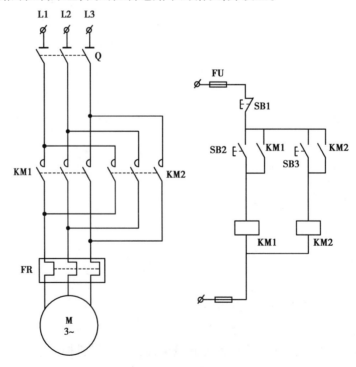

图 5.2 题 5.5 图

5.6 请分析图 5.3 所示三相笼式异步电动机的丫-△降压启动控制电路:

（1）指出电路中各电器元件的作用。

（2）根据电路的控制原理，找出主电路中的错误，并改正。

（3）根据电路的控制原理，找出控制电路中的错误，并改正。

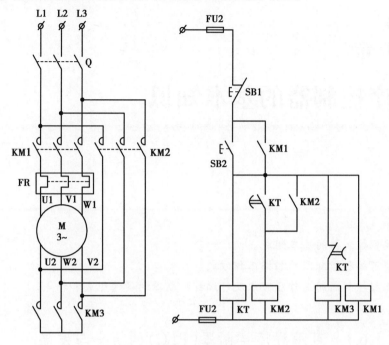

图 5.3　题 5.6 图

5.7　画出两台电机能同时启动和同时停止，并能分别启动和分别停止的控制电路原理图。

5.8　导致 X62W 型卧式万能铣床铣头变速失灵的可能原因有哪些？如何排除故障？

第 **6** 章
可编程序控制器的基本知识

学习目标：

1.了解可编程控制器的基本组成。

2.正确理解可编程控制器的扫描工作方式。

3.掌握可编程控制器的工作原理以及可编程控制器的硬件组成和特点。

6.1　可编程序控制器(PLC)的历史与发展

6.1.1　可编程序控制器的定义

可编程序控制器是在继电器接触器控制和计算机控制基础上开发的工业自动控制装置。进入 20 世纪 80 年代以来,由于计算机技术和微电子技术的迅猛发展,极大地推动了可编程序控制器的发展,使其功能日益增强,更新换代明显加快。目前,它广泛应用在机械和生产过程的自动控制中,为工业自动化提供了有力的工具。应用较多的场合有:电动机的启停、电磁阀的开闭、产品的计数以及温度、压力、流量的设定与控制等。

早期的可编程控制器在功能上只能进行逻辑控制,即替代继电器、接触器为主的各种顺序控制,因此称它为可编程序逻辑控制器(Programmable Logic Controller,PLC)。随着技术的发展,国外一些厂家采用微处理器(Microprocessor)作为中央处理单元,使其功能大大增强。现在的 PLC 不仅具有逻辑运算功能,还具有算术运算、模拟量处理和通信联网等功能,PLC 这一名称已不能准确反映它的特性。1980 年,美国电气制造商协会(NEMA)将它命名为可编程控制器(Programmable Controller,PC)。由于个人计算机(Personal Computer)也简称 PC,为避免混淆,可编程控制器仍简称 PLC。

国际电工委员会(IEC)曾于 1982 年 11 月颁发了可编程控制器标准草案第一稿,1985 年 1 月又颁发了第二稿,1987 年 2 月颁发了第三稿。草案中对可编程控制器的定义是:"可编程控制器是一种数字运算操作的电子系统,专为在工业环境下应用而设计。它采用了可编程序的存储器,用来在其内部存储执行逻辑运算、顺序控制、定时、计数和算术操作等面向用户的指令,并通过数字式或模拟式的输入/输出,控制各种类型的机械或生产过程。可编程控制器及其有关外围设备,都按易于工业系统联成一个整体,易于扩充其功能的原则设计。"

此定义强调了可编程控制器直接应用于工业环境,因此它需具有很强的抗干扰能力,广泛的适应能力和应用范围,这也是它区别于一般微机控制系统的一个重要特征。

本书以西门子公司的 S7-200 系列小型 PLC 为主要讲授对象。S7-200 具有极高的可靠性、丰富的指令系统和内置的集成功能、强大的通信能力和丰富的扩展模块。S7-200 可以单机运行,用于替代继电器-接触器控制系统,也可以用于复杂的自动控制系统。由于它具有极强的通信功能,在网络控制系统中也能充分发挥其作用。S7-200 以其极高的性能价格比,在国内占有越来越多的市场份额。

6.1.2　PLC 的产生与发展

在 PLC 出现以前,生产线的控制多采用继电器接触器控制系统。它经历了比较长的历史。其特点是构成简单、价格低廉、抗干扰能力强,能在一定范围内满足单机和自动生产线的需要。但它是有触点的控制系统,触点繁多,组合复杂,因而可靠性差。此外,它是采用固定接线的专用装置,灵活性差,不适用于程序经常改变、控制要求比较复杂的场合。

20 世纪 60 年代,计算机技术已开始应用于工业控制了,但由于其价格高、输入输出电路不匹配、编程难度大以及难以适应恶劣工业环境等原因,未能在工业控制领域获得广泛应用。当时的工业控制系统,主要由继电器、接触器组成,对于这种控制系统若升级控制功能就必须改变控制系统的硬件接线,因此其通用性和灵活性较差。

1968 年,美国最大的汽车制造商——通用汽车公司(GM)为了适应生产工艺不断更新的需要,要求寻找一种比继电器更可靠、功能更齐全、响应速度更快的新型工业控制器,并从用户角度提出了新一代控制器应具备的十大条件,这一要求的提出立即引起了开发热潮。要求的主要内容是:

①编程方便,可现场修改程序;

②维修方便,采用插件式结构;

③可靠性高于继电器控制装置;

④体积小于继电器控制盘;

⑤数据可直接送入管理计算机;

⑥成本可与继电器控制盘竞争;

⑦输入可为市电;

⑧输出可为市电,容量要求在 2 A 以上,可直接驱动接触器等;

⑨扩展时原系统改变最少;

⑩用户存储器大于 4 KB。

这些条件实际上提出了将继电器控制的简单易懂、使用方便、价格低的优点与计算机的功能完善、灵活性、通用性好的优点结合起来,将继电-接触器控制的硬接线逻辑转变为计算机的软件逻辑编程的设想。1969 年,美国数字设备公司(DEC 公司)研制出了第一台可编程控制器 PDP-14,在美国通用汽车公司的生产线上试用成功并取得了满意的效果,可编程控制器从此诞生。

可编程控制器自问世以来,发展极为迅速。1971 年,日本从美国引进了这项新技术,很快研制出了日本第一台可编程控制器 DSC-8;1973 年,德国西门子公司(SIEMENS)研制出欧洲第一台 PLC,型号为 SIMATIC S4;我国从 1974 年开始研制,1977 年开始工业应用。

PLC 的应用在工业界产生了巨大的影响。自第一台 PLC 诞生以来,PLC 共经过了五个发展时期:

①从 1969 年到 20 世纪 70 年代初期。主要特点:CPU 由中、小规模数字集成电路组成;存储器为磁心存储器;控制功能比较简单,能完成定时、计数及逻辑控制。

②20 世纪 70 年代初期到末期。主要特点:CPU 采用微处理器,存储器采用半导体存储器,这样不仅使整机的体积减小,而且数据处理能力获得很大提高;增加了数据运算、传送、比较等功能;实现了对模拟量的控制;软件上开发出自诊断程序,使 PLC 的可靠性进一步提高,初步形成系列,结构上开始有模块式和整体式的区分,整机功能从专用向通用过渡。

③20 世纪 70 年代末期到 80 年代中期。主要特点:大规模集成电路的发展极大地推动了 PLC 的发展,CPU 开始采用 8 位和 16 位微处理器,使数据处理能力和速度大大提高;PLC 开始具有一定的通信能力,为实现 PLC 分散控制、集中管理奠定了基础;软件上开发了面向过程的梯形图语言,为 PLC 的普及提供了必要条件。在这一时期,发达的工业化国家在多种工业控制领域开始使用 PLC。

④20 世纪 80 年代中期到 90 年代中期。主要特点是:超大规模集成电路促使 PLC 完全计算机化,CPU 开始采用 32 位微处理器;数学运算、数据处理能力大大增强,增加了运动控制、模拟量 PID 控制等,联网通信能力进一步加强;PLC 功能不断增加的同时,体积在减小,可靠性更高。国际电工委员会(IEC)颁布了 PLC 标准,使 PLC 向标准化、系列化发展。

⑤20 世纪 90 年代中期至今。主要特点:CPU 使用 16 位和 32 位微处理器,运算速度更快,功能更强,具有更强的数值运算、函数运算和大批量数据处理能力;出现了智能化模块,可以实现各种复杂系统的控制;编程语言除了传统的梯形图、助记符语言外,还增加了高级语言。

可编程序控制器经过了几十年的发展,现已形成了完整的产品系列,强大的软、硬件功能已接近或达到计算机功能。目前 PLC 产品在工业控制领域中无处不见,并且已渗透到国民经济各个领域。

6.1.3 PLC 的主要生产厂家

当今世界上 PLC 生产厂家有数百家,共生产几千种不同型号、不同规格的 PLC,按地域可分为三大流派:美国、欧洲和日本。美国和欧洲以大中型 PLC 而闻名,但产品的差异性很大,这是由于它们是在相互隔离的情况下独立开发出来的;日本以小型 PLC 著称,它的技术是从美国引进的,因此对美国的产品有一定的继承性。

美国是 PLC 生产大国,有 100 多家 PLC 厂商,著名的有 A-B 公司、通用电气(GE)公司、莫迪康(MODICON)公司、德州仪器(TI)公司、西屋电气公司等。

欧洲著名的 PLC 生产厂商有德国的西门子(SIEMENS)公司、AEG 公司,法国的 TE 公司等。德国的西门子的电子产品以性能精良而久负盛名。在中、大型 PLC 产品领域与美国的 A-B 公司齐名。

西门子 PLC 主要产品是 S5、S7 系列。S7 系列是西门子公司在 S5 系列 PLC 基础上近年推出的新产品,其性能价格比高,其中 S7-200 系列属于微型 PLC、S7-300 系列属于于中小型 PLC、S7-400 系列属于于中高性能的大型 PLC。

日本有许多 PLC 制造商,如三菱、欧姆龙、松下、富士、日立、东芝等。

我国的 PLC 生产厂家规模一般不大,主要有辽宁无线电二厂、无锡华光电子公司、上海香岛电机制造公司、厦门 A-B 公司等。

6.1.4　PLC 的发展趋势

随着计算机技术的发展,可编程序控制器也同时得到迅速发展。今后 PLC 将朝着两个方向发展。

(1)方便灵活和小型化

工业上大部分的单机自动控制只需要监测控制参数,而且执行的动作有限,因此小型机需求量十分巨大。小型化发展是指体积小、价格低、速度快、功能强、标准化和系列化发展。尤其体积小巧,易于装入机械设备内部,是实现机电一体化的理想控制设备。

现在国际一些著名的 PLC 生产大公司几乎每年都推出一些小型化甚至微型化的新产品。它们的功能十分强大,将原来中大型 PLC 移植过来。在结构上,一些小型机采用框架和模式的组合方式,用户可根据需要选择 I/O 接口、内存容量或其他功能模块。这样,方便灵活地构成所需要的控制系统,满足各种特殊的控制要求。

(2)高功能和大型化

对钢铁工业、化工工业等大型企业实施生产过程的自动控制一般比较复杂,尤其实现对整个工厂的自动控制更加复杂,因此 PLC 需向大型化发展,即向大容量、高可靠性、高速度、高功能、网络化方向发展。虽然,目前 PLC 的 CPU 仍较落后,最高也仅仅处在 80486 一级,但在不久的将来,大型 PLC 会全部使用 64 位 RISC 芯片。

6.2　PLC 的特点及应用领域

6.2.1　PLC 的特点

(1)可靠性高,抗干扰能力强

PLC 是专为工业控制而设计的,可靠性高、抗干扰能力强是它重要的特点之一。PLC 的平均无故障间隔时间可达几十万小时。PLC 在硬件和软件上均采用了提高可靠性的措施。

硬件方面:隔离是抗干扰的有效手段之一,在微处理器与 I/O 之间采用光电隔离措施,这样可有效抑制外部干扰源对 PLC 的影响;滤波是抗干扰的又一主要措施,因此对供电系统及输入线路采用多种形式的滤波,这样可消除或抑制高频干扰。

软件方面:①设置故障检测及诊断程序。PLC 在每一次循环扫描过程中,检测系统硬件是否正常,锂电池电压是否过低等。②状态信息保护功能。当软故障条件出现时,立即把当前状态的重要信息存入指定存储器,以防止存储信息被冲掉。

(2)编程简单,使用方便

梯形图是使用最为广泛的 PLC 编程语言,其电路符号和表达方式与继电器-接触器电路原理相似,直观形象、易学易懂,深受现场电气技术人员的欢迎。近年来又发展了面向对象的顺序功能图语言,使编程更简单方便。

（3）通用性好，组合灵活

PLC 是通过软件来实现控制的。同一台 PLC 可用于不同的控制对象，只需改变软件就可以实现不同的控制要求，充分体现了灵活性和通用性。

各种 PLC 都有各自的系列化产品。同一系列不同机型的 PLC 功能基本相同，可以互换，还可以根据控制要求进行扩展。

（4）功能完善，适应面广

PLC 不仅可以完成逻辑运算、计数、定时和算术运算功能，配合特殊功能模块还可实现定位控制、过程控制和数字控制等功能。PLC 既可以控制一台单机、一条生产线，还可以控制一个机群、多条生产线；可以现场控制，也可远距离控制。在大系统控制中，PLC 可以作为下位机与上位机或同级的 PLC 之间进行通信，完成数据处理和信息交换，实现对整个生产过程的信息控制和管理。

（5）体积小、功耗低

由于 PLC 是采用半导体集成电路制成的，因此具有体积小、质量轻、功耗低的特点，并且设计结构紧凑，易于装入机械设备内部，是实现机电一体化的理想控制设备。

（6）设计施工周期短

使用 PLC 完成一项控制工程时，在系统设计完成以后，现场控制柜等硬件的设计及现场施工和 PLC 程序设计可以同时进行。PLC 的程序设计可以先在实验室模拟调试，等程序设计好后再将 PLC 安装在现场统调。

由于 PLC 用软件取代了继电-接触控制系统中大量的中间继电器、时间继电器、计数器等低压电器，因此整个设计、安装、接线的工作量大大减少。

6.2.2 PLC 的应用领域

随着微电子技术的快速发展，PLC 的制造成本不断下降，而功能却大大增强。目前，在先进工业国家中 PLC 已成为工业控制的标准设备，应用的领域已覆盖整个工业企业。概括起来主要应用在以下几个方面：

（1）逻辑控制

逻辑控制是工业控制中应用最多的控制。PLC 的输入和输出信号都是通/断的开关信号。对控制的输入、输出点数可以不受限制，从十几个到成千上万个点，可通过扩展实现。在开关量的逻辑控制中，PLC 是继电器接触器控制系统的替代产品。

用 PLC 进行开关量控制遍及许多行业，如机床电气控制、电机控制、电梯运行控制、冶金系统的高炉上料、汽车装配线、啤酒罐装生产线等。

（2）模拟控制

PLC 能够实现对模拟量的控制。如果配上闭环控制 PID 模块后，可对温度、压力、流量、液面高度等连续变化的模拟量进行闭环过程控制，如锅炉、冷冻、反应堆、水处理、酿酒等。

（3）运动控制

PLC 可采用专用的运动控制模块，对伺服电机和步进电机的速度与位置进行控制，以实现对各种机械的运动控制，如金属切削机床、数控机床、工业机器人等。

（4）通信联网

PLC 通过网络通信模块及远程 I/O 控制模块，实现 PLC 与 PLC 之间，PLC 与上位计算机之间、PLC 与其他智能设备之间的通信功能,还能实现 PLC 分散控制、计算机集中管理的集散控制,这样可以增加系统的控制规模,甚至可以使整个工厂实现生产自动化。

(5)数据处理

许多 PLC 具有很强的数学运算(包括逻辑运算、算术运算、矩阵运算、函数运算)、数据传送、转换、排序、检索等功能;还可以完成数据采集、分析和处理。这些数据可以与存储器中的数据进行比较,也可以传送给其他智能装置或打印机打印。较复杂的数据处理一般在大、中型控制系统。

6.3 PLC 的一般构成和基本工作原理

6.3.1 PLC 的一般构成

PLC 生产厂家很多,产品的结构也各不相同,但其基本构成相同,都采用计算机结构,如图6.1 所示。PLC 主要有六部分组成:CPU(中央处理器)、存储器、输入/输出接口电路、电源、外设接口、I/O 扩展接口。

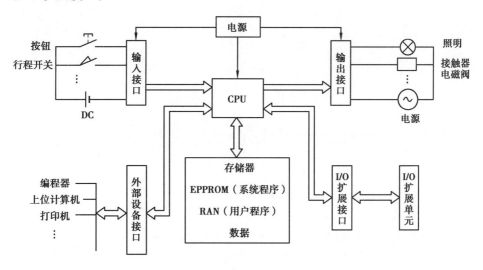

图 6.1 PLC 结构示意图

(1)CPU

CPU 是中央处理器(Central Processing Unit)的英文缩写。它是 PLC 的核心和控制指挥中心,主要由控制电路、运算器和寄存器组成,并集成在一块芯片上。CPU 通过地址总线、数据总线和控制总线与存储器、输入/输出接口电路相连接,完成信息传递、转换等。

CPU 的主要功能有:接收输入信号并存入存储器,读出指令,执行指令将结果输出,处理中断请求,准备下一条指令。

(2)存储器

存储器主要存放系统程序、用户程序和数据。根据存储器在系统中的作用,可分为系统程序存储器和用户程序存储器。

系统程序存储器是对整个 PLC 系统进行调度、管理、监视及服务的程序,控制和完成 PLC 各种功能。这些程序有 PLC 制造厂家设计提供,固化在 ROM 中,用户不能直接存取、修改。系统程序存储器容量的大小,决定系统程序的大小和复杂程度,也决定 PLC 的功能。

用户程序是用户在各自的控制系统中开发的程序,大都存放在 RAM 存储器中。因此,使用者可对用户程序进行修改。为保证掉电时不会丢失存储的信息,一般用锂电池作为备用电源。用户程序存储器容量的大小,决定用户控制系统的控制规模和复杂程度。

(3)输入、输出接口电路

输入、输出接口电路(I/O)是 PLC 与现场 I/O 设备相连接的部件。PLC 将输入信号转换为 CPU 能够接收和处理的信号,通过用户程序的运算,把结果通过输出模块输出给执行机构。

1)输入接口电路

输入接口一般接收按钮开关、行程开关、继电器触点等信号,电路如图 6.2 所示。图中只画出一个输入点的输入电路,各输入点所对应的输入电路相同。外接直流电源极性任意。虚线内为 PLC 的内部输入电路。其中,R1 为限流电阻,R2 和 C 构成滤波电路,发光二极管与光电三极管封装在一个管壳内,构成光电耦合器,LED 发光二极管指示该点输入状态。输入接口电路不仅使外部电路与 PLC 内部电路实现电隔离,提高 PLC 的抗干扰能力,而且实现了电平转换。

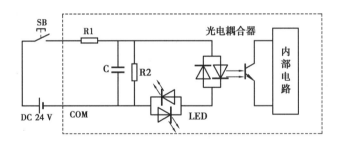

图 6.2　输入接口电路

2)输出接口电路

输出接口电路按照 PLC 的类型不同一般分为继电器输出型、晶体管输出型和晶闸管输出型三类以满足各种用户的需要。其中,继电器输出型为有触点的输出方式,可用于直流或低频交流负载;晶体管输出型和晶闸管输出型都是无触点输出方式,前者适用于高速、小功率直流负载,后者适用于高速、大功率交流负载。

①继电器输出型。在继电器输出型中,继电器作为开关器件,同时又作为隔离器件,电路如图 6.3(a)所示。图中只画出一个输出点的输出电路,各输出点所对应的输出电路相同。电阻 R 和发光二极管 LED 组成该点输出状态,KA 为一小型直流继电器。当 PLC 输出接通信号时,内部电路使继电器线圈通电,继电器常开触点闭合使负载回路接通,同时 LED 点亮。根据负载要求可选用直流电源或交流电源。一般负载电流大于 2 A,响应时间为 8～10 ms,机械寿命大于 10^6 次。

②晶体管输出型。在晶体管输出型中,输出回路的三极管工作在开关状态,电路如图 6.3(b)所示。图中只画出一个输出点的输出电路,各输出点所对应的输出电路相同。图中 R1

和发光二极管 LED 组成该点输出状态。当 PLC 输出接通信号时,内部电路通过光电耦合使三极管 VT 导通,负载得电,同时发光二极管 LED 点亮,指示该点有输出。稳压管 VZ 用于输出端的过压保护。晶体管输出型要求带直流负载。由于无触点输出,因此寿命长,响应速度快,响应时间小于 1 ms,负载电流约为 0.5 A。

③晶闸管输出型。在晶闸管输出型中,光控双向晶闸管为输出开关器件,电路如图6.3(c)所示,每个输出点都对应一个相同的输出电路。当 PLC 输出接通信号时,内部电路通过光电耦合使双向晶闸管导通,负载得电,同时发光二极管 LED 点亮,表明该点有输出。R2、C 组成高频滤波电路,以减少高频信号干扰。双向晶闸管是交流大功率半导体器件,负载能力强,响应速度快(μs 级)。

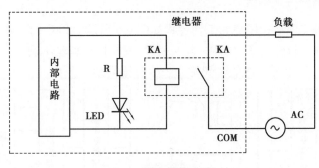

(a)继电器输出型

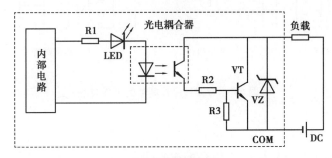

(b)晶体管输出型

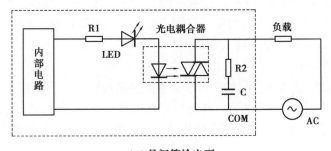

(c)晶闸管输出型

图 6.3　输出接口电路

(4)电源

PLC 的电源一般采用 AC220 V 电源,经整流、滤波、稳压后变换成供 PLC 的 CPU、存储器等电路工作所需的直流电压。为保证 PLC 工作可靠,大都采用开关型稳压电源。有的 PLC 还向外部提供 24 V 直流电源。

（5）外设接口

外接接口是在主机外壳上与外部设备配接的插座，通过电缆线可配接编程器、计算机、打印机、EPROM 写入器等。

（6）I/O 扩展接口

I/O 扩展接口用来扩展输入、输出点数。当用户输入、输出点数超过主机的范围时，可通过 I/O 扩展接口与 I/O 扩展单元相接，以扩充 I/O 点数。A/D 和 D/A 单元及链接单元一般也通过该接口与主机连接。

6.3.2 PLC 的基本工作过程

可编程序控制器实现某一用户的工作过程如图 6.4 所示。PLC 的工作方式为循环扫描方式。PLC 的工作过程大致分为 3 个阶段：输入采样、程序执行和输出刷新。PLC 重复执行上述 3 个阶段，周而复始。每重复一次的时间称为一个扫描周期。

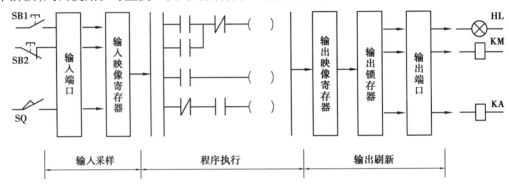

图 6.4　可编程序控制器的工作过程

（1）输入采样

PLC 在系统程序控制下，CPU 以扫描方式顺序读入全部现场输入信号，如按钮、限位开关等的状态（如开关的接通或断开），经 PLC 的输入端子，写入输入状态寄存器，此时输入状态寄存器被刷新，这一过程称为输入采样或扫描阶段。进入程序执行阶段时，即使输入信号发生变化，输入状态寄存器的内容也不会改变。只能等到下一扫描周期输入采样到来时，才能重新读入。这种输入工作方式称为集中输入方式。

（2）程序执行阶段

PLC 按照梯形图先左后右、先上后下的顺序扫描执行每一条用户程序。执行程序时所需的信号，是在输入寄存器状态和其他一些编程元件的状态中取用。CPU 按程序的要求进行逻辑、算术等运算，最后将运算的结果写入输出状态寄存器，并由输出锁存器保存。

（3）输出刷新

CPU 将输出寄存器的内容经 PLC 的输出端子，传送到外部驱动接触器、电磁阀等外部设备。这时，输出锁存器的内容要等到下一个扫描周期的输出阶段才会被刷新。这种输出工作方式称为集中输出方式。

PLC 的工作原理与计算机工作原理基本一致，都是通过执行用户程序实现对系统的控制，但在工作方式上两者有很大的差别。计算机在工作的过程中，如果输入条件不满足，程序将等待或退出。而 PLC 在输入条件不满足时,程序照样顺序执行,它依靠不断地循环扫描,一次次捕捉输入信号。如果在本次扫描到来时,输入信号发生变化,则此扫描周期输出就会有相应的变化。如果在本次扫描之后,输入信号才发生变化,则此扫描周期输出就不会发生变化,需等待下一个扫描输出才发生变化。这就造成了 PLC 的输入与输出响应的滞后,甚至可滞后 2~3 个周期。

如果某些设备需要输出对输入作出快速响应时,可采取快速响应模块、高速计数模块以及中断处理等措施来尽量减少滞后。

6.3.3　PLC 的 I/O 滞后现象

从 PLC 工作过程的分析中可知,由于 PLC 采用循环扫描的工作方式,而且对输入和输出信号只在每个扫描周期的 I/O 刷新阶段集中输入并集中输出,所以必然会产生输出信号相对输入信号的滞后现象。即从 PLC 的输入端有一个输入信号发生变化到 PLC 的输出端对该输入信号的变化作出反应需要一段时间,这段时间称为响应时间或滞后时间。滞后时间是设计 PLC 控制系统时应了解的一个重要参数。

滞后时间的长短与以下因素有关:

①输入滤波器对信号的延迟作用。由于 PLC 的输入电路中设置了滤波器,并且滤波器的时间常数越大,对输入信号的延迟作用越强。从输入端 ON 到输入滤波器输出所经历的时间为输入 ON 延时。有些 PLC 的输入电路滤波器的时间常数可以调整。

②输出继电器的动作延迟。对继电器输出型的 PLC,把从锁存器 ON 到输出触点 ON 所经历的时间称为输出 ON 延时,一般需十几毫秒。所以在要求输入/输出有较快响应的场合,最好不要使用继电器输出型的 PLC。

③PLC 的循环扫描工作方式。扫描周期越长,滞后现象越严重。一般扫描周期只有十几毫秒,最多几十毫秒,因此在慢速控制系统中可以认为输入信号一旦变化就立即能进入输入映像寄存器中。

对一般工业控制设备或者对输入信号变化较慢的系统来说,这种滞后现象是完全允许的。为了减少滞后时间的影响,在需要输出对输入作出快速响应的场合,可采用快速响应模块、高速计数模块以及中断处理等措施来缩短滞后时间。

6.4　可编程序控制器的编程语言

PLC 是专为工业自动控制开发的装置。主要使用对象是广大电气技术人员,为利于普及,通常 PLC 不采用计算机的编程语言,而采用梯形图语言、助记符语言。除此之外,还可以使用逻辑功能图、逻辑方程等。有些 PLC 可使用 BASIC、PASCAL、C 等高级语言。可编程序控制器的编程语言,根据生产厂家不同和机型不同而各不相同。

6.4.1　梯形图语言

梯形图程序设计语言是用图形符号来描述程序的一种程序设计语言。这种程序设计语言采用因果关系来描述事件发生的条件和结果,每个梯级是一个因果关系。在梯级中,描述事件发生的条件表示在左边,描述事件发生的结果表示在右边。梯形图编程语言是由电气原理图演变而来的,它沿用了电气控制原理图中的触点、线圈、串并联等术语和图形符号,比较形象直观,并且逻辑关系明确,因此熟悉电气控制的工程技术人员和一线的工人师傅非常容易接受,如图 6.5 所示。两种图形表述的意思是一致的,但具体表述方式及内涵是有区别的。

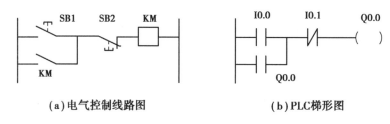

(a)电气控制线路图   (b)PLC梯形图

图 6.5　两种控制图

(1)电气符号

继电器接触器线路图中的电气符号代表的是一个实际物理器件,如继电器、接触器的线圈或触点等。图中的连线是“硬接线”,线路图两端有外接电源,连线中有真实的物理电流。梯形图中表示的并不是一个实际电路,而是一个控制程序。图中继电器线圈以及触点实际上是存储器中的一位,称为“软继电器”。相应位状态为“1”,表示该继电器线圈通电,带动自己的触点动作,常开触点闭合,常闭触点断开。相应位状态为“0”,表示该继电器线圈断电,其常开触点、常闭触点保持原状态。PLC 梯形图两端没有电源,连线上并没有真实电流流过,仅是“概念”电流。

(2)线圈

继电器接触器线路图中的线圈包括中间继电器、时间继电器以及接触器等。PLC 梯形图中的继电器线圈是广义的,除了有输出继电器线圈、内部继电器线圈,而且还有定时器、计数器以及各种运算等。

(3)触点

继电器接触器线路图中继电器触点数量是有限的,长期使用有可能出现接触不良。PLC 梯形图中的继电器触点对应的是存储器的存储单元,在整个程序运行中是对单元信息的读取、可以反复使用,没有使用寿命的限制,无须用复杂的程序结构来减少触点的使用次数。

(4)工作方式

继电器接触器线路图是并行工作方式,也就是按同时执行的方式工作,一旦形成电流通路,可能有多条支路电器工作。PLC 梯形图是串行工作方式,按梯形图先后顺序自左到右、自上而下执行,并循环扫描,不存在几条并列支路电器同时动作的因素。这种串行工作方式可以在梯形图设计时减少许多有约束关系的连锁电路,使电路设计简化。

PLC 梯形图虽然在形式上沿袭了继电器接触器线路图,但作为一种图形语言,有自己的书写规则。

6.4.2　助记符语言

助记符语言类似于计算机的汇编语言,它采用简洁易记的文字符号表示各种程序指令,是应用较多的一种编程语言。助记符语言与梯形图语言相互对应,而且可以相互转换。梯形图语言虽然直观、方便、易懂,但必须配有较大的显示器才能输入图形,一般多用于计算机编程环境中。助记符语言常用于手持编程器,可以通过输入助记符语言在生产现场编制、调试。

助记符语言包括两部分:操作码和操作数。

操作码表明该条指令应执行的操作种类,用助记符表示,如数据传送、算术运算等;操作数一般由标识符和参数组成,表明操作地址或一个要设定的值。标识符表明输入继电器、输出继电器、计数器、定时器等;参数可以是一个常数,如计数器、定时器的设定值。

PLC 的硬件、软件体系结构都是封闭而不是开放的。因此,各厂家生产的 PLC 除梯形图相似,指令系统并不一致,使 PLC 互不兼容。

6.4.3　逻辑功能图

在开关量控制系统中,输入和输出仅有两种不同的逻辑状态,即接通和断开。这种状态可以用逻辑来描述,"与""或""非"是逻辑函数最基本的表达形式。由这三种基本逻辑形式可以组合任意复杂的逻辑关系。逻辑功能图语言实际上是以逻辑功能符号组成功能块表达命令的图形语言。图 6.6 表示三种基本逻辑关系。

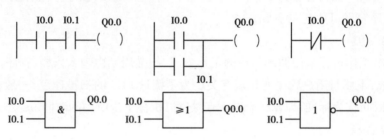

图 6.6　三种基本逻辑图

6.4.4　高级语言

对于大型 PLC,其点数多,控制对象复杂,可以使用结构化编程语言,例如 BASIC、C、Pascal 等高级语言。这种编程方式不仅能完成逻辑控制、数值计算、数据处理、PID 调节,还能很方便地与计算机通信联网,从而形成由计算机控制的 PLC 控制系统。

6.5　PLC 的主要性能指标和分类

PLC 的性能指标通常是由一系列技术指标综合评价的。PLC 的品种繁多,型号及规格不统一,功能也不尽相同。为了对可编程序控制器的性能指标有一个全面的了解,应对 PLC 的类别进行划分。

6.5.1　PLC 的主要性能指标

在描述 PLC 的性能时,常用到以下术语:位(Bit)、数字(Digit)、字节(Byte)及字(Word)。位指二进制数的 1 位,仅有 1、0 两种取值。一个位对应 PLC 的一个继电器,某位的状态为 0 或 1,分别对应该继电器线圈得电(ON)或失电(OFF)。4 位二进制构成一个数字,这个数字可以是 0000~1001(十进制数 0~9),也可以是 0000~1111(十六进制数 0~F)。2 位数字或 8 位二进制数构成 1 个字节,2 个字节构成 1 个字。

PLC 主要性能指标有以下几个方面:

(1)I/O 点数

I/O 点数即输入、输出端子的个数。这些端子可通过接线与外部设备相连接。I/O 点数是 PLC 的重要指标,I/O 点数越多,表明可以与外部相连接的设备就越多,控制规模越大。PLC 的 I/O 点数一般包括主机 I/O 点数和扩展单元 I/O 点数。一台主机 I/O 点数不够时,可以外接 I/O 扩展单元。一般扩展单元内只有 I/O 接口电路、驱动电路,而没有 CPU,通过总线电缆与主机相接。由主机 CPU 进行寻址,因此最大扩展能力受主机的限制。

(2)程序容量

程序容量决定了存放用户程序的长短。在 PLC 中程序是按"步"存放的,一条指令少则一步,多则几十步。一步占用 1 个地址单元,1 个地址单元占 2 个字节。例如,一个程序容量为 1 000 步的 PLC,可知其容量为 2K 字节。一般中、小型 PLC 的程序存储容量为 8K 字节以下,大型 PLC 程序容量可达几兆字节。

(3)扫描速度

PLC 基本工作过程采用循环扫描的工作方式,扫描周期由输入采样、程序执行和输出刷新 3 个阶段组成,主要与用户程序的长短有关。为了衡量 PLC 的扫描速度,一般以执行 1 000 步指令所用的时间作为标准,即 ms/千步。有时也以执行 1 步所用的时间 μs/步来作标准。

(4)指令条数

不同的厂家生产的 PLC 指令条数是不同的。指令条数的多少是衡量 PLC 软件功能强弱的重要指标。指令越多,编程功能越强。指令一般分为基本指令和高级指令两部分。

(5)内部继电器和寄存器

一个硬件功能较强的 PLC,内部继电器和寄存器的种类较多,例如具有特殊功能的继电器可以为用户程序设计提供方便。因此,内部继电器和寄存器的配置是 PLC 的一个重要指标。

(6)特殊功能及高级模块

随着现代工业的发展,对控制的方式和手段都提出了更多、更新的要求。PLC 为扩大其应用范围,开发出品种繁多的特殊功能和高级模块。特殊功能有如脉冲捕捉、高速计数、脉冲输出等;高级模块有 A/D 和 D/A 转换模块、温度控制模块、PID 调节模块、高级语言编辑模块等。

6.5.2 PLC 的分类

PLC 的品种繁多,型号、规格也不统一,结构形式、功能范围各不相同,一般按外部特性进行分类。

(1)按结构形式分类

1)整体式结构

整体式 PLC 是将 I/O 接口电路、CPU、存储器、稳压电源封装在一个机壳内,机壳两侧分装有输入、输出接线端子和电源进线端,并在相应端子接有发光二极管以显示输入、输出状态。此外,还有编程器、扩展单元插口插座等。整体式结构紧凑、体积小、质量轻、价格低,便于装入设备内部。小型 PLC 常采用这种结构。

2）模块化结构

模块化 PLC 为总线结构，在总线板上有若干个总线插槽，每个插槽上可安装一个 PLC 模块。不同的模块实现不同的功能，根据控制系统的要求配置相应的模块，如 CPU 模块（包括存储器）、电源模块、输入模块、输出模块以及其他高级模块、特殊模块等。模块式结构系统配置灵活，对被控对象应变能力强，易于维修，一般大、中型 PLC 采用这种结构。

（2）按 I/O 点数分类

按 I/O 点数可分为微型机、小型机、中型机和大型机 4 类。

1）微型机

微型机 I/O 点数在 64 点以内，程序存储容量小于 1 KB，具有逻辑运算功能，并有定时、计数等功能。随着微电子技术的发展，有的微型机功能也十分强大。由于超小型的尺寸可镶嵌在小型机器或控制器上，因此有着十分广泛的应用前景。

2）小型机

小型机 I/O 点数在 64~256 点之间，程序存储容量小于 3.6 KB。它不但具有逻辑运算、定时、计数等基本功能，而且有少量模拟量 I/O、通信等功能。结构形式多为整体式。小型机是 PLC 中应用最多的产品。

3）中型机

中型机 I/O 点数在 256~2 048 点之间，程序存储容量小于 13 KB，可完成较为复杂的系统控制。中型机结构形式多为模块式。

4）大型机

大型机 I/O 点数在 2 048 点以上，程序存储容量大于 13 KB。强大的通信联网功能可以和计算机构成集散型控制系统，以及更大规模的过程控制，形成整个工厂的自动化网络。大型机结构形式多为模块式。

（3）按功能分类

PLC 的功能各不相同，大致分为低档机、中档机和高档机。

1）低档机

低档机主要以逻辑运算为主，可实现顺序控制、条件控制、定时和计数控制。有的具有少量的模拟量 I/O 数据传送及通信等功能。低档机一般用于单机或小规模生产过程。

2）中档机

中档机扩大了低档机的定时、计数范围，加强了对开关量、模拟量的控制，提高了数字运算能力，如整数和浮点数运算、数制转换、中断控制等，而且加强了通信联网功能，可用于小型连续生产过程的复杂逻辑控制和闭环调节控制。

3）高档机

高档机在中档机基础上扩大了函数运算、数据管理、中断控制、智能控制、远程控制能力，进一步加强了通信联网功能。高档机适用于大规模的过程控制。

进入 21 世纪以来，PLC 发展更加迅速，大型机的计算机化已成为当今的发展趋势。微型机、小型机有的已达到大、中型机的水平。

6.6 PLC 的应用及展望

6.6.1 PLC 的国内外状况

世界上公认的第一台 PLC 是 1969 年美国数字设备公司(DEC)研制的。限于当时的元器件条件及计算机发展水平,早期的 PLC 主要由分立元件和中小规模集成电路组成,可以完成简单的逻辑控制及定时、计数功能。20 世纪 70 年代初出现了微处理器,人们很快将其引入可编程控制器,使 PLC 增加了运算、数据传送及处理等功能,完成了真正具有计算机特征的工业控制装置。为了方便熟悉继电器、接触器系统的工程技术人员使用,可编程控制器采用和继电器电路图类似的梯形图作为主要编程语言,并将参加运算及处理的计算机存储元件都以继电器命名。此时的 PLC 为微机技术和继电器常规控制概念相结合的产物。

20 世纪 70 年代中末期,可编程控制器进入实用化发展阶段,计算机技术已全面引入可编程控制器中,使其功能发生了飞跃。更高的运算速度、超小型体积、更可靠的工业抗干扰设计、模拟量运算、PID 功能及极高的性价比奠定了它在现代工业中的地位。20 世纪 80 年代初,可编程控制器在先进工业国家中已获得广泛应用。这个时期可编程控制器发展的特点是大规模、高速度、高性能、产品系列化。这个阶段的另一个特点是世界上生产可编程控制器的国家日益增多,产量日益上升。这标志着可编程控制器已步入成熟阶段。

20 世纪末期,可编程控制器的发展特点是更加适应于现代工业的需要。从控制规模上来说,这个时期发展了大型机和超小型机;从控制能力上来说,诞生了各种各样的特殊功能单元,用于压力、温度、转速、位移等各式各样的控制场合;从产品的配套能力来说,生产了各种人机界面单元、通信单元,使应用可编程控制器的工业控制设备的配套更加容易。目前,可编程控制器在机械制造、石油化工、冶金钢铁、汽车、轻工业等领域的应用都得到了长足的发展。我国可编程控制器的引进、应用、研制、生产是伴随着改革开放开始的。最初是在引进设备中大量使用了可编程控制器,接下来在各种企业的生产设备及产品中不断扩大了 PLC 的应用。目前,我国已可以生产中小型可编程控制器。上海东屋电气有限公司生产的 CF 系列、杭州机床电器厂生产的 DKK 及 D 系列、大连组合机床研究所生产的 S 系列、苏州电子计算机厂生产的 YZ 系列等多种产品已具备了一定的规模并在工业产品中获得了应用。此外,无锡华光公司、上海乡岛公司等中外合资企业也是我国比较著名的 PLC 生产厂家。可以预期,随着我国现代化进程的深入,PLC 在我国将有更广阔的应用天地。

6.6.2 PLC 未来展望

21 世纪,PLC 会有更大的发展。从技术上看,计算机技术的新成果会更多地应用于可编程控制器的设计和制造上,会有运算速度更快、存储容量更大、智能更强的品种出现;从产品规模上看,会进一步向超小型及超大型方向发展;从产品的配套性上看,产品的品种会更丰富、规格更齐全,完美的人机界面、完备的通信设备会更好地适应各种工业控制场合的需求;从市场上看,各国各自生产多品种产品的情况会随着国际竞争的加剧而打破,会出现少数几个品牌垄断国际市场的局面,会出现国际通用的编程语言;从网络的发展情况来看,可编程控制器和其他工业控制计算机组网构成大型的控制系统是可编程控制器技术的发展方向。目前的计算机集散控制系统 DCS(Distributed Control System)中已有大量的可编程控制器应用。伴随着计算机网络的发展,可编程控制器作为自动化控制网络和国际通用网络的重要组成部分,将在工业及工业以外的众多领域发挥越来越大的作用。

本章小结

　　PLC 是一种专门为工业控制而设计的装置,它的早期产品只能进行开关量的逻辑控制。随着采用微处理器作为中央处理单元,PLC 的功能大大增强,因此它的定义也由"可编程序逻辑控制器"变更为"可编程序控制器",这一名称的改变体现了 PLC 功能和应用领域的扩展。

　　目前 PLC 的发展趋势有两个:一方面向小型化发展;另一方面向大型化发展。小型机力求体积更小、功能强大;大型机力求高速、高功能、大容量,以满足不同场合的需要。

　　PLC 以其丰富的功能、显著的特点而得到广泛应用。PLC 的主要特点是:高可靠性、编程简单、通用性好、功能强大等。PLC 的主要应用领域:开关量控制、模拟量控制、机械运动控制等。

　　PLC 结构与计算机近似,也是由 CPU、存储器及 I/O 接口电路等组成。为提高抗干扰能力,I/O 接口电路均采用光电耦合电路。输出接口有继电器型、晶体管型及晶闸管型三种输出方式,以满足不同负载的要求。

　　PLC 采用循环扫描的工作方式,主要分为三个主要阶段:输入采样、程序执行和输出刷新。PLC 重复执行上述三个阶段,每重复一次的时间称为一个扫描周期。循环扫描的工作方式有助于提高 PLC 的抗干扰能力,但同时也会造成信号输入与输出响应的滞后。

　　PLC 编程语言主要有梯形图语言和助记符语言。梯形图语言最大特点是与继电器接触器线路图近似,便于电气人员掌握,有利于 PLC 的推广应用。应注意两种图的具体表述形式和内涵之间的区别。

　　一台 PLC 的性能指标通常由若干个技术指标来表征,其中主要有:I/O 点数、程序存储器容量、扫描速度、指令条数、内部继电器和寄存器、特殊功能及高级模块等。

　　对 PLC 的分类是以不同的角度将其特点进行归纳整理,以便更深入了解 PLC。按结构形式分为整体式和模块式按 I/O 点数分为微型机、小型机、中型机和大型机;按功能划分可分为低档机、中档机和高档机。

习题与思考题

6.1　PLC 定义的内容是什么?

6.2　PLC 的发展经历了几个时期? 各个时期的主要特点是什么?

6.3　PLC 的发展趋势是什么?

6.4　PLC 具有什么特点? 为什么 PLC 具有高可靠性?

6.5　PLC 有哪些应用领域?

6.6 整体式 PLC、组合式 PLC 由哪几部分组成？各有何特点？

6.7 PLC 的硬件由哪几部分组成？各有何作用？

6.8 PLC 的软件由哪几部分组成？各有何作用？

6.9 PLC 主要的编程语言有哪几种？各有什么特点？

6.10 PLC 的输入、输出接口为什么采用光电隔离？

6.11 PLC 开关量输出接口按输出开关器件的种类不同,有哪几种形式？各有什么特点？

6.12 PLC 的输出接口电路有几种？它们分别带什么类型的负载？

6.13 PLC 的工作过程分为哪几个阶段？

6.14 什么是 PLC 的扫描周期？其扫描过程分为哪几个阶段,各阶段完成什么任务？

6.15 PLC 扫描过程中输入映像寄存器和输出映像寄存器各起什么作用？

6.16 PLC 梯形图与继电器接触器线路图主要区别是什么？PLC 控制与电器控制相比较,有何不同？

6.17 PLC 主要的编程语言有哪几种？各有什么特点？

6.18 PLC 的主要性能指标有哪些？各指标的意义是什么？

6.19 PLC 采用什么样的工作方式？有何特点？

6.20 PLC 控制系统的组成有哪些部分？

第 7 章
PLC 的结构及编程软件的使用

学习目标:

1.了解 S7-200 系列 PLC 的外部结构与性能。

2.掌握 S7-200 系列 PLC 的内存结构及寻址方式,编程语言与程序结构。

3.熟悉 STEP7-Micro/WIN 编程软件。

7.1 S7-200 系列 PLC 的外部结构

S7-200 系列 PLC 是 SIEMENS 公司新推出的一种小型 PLC。它以紧凑的结构、良好的扩展性、强大的指令功能、低廉的价格,已经成为当代各种小型控制工程的理想控制器。

S7-200PLC 包含了一个单独的 S7-200CPU 和各种可选择的扩展模块,可以十分方便地组成不同规模的控制器。其控制规模可以从几点到几百点。S7-200PLC 可以方便地组成 PLC-PLC 网络和微机-PLC 网络,从而完成规模更大的工程。

S7-200 的编程软件 STEP7-Micro/WIN32 可以方便地在 Windows 环境下对 PLC 编程、调试、监控,使得 PLC 的编程更加方便、快捷。可以说,S7-200 可以完美地满足各种小规模控制系统的要求。

S7-200 有 4 种 CPU,其性能差异很大。这些性能直接影响到 PLC 的控制规模和 PLC 系统的配置。

目前,S7-200 系列 PLC 主要有 CPU221、CPU222、CPU224 和 CPU226 四种。档次最低的是 CPU221,其数字量输入点数有 6 点,数字量输出点数有 4 点,是控制规模最小的 PLC。档次最高的应属 CPU226。CPU226 集成了 24 点输入/16 点输出,共有 40 个数字量 I/O,可连接 7 个扩展模块,最大扩展至 248 点数字量 I/O 点或 35 路模拟量 I/O。

S7-200 系列 PLC 四种 CPU 的外部结构大体相同,如图 7.1 所示。

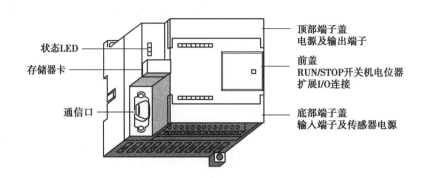

图 7.1　S7-200 外部结构

状态指示灯 LED 显示 CPU 所处的工作状态指示。

存储卡接口可以插入存储卡。

通信接口可以连接 RS-485 总线的通信电缆。

顶部端子盖下边为输出端子和 PLC 供电电源端子。输出端子的运行状态可以由顶部端子盖下方一排指示灯显示,ON 状态对应的指示灯亮。底部端子盖下边为输入端子和传感器电源端子。输入端子的运行状态可以由底部端子盖上方一排指示灯显示,ON 状态对应的指示灯亮。

前盖下面有运行、停止开关和接口模块插座。将开关拨向停止位置时,可编程序控制器处于停止状态,此时可以对其编写程序。将开关拨向运行位置时,可编程序控制器处于运行状态,此时不能对其编写程序。将开关拨向监控状态,可以运行程序,同时还可以监视程序运行的状态。接口插座用于连接扩展模块实现 I/O 扩展。

7.2　S7-200 系列 PLC 的性能

7.2.1　S7-200 的技术指标

(1)CPU222 的性能指标

CPU221 本机集成了 6 点数字量输入和 4 点数字量输出,共有 10 个数字量 I/O 点,无扩展能力。CPU221 有 6 KB 程序和数据存储空间,4 个独立的 30 kHz 高速计数器,2 路独立的 20 kHz 高速脉冲输出,1 个 RS-485 通信/编程口。CPU221 具有 PPI 通信、MPI 通信和自由方式通信能力,非常适于小型数字量控制。CPU221 具体的性能指标如下所述:

1)主要性能指标

①外形尺寸: 90 mm × 80 mm × 62 mm。

②存储器:

程序存储器　　　　　　2 048 字

用户数据存储器　　　　1 024 字

存储器类型　　　　　　EEPROM

存储卡　　　　　　　　EEPROM

数据后备(超级电容)	50 h
编程语言	LAD,FBD 和 STL
程序组织	一个组织块(可以包含多个子程序和中断程序)

③系统 I/O:

本机 I/O	6 入/4 出
扩展模块数量	无
数字量 I/O 映像区	256(128 入/128 出)
数字量 I/O 物理区	10(6 入/4 出)
模拟量 I/O 映像区	无
模拟量 I/O 物理区	无

④指令:

布尔指令执行速度	0.37 μs/指令
计数器/定时器	256/256
顺序控制继电器	256
基本运算指令	11 项
增强功能指令	8 项
FOR/NEXT 循环	有
整数运算(算术运算)	有
实数运算(算术运算)	有

⑤附加功能:

内置高速计数器	4 个(30 kHz)
内置模拟电位器	1 个(8 位分辨率)
脉冲输出	2 个高速输出(20 kHz)
通信中断	1 发送器/2 接收器
定时中断	2 个(1~255 ms)
输入中断	4 个
实时时钟	有时钟卡
口令保护	3 级口令保护

⑥通信:1 个 RS485 通信接口(可用作 PPI 接口、MPI 从站接口、自由口)。

2)CPU221 的接线

①DC 输入 DC 输出:

DC 输入端由 1M、0.0…0.3 为第 1 组,2M、0.4、0.5 为第 2 组,1M、2M 分别为各组的公共端。

24V DC 的负极接公共端 1M 或 2M。输入开关的一端接到 24V DC 的正极,输入开关的另一端连接到 CPU221 各输入端。

DC 输出端由 M、L+、0.0…0.3 组成。L+为公共端。

24V DC 的负极接 M 端,正极接 L+端。输出负载的一端接到 M 端,输出负载的另一端接到 CPU221 各输出端。CPU221 的 DC 输入 DC 输出的接线图如图 7.2 所示。

②DC 输入继电器输出:

DC 输入端与 CPU221 的 DC 输入 DC 输出相同。

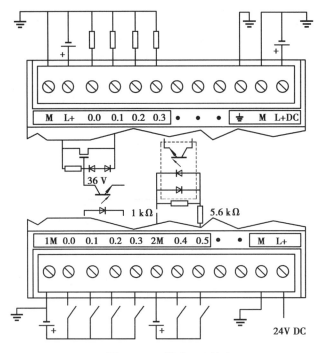

图 7.2　DC 输入 DC 输出

继电器输出端由两组构成,其中 N(−)、1L、0.0…0.2 为第 1 组,N(−)、2L、0.3 为第 2 组。各组的公共端为 1L 和 2L。负载电源的一端 N 接负载的 N(−)端,电源的另外一端 L(+)接继电器输出端的 1L 端。负载的另一端分别接到各继电器输出端子。CPU221 的 DC 输入继电器输出的接线图如图 7.3 所示。

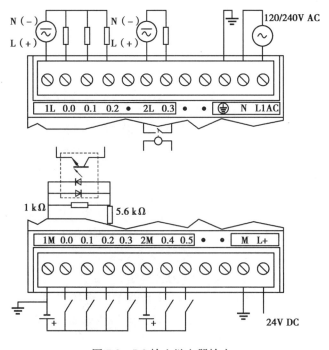

图 7.3　DC 输入继电器输出

（2）CPU222 的性能指标

CPU222 本机集成了 8 点输入/6 点输出,共有 14 个数字量 I/O。它可连接 2 个扩展模块,最大扩展至 78 点数字量 I/O 点或 10 路模拟量 I/O 点。CPU222 有 6 KB 程序和数据存储空间,4 个独立的 30 kHz 高速计数器,2 路独立的 20 kHz 高速脉冲输出,具有 PID 控制器。它还配置了 1 个 RS-485 通信/编程口,具有 PPI 通信、MPI 通信和自由方式通信能力。CPU222 具有扩展能力、适应性更广泛的小型控制器。

1）CPU222 与 CPU221 性能指标的区别

①系统 I/O:

本机 I/O	8 入/6 出
扩展模块数量	2 个模块
数字量 I/O 映像区	256(128 入/128 出)
数字量 I/O 物理区	78(40 入/38 出)
模拟量 I/O 映像区	16 入/16 出
模拟量 I/O 物理区	10(8 入/2 出)或 4 出

②为传感器提供 5V DC 电流:340 mA。

2）CPU222 的接线

①DC 输入 DC 输出:

DC 输入端由 1M、0.0…0.3 为第 1 组,2M、0.4…0.7 为第 2 组,1M、2M 分别为各组的公共端。

24V DC 的负极接公共端 1M 或 2M。输入开关的一端接到 24V DC 的正极,输入开关的另一端连接到 CPU222 各输入端。

DC 输出端由 M、L+、0.0…0.5 组成。L+为公共端。

24V DC 的负极接 M 端,正极接 L+端。输出负载的一端接到 M 端,输出负载的另一端接到 CPU222 各输出端。

②DC 输入继电器输出:

DC 输入端与 CPU222 的 DC 输入 DC 输出相同。

继电器输出端由两组构成,其中 N(-)、1L、0.0…0.2 为第 1 组,N(-)、2L、0.3…0.5 为第 2 组。各组的公共端为 1L 和 2L。负载电源的一端 N 接负载的 N(-)端,电源的另外一端 L(+)接继电器输出端的 1L 端。负载的另一端分别接到 CPU222 各个继电器输出端子。

CPU222 的接线图参阅图 7.2 和图 7.3。

（3）CPU224 的技术指标

CPU224 本机集成了 14 点输入/10 点输出,共有 24 个数字量 I/O。它可连接 7 个扩展模块,最大扩展至 168 点数字量 I/O 点或 35 路模拟量 I/O 点。CPU224 有 13 KB 程序和数据存储空间,6 个独立的 30 kHz 高速计数器,2 路独立的 20 kHz 高速脉冲输出,具有 PID 控制器。CPU224 配有 1 个 RS-485 通信/编程口,具有 PPI 通信、MPI 通信和自由方式通信能力,是具有较强控制能力的小型控制器。

1）CPU224 与 CPU221 技术指标的区别

①外形尺寸:120.5 mm × 80 mm × 62 mm。

②存储器:

程序存储器	4 096 字

用户数据存储器	2 560 字
存储器类型	EEPROM
存储卡	EEPROM
数据后备(超级电容)	190 小时
编程语言	LAD,FBD 和 STL
程序组织	一个组织块(可以包含子程序和中断程序)

③系统 I/O：

本机 I/O	14 入/10 出
扩展模块数量	7 个模块
数字量 I/O 映像区	256(128 入/128 出)
数字量 I/O 物理区	168(94/74)
模拟量 I/O 映像区	32 入/32 出
模拟量 I/O 物理区	35(28/7) 或 14 出

④附加功能：

内置高速计数器	6 个(30 kHz)
内置模拟电位器	2 个(8 位分辨率)
脉冲输出	2 个高速输出(20 kHz)
通信中断	1 发送器/2 接收器
定时中断	2 个(1~255 ms)
输入中断	4 个
实时时钟	内置
口令保护	3 级口令保护

⑤为传感器提供 5V DC 电流:660 mA。

2)CPU224 的接线

①DC 输入 DC 输出：

DC 输入端由 1M、0.0…0.7 为第 1 组,2M、1.0…1.5 为第 2 组,1M、2M 分别为各组的公共端。

24V DC 的负极接公共端 1M 或 2M。输入开关的一端接到 24V DC 的正极,输入开关的另一端连接到 CPU224 各输入端。

DC 输出端由 1M、1L+、0.0…0.4 为第 1 组,2M、2L+、0.5…1.1 为第 2 组组成。1L+、2L+分别为公共端。

第 1 组 24V DC 的负极接 1M 端,正极接 1L+端。输出负载的一端接到 1M 端,输出负载的另一端接到 CPU224 各输出端。第 2 组的接线与第 1 组相似。

②DC 输入继电器输出：

DC 输入端与 CPU224 的 DC 输入 DC 输出相同。

继电器输出端由 3 组构成,其中 N(−)、1L、0.0…0.3 为第 1 组,N(−)、2L、0.4…0.6 为第 2 组,N(−)、3L、0.7…1.1 为第 3 组。各组的公共端为 1L、2L 和 3L。

第 1 组负载电源的一端 N 接负载的 N(−)端,电源的另外一端 L(+)接继电器输出端的 1L 端。负载的另一端分别接到 CPU224 各个继电器输出端子。第 2 组、第 3 组的接线与第 1 组相似。

CPU224 的接线图参阅图 7.2 和图 7.3。

(4)CPU226 的技术指标

CPU226 本机集成了 24 点输入/16 点输出,共有 40 个数字量 I/O。它可连接 7 个扩展模块,最大扩展至 248 点数字量 I/O 点或 35 路模拟量 I/O。CPU226 有 13 KB 程序和数据存储空间,6 个独立的 30 kHz 高速计数器,2 路独立的 20 kHz 高速脉冲输出,具有 PID 控制器。CPU226 配有 2 个 RS-485 通信/编程口,具有 PPI 通信、MPI 通信和自由方式通信能力,用于较高要求的中小型控制系统。

1)CPU226 与 CPU221 技术指标的区别

①外形尺寸: 196 mm × 80 mm × 62 mm。

②存储器:

程序存储器	4 096 字
用户数据存储器	2 560 字
存储器类型	EEPROM
存储卡	EEPROM
数据后备(超级电容)	190 h
编程语言	LAD,FBD 和 STL
程序组织	一个组织块(可以包含子程序和中断程序)

③系统 I/O:

本机 I/O	24 入/16 出
扩展模块数量	7 个模块
数字量 I/O 映像区	256(128 入/128 出)
数字量 I/O 物理区	248(128 入/120 出)
模拟量 I/O 映像区	32 入/32 出
模拟量 I/O 物理区	35(28/7)或 14 出

④附加功能:

内置高速计数器	6 个(30 kHz)
内置模拟电位器	2 个(8 位分辨率)
脉冲输出	2 个高速输出(20 kHz)
通信中断	1 发送器/2 接收器
定时中断	2 个(1~255 ms)
输入中断	4 个
实时时钟	内置
口令保护	3 级口令保护

⑤通信:2 个 RS-485 通信口可用作 PPI 接口、MPI 从站接口和自由口。

⑥为传感器提供 5V DC 电流:1 000 mA。

2)CPU226 的接线

①DC 输入 DC 输出:

DC 输入端由 1M、0.0…1.4 为第 1 组,2M、1.5…2.7 为第 2 组,1M、2M 分别为各组的公共端。

24V DC 的负极接公共端 1M 或 2M。输入开关的一端接到 24V DC 的正极,输入开关的另一端连接到 CPU226 各输入端。

DC 输出端由 1M、1L+、0.0…0.7 为第 1 组,2M、2L+、1.0…1.7 为第 2 组组成。1L+、2L+分别为公共端。

第 1 组 24V DC 的负极接 1M 端,正极接 1L+端。输出负载的一端接到 1M 端,输出负载的另一端接到 CPU226 各输出端。第 2 组的接线与第 1 组相似。

②DC 输入继电器输出:

DC 输入端与 CPU226 的 DC 输入 DC 输出相同。

继电器输出端由 3 组构成,其中 N(-)、1L、0.0…0.3 为第 1 组,N(-)、2L、0.4…1.0 为第 2 组,N(-)、3L、1.1…1.7 为第 3 组。各组的公共端为 1L、2L 和 3L。

第 1 组负载电源的一端 N 接负载的 N(-)端,电源的另外一端 L(+)接继电器输出端的 1L 端。负载的另一端分别接到 CPU226 各个继电器输出端子。第 2 组、第 3 组的接线与第 1 组相似。

CPU226 的接线图参阅图 7.2 和图 7.3。

7.2.2 S7-200 的接口模块

S7-200 的接口模块主要有数字量 I/O 模块、模拟量 I/O 模块和通信模块。下面分别介绍这些模块。

(1)数字量 I/O 模块

数字量扩展模块是为了解决本机集成的数字量输入/输出点不能满足需要而使用的扩展模块。S7-200PLC 目前总共可以提供 3 大类,共 9 种数字量输入/输出模块。

1)数字量输入扩展模块 EM221

EM221 模块具有 8 点 DC 输入,隔离。具体技术指标见表 7.1。

表 7.1 EM221 数字量 DC 输入模块

型 号	EM221 数字量 DC 输入模块
总体特性	外形尺寸: 46 mm × 80 mm × 62 mm 功耗:2 W
输入特性	本机输入点数:8 点数字量输入 输入电压:最大 30V DC,标准 24V DC/4 mA 隔离:光电隔离,500V AC,1 min。4 点/组 输入延时:最大 4.5 ms 电缆长度:不屏蔽 350 m,屏蔽 500 m
耗电	从 5V DC(I/O总线)耗电 30 am
接线端子	1M、0.0、0.1、0.2、0.3 为第一组,1M 为第一组公共端 2M、0.4、0.5、0.6、0.7 为第二组,2M 为第二组公共端

2)数字量输出模块 EM222

数字量输出模块 EM222 有 2 种类型。一种为 8 点 24 V 直流输出型;另一种为 8 点继电器输出型。2 种类型均有隔离,技术指标见表 7.2 和表 7.3。

表 7.2　EM222 数字量 DC 输出模块

型　号	EM222 数字量 DC 输出模块
总体特性	外形尺寸：46 mm × 80 mm × 62 mm 功耗：2 W
输出特性	本机输出点数：8 点数字量输出 输出电压：20.4～28.8V DC，标准 24V DC 输出电流：0.75 A/点 隔离：光电隔离，500V AC，1 min。4 点/组 输出延时：OFF 到 ON　50 μs，ON 到 OFF　200 μs 电缆长度：不屏蔽 150 m，屏蔽 500 m
耗电	从 5V DC(I/O 总线)耗电 50 mA
接线端子	1M、1L+、0.0、0.1、0.2、0.3 为第一组，1L+为第一组的公共端接电源正极，1M 为第一组电源负极 2M、2L+、0.4、0.5、0.6、0.7 为第二组，2L+为第二组的公共端接电源正极，2M 为第二组电源负极

表 7.3　EM222 数字量继电器输出模块

型　号	EM222 数字量继电器输出模块
总体特性	外形尺寸：46 mm × 80 mm × 62 mm 功耗：2 W
输出特性	本机输出点数：8 点数字量输出 输出电压：5～30V DC，5～250V AC 输出电流：2.0 A/点 隔离：光电隔离，500V AC，1 min。4 点/组 输出延时：最大限度 10 ms 电缆长度：不屏蔽 150 m，屏蔽 500 m
耗电	从 5V DC(I/O 总线)耗电 40 mA
接线端子	1L、0.0、0.1、0.2、0.3 为第一组，1L 为第一组公共端 2L、0.4、0.5、0.6、0.7 为第二组，2L 为第二组公共端 M 为 24V DC 电源负极端，L+为 24V DC 电源正极端

3)数字量组合模块 EM223

输入/输出扩展模块 EM223 有 6 种类型，包括 24V DC4 入/4 出，24V DC4 入/继电器 4 出；24V DC8 入/8 出，24V DC8 入/继电器 8 出；24V DC16 入/16 出，24V DC16 入/继电器 16 出。6 种类型均有隔离，技术指标见表 7.4 和表 7.5。

表 7.4 EM223 数字量 DC 输入/DC 输出

型　号	EM223 数字量 DC 输入/DC 输出
总体特性	外形尺寸: 71.2 mm × 80 mm × 62 mm 功耗:3 W
输入特性	本机输入点数:4/8/16 点数字量输入 输入电压:最大 30V DC,标准 24V DC/4 mA 隔离:光电隔离,500V AC,1 分钟。4 点/组 输入延时:最大 4.5 ms 电缆长度:不屏蔽 300 m,屏蔽 500 m
输出特性	本机输出点数:4/8/16 点数字量输出 输出电压:20.4~28.8V DC,标准 24V DC 输出电流:0.75A/点 隔离:光电隔离,500V AC,1 分钟。4 点/组 输出延时:OFF 到 ON　50 μs,ON 到 OFF　200 μs 电缆长度:不屏蔽 150 m,屏蔽 500 m
耗电	从 5V DC(I/O 总线)耗电 40/80/160 mA
输入接线端子 (以 16 点为例)	1M、0.0、0.1、…、0.7 为第 1 组,1M 为第 1 组公共端 2M、0.0、0.1、…、0.7 为第 2 组,2M 为第 2 组公共端
输出接线端子 (以 16 点为例)	1M、1L+、0.0、0.1、0.2、0.3 为第 1 组,1L+为第 1 组公共端接电源正极,1M 为第 1 组电源负极 2M、2L+、0.4、0.5、0.6、0.7 为第 2 组,2L+为第 2 组公共端接电源正极,2M 为第 2 组电源负极 3M、3L+、0.0、0.1、…、0.7 为第 3 组,2L+为第 3 组公共端接电源正极,3M 为第 3 组电源负极

注:一个 EM223 模块的 I/O 点是对等的,4/4、8/8 和 16/16。功耗电流分别为 40 mA、80 mA 和 160 mA。

表 7.5 EM223 数字量 DC 输入/继电器输出

型　号	EM223 数字量 DC 输入/继电器输出
总体特性	外形尺寸: 71.2 mm × 80 mm × 62 mm 功耗:3 W
输入特性	本机输入点数:4/8/16 路数字量输入 输入电压:最大 30V DC,标准 24V DC/4 mA 隔离:光电隔离,500V AC,1 min。4 点/组 输入延时:最大 4.5 ms 电缆长度:不屏蔽 350 m,屏蔽 500 m

型　号	EM223 数字量 DC 输入/继电器输出
输出特性	本机输出点数:4/8/16 点数字量输出 输出电压:5~30V DC,5~250V AC 输出电流:2.0A/点 隔离:光电隔离,500V AC,1 min。4 点/组 输出延时:最大限度 10 ms 电缆长度:不屏蔽 150 m,屏蔽 500 m
耗电	从 5V DC(I/O 总线)耗电 40/80/150 mA
输入接线端子 (以 16 点为例)	1M、0.0、0.1、…、0.7 为第 1 组,1M 为第 1 组公共端 2M、0.0、0.1、…、0.7 为第 2 组,1M 为第 2 组公共端
输出接线端子 (以 16 点为例)	1L、0.0、0.1、0.2、0.3 为第 1 组,1L 为第 1 组公共端 2L、0.4、0.5、0.6、0.7 为第 2 组,2L 为第 2 组公共端 3L、0.0、0.1、0.2、0.3 为第 3 组,3L 为第 3 组公共端 4L、0.4、0.5、0.6、0.7 为第 4 组,4L 为第 4 组公共端 M 为 24V DC 电源负极端,L+为 24V DC 电源正极端

注:一个 EM223 模块的 I/O 点是对等的,4/4、8/8 和 16/16。功耗电流分别为 40 mA、80 mA 和 150 mA。

(2)模拟量 I/O 模块

模拟量扩展模块提供了模拟量输入和模拟量输出功能。S7-200 的模拟量扩展模块具有较大的适应性,可以直接与传感器相连,有很大的灵活性并且安装方便。

1)模拟量输入模块 EM231

EM231 具有 4 路模拟量输入,输入信号可以是电压也可以是电流,其输入与 PLC 具有隔离。输入信号的范围可以由 SW1、SW2 和 SW3 设定。具体技术指标见表7.6。

表 7.6　EM231 模拟量输入模块

型　号	EM231 模拟量输入模块
总体特性	外形尺寸:71.2 mm × 80 mm × 62 mm 功耗:3 W
输入特性	本机输入:4 路模拟量输入 电源电压:标准 24V DC/4 mA 输入类型:0~10 V、0~5 V、±5 V、±2.5 V、0~20 mA 分辨率:12 bit 转换速度:250 μs 隔离:有
耗电	从 5V DC(I/O 总线)耗电 10 mA

续表

型　号	EM231 模拟量输入模块
开关设置	SW1　SW2　SW3　　输入类型 ON　　OFF　　ON　　0～10 V ON　　ON　　OFF　　0～5 V 或 0～20 mA OFF　　OFF　　ON　　±5 V OFF　　ON　　OFF　　±2.5 V
接线端子	M 为 24V DC 电源负极端,L+为电源正极端 RA、A+、A-;RB、B+、B-;RC、C+、C-;RD、D+、D-分别为第 1～4 路模拟量输入端 电压输入时,"+"为电压正端,"-"为电压负端 电流输入时,需将"R"与"+"短接后作为电流的进入端,"-"为电流流出端

2)模拟量输出模块 EM232

EM232 具有 2 路模拟量输出,输出信号可以是电压也可以是电流,其输入与 PLC 具有隔离。具体技术指标见表 7.7。

表 7.7　EM232 模拟量输出模块

型　号	EM232 模拟量输出模块
总体特性	外形尺寸: 71.2 mm × 80 mm × 62 mm 功耗:3 W
输出特性	本机输出:2 路模拟量输出 电源电压:标准 24V DC/4 mA 输出类型:±10 V、0～20 mA 分辨率:12 bit 转换速度:100 μs(电压输出)、2 ms(电流输出) 隔离:有
耗电	从 5V DC(I/O 总线)耗电 10 mA
接线端子	M 为 24V DC 电源负极端,L+为电源正极端 M0、V0、I0;M1、V1、I1 分别为第 1～2 路模拟量输出端 电压输出时,"V"为电压正端,"M"为电压负端 电流输出时,"I"为电流的进入端,"M"为电流流出端

3)模拟量混合模块 EM235

EM235 具有 4 路模拟量输入和 1 路模拟量输出。它的输入信号可以是不同量程的电压或电流,其电压、电流的量程是由开关 SW1、SW2 到 SW6 设定。EM235 有 1 路模拟量输出,其输出可以是电压也可以是电流。EM235 的技术指标见表 7.8。

表 7.8　EM235 模拟量混合模块

型　号	EM235 模拟量混合模块
总体特性	外形尺寸:71.2 mm × 80 mm × 62 mm 功耗:3 W
输入特性	本机输入:4 路模拟量输入 电源电压:标准 24V DC/4 mA 输入类型:0~50 mV、0~100 mV、0~500 mV、0~1 V、0~5 V、0~10 V、0~20 mA 　　　　　±25 mV、±50 mV、±100 mV、±250 mV、±500 mV、±1 V、±2.5 V、±5 V、±10 V 分辨率:12 bit 转换速度:250 μs 隔离:有
输出特性	本机输出:1 路模拟量输出 电源电压:标准 24V DC/4 mA 输出类型:±10 V、0~20 mA 分辨率:12 bit 转换速度:100 μs(电压输出)、2 ms(电流输出) 隔离:有
耗电	从 5V DC(I/O 总线)耗电 10 mA

	SW1	SW2	SW3	SW4	SW5	SW6	输入类型
开关设置	ON	OFF	OFF	ON	OFF	ON	0~50 mV
	OFF	ON	OFF	ON	OFF	ON	0~100 mV
	ON	OFF	OFF	OFF	ON	ON	0~500 mV
	OFF	ON	OFF	OFF	ON	ON	0~1 V
	ON	OFF	OFF	OFF	OFF	ON	0~5 V
	ON	OFF	OFF	OFF	OFF	ON	0~20 mA
	OFF	ON	OFF	OFF	OFF	ON	0~10 V
	ON	OFF	OFF	ON	OFF	OFF	±25 mV
	OFF	ON	OFF	ON	OFF	OFF	±50 mV
	OFF	OFF	ON	ON	OFF	OFF	±100 mV
	ON	OFF	OFF	OFF	ON	OFF	±250 mV
	OFF	ON	OFF	OFF	ON	OFF	±500 mV
	OFF	OFF	ON	OFF	ON	OFF	±1 V
	ON	OFF	OFF	OFF	OFF	OFF	±2.5 V
	OFF	ON	OFF	OFF	OFF	OFF	±5 V
	OFF	OFF	ON	OFF	OFF	OFF	±10 V

接线端子	M 为 24V DC 电源负极端,L+为电源正极端 M0、V0、I0 为模拟量输出端 电压输出时,"V0"为电压正端,"M0"为电压负端 电流输出时,"I0"为电流的进入端,"M0"为电流流出端 RA、A+、A−;RB、B+、B−;RC、C+、C−;RD、D+、D−分别为第 1~4 路模拟量输入端 电压输入时,"+"为电压正端,"−"为电压负端 电流输入时,需将"R"与"+"短接后作为电流的进入端,"−"为电流流出端

131

（3）通信模块

S7-200 系列 PLC 除了 CPU226 本机集成了两个通信口以外，其他均在其内部集成了一个通信口，通信口采用了 RS-485 总线。除此以外，各 PLC 还可以接入通信模块，以扩大其接口的数量和联网能力。下面介绍两种通信模块。

1）EM277 模块

EM277 模块是 PROFIBUS-DP 从站模块。该模块可以作为 PROFIBUS-DP 从站和 MPI 从站。EM277 可以用作与其他 MPI 主站通信的通信口，S7-200 可以通过该模块与 S7-300/400 连接。使用 MPI 协议或 PROFIBUS 协议的 STEP7-Micro/WIN 软件和 PROFIBUS 卡，以及 OP 操作面板或文本显示器 TD200，均可通过 EM277 模块与 S7-200 通信。最多可将 6 台设备连接到 EM277 模块，其中为编程器和 OP 操作面板各保留一个连接，其余 4 个可以通过任何 MPI 主站使用。为了使 EM277 模块可以与多个主站通信，各个主站必须使用相同的波特率。

当 EM277 模块用作 MPI 通信时，MPI 主站必须使用 DP 模块的站址向 S7-200 发送信息，发送到 EM277 模块的 MPI 信息，将会被传送到 S7-200 上。EM277 模块是从站模块，它不能使用 NETR/NETW 功能在 S7-200 之间通信。EM277 模块不能用作自由口方式通信。EM277 模块如图 7.4 所示。

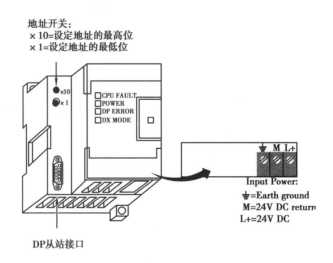

图 7.4　EM277 模块

EM277 PROFIBUS-DP 模块部分技术数据如下：

①物理特性：尺寸为 71 mm × 80 mm × 62 mm，功耗 2.5 W。

②通信特性：通信口数量 1 个，接口类型为 RS-485，外部信号与 PLC 间隔离（500V AC），波特率为 9.6、19.2、…、500 kbit/s，协议为 PROFIBUS-DP 从站和 MPI 从站，电缆长度为 100 m 到 1 200 m。

③网络能力：站地址从 0~99（由旋转开关设定），每个段最多站数为 32 个，每个网络最多站数为 126 个，最大到 99 个 EM277 站，MPI 方式可连接 6 个站，其中 2 个预留（1 个为 PG，另 1 个为 OP）。

④电源损耗：+5V DC（从 I/O 总线），150 mA。

⑤通信口电源：

5V DC 电源：每个口最大电流 90 mA，隔离 500V AC，1 min。

24V DC 电源：每个口最大电流 120 mA，非隔离。

2）CP243-2 通信处理器

CP243-2 是 S7-200（CPU22X）的 AS-I 主站。AS-I 接口是执行器/传感器接口。CP243-2 模块如图 7.5 所示。

图 7.5 CP243-2

每个 CP243-2 的 AS-I 上最大可以达到 248 点输入和 186 点输出。内置模拟量处理系统最多可以连接 31 个模拟量从站，每个从站可以为 4 个开关元件提供地址。S7-200 同时可以处理最多 2 个 CP243-2 通信处理器。通过连接 AS-I 可以显著地增加 S7-200 的数字量输入和输出的点数。

CP243-2 与 S7-200 的连接方法同扩展模块相同。它具有 2 个端子可与 AS-I 接口电缆相连。其前面板的 LED 显示所有连接的和激活的从站状态与准备状态。两个按钮可以切换运行状态，并可以设定当前组态。

在 S7-200 的过程映像区中，CP243-2 占用 1 个数字量输入字节（状态字节）、1 个数字量输出字节（控制字节）及 8 个模拟量输入和 8 个模拟量输出字。因此，CP243-2 占用了 2 个逻辑插槽。通过用户程序，用状态字和控制字设置 CP243-2 的工作模式。根据工作模式的不同，CP243-2 在 S7-200 模拟地址区既可以存储 AS-I 从站的 I/O 数据或存储诊断值，也可以使主站调用（例如改变一个从站地址）有效。通过按钮，所连接的 AS-I 从站可作为设定组态被接管。

CP243-2 支持扩展 AS-I 特性的所有特殊功能。CP243-2 有两种工作模式，标准模式可以访问 AS-I 从站的 I/O 数据、扩展模式为主站调用（如写参数）方式。CP243-2 可以在 AS-I 上处理 62 个数字量或 31 个模拟量。

CP243-2 的功耗为 2 W，通过 AS-I 的电流最大为 100 mA，通过背板总线需 5V DC 电流为 220 mA。

S7-200PLC 的配置就是由 S7-200CPU 和这些扩展模块构成的。

7.3 PLC 的编程语言与程序结构

7.3.1 编程语言

（1）梯形图（LAD）

梯形图是与电气控制电路相呼应的图形语言。它沿用了继电器、触头、串并联等术语和类似的图形符号，并简化了符号，还增加了一些功能性的指令。梯形图按自上而下、从左到右的顺序排列，最左边的竖线称为起始母线，也叫左母线，然后按一定的控制要求和规则连接各个接点，最后以继电器线圈（或再接右母线）结束，称为一逻辑行或叫一"梯级"。通常，一个梯形图中有若干逻辑行（梯级），形似梯子，如图 7.6 所示。

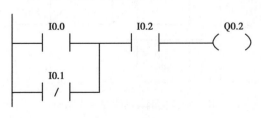

图 7.6 梯形图

(2)语句表(STL)

语句表是用助记符来表达 PLC 的各种控制功能的。它类似于计算机的汇编语言,但比汇编语言更直观易懂,编程简单,因此也是应用很广泛的一种编程语言。这种编程语言可使用简易编程器编程,但比较抽象,一般与梯形图语言配合使用,互为补充,如图 7.7 所示。

网络1　　网络标题

网络注释

```
LD    I0.0
ON    I0.1
A     I0.2
=     Q0.2
```

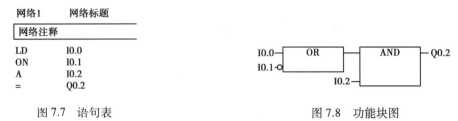

图 7.7　语句表

图 7.8　功能块图

(3)功能块图(FBD)

功能块图类似于普通逻辑功能图,它沿用了半导体逻辑电路的逻辑框图的表达方式。一般用一种功能方框表示一种特定的功能,框图内的符号表达了该功能块图的功能。功能块图通常有若干个输入端和若干个输出端。输入端是功能块图的条件,输出端是功能块图的运算结果,如图 7.8 所示。

7.3.2　程序结构

(1)线形化编程

线形化编程是指程序连续放置在一个指令块内(OB1),CPU 周期性地扫描 OB1,使用户程序在 OB1 内顺序执行每条指令。S7-200 采用线形化编程。

(2)分步式编程

将一项控制任务分成若干个指令块,每个指令块用于控制一套设备或者一部分工作。每个指令块的工作内容与其他指令块的工作内容无关,这些指令块的运行通过组织块 OB1 内的指令来调用,如图 7.9 所示。

(3)结构性编程

将整个用户程序一些具有独立功能的指令块,其中有若干个子程序块,然后再按要求调用各个独立的指令块,从而构成一个完整的用户程序,如图 7.10 所示。

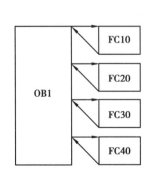

图 7.9　分部式编程的程序调用结构

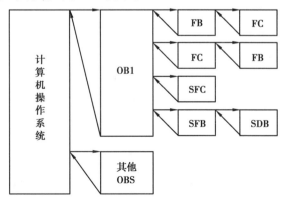

图 7.10　结构化编程的程序调用结构

7.3.3　编程原则

①输入/输出继电器、内部继电器、定时、计数器等器件的触点可重复使用。

②梯形图的每个程序段是从左边(左母线)开始,依次向右排列,输出的结果(即线圈)放在最右边。

③输出不能与左母线直接相连,若需要,则通过一个没有使用的中间继电器的常闭触点来连接。

④应尽量避免线圈重复使用。STEP7 允许重复编程,为后置优先。

⑤两个或两个以上的输出结果可并联输出。

⑥串联程序段并联时,应把串联触点较多的程序段放在梯形图上方,程序段占用空间少。

⑦并联程序段串联时,应把并联触点较多的块放在左边。

⑧每一个传感器或开关对应一个 PLC 确定的输入点,每一个负载对应一个 PLC 确定的输出端点。外部按钮一般用动合触点。输出端不带负载时,尽量使用辅助继电器 M,不使用输出继电器 Q。

7.4　S7-200 系列 PLC 的内存结构及寻址方式

S7-200CPU 将信息存储在不同的存储单元,每个单元都有唯一的地址。S7-200CPU 使用数据地址访问所有的数据,称为寻址。输入/输出点、中间运算数据等各种数据类型具有各自的地址定义,大部分指令都需要指定数据地址。

7.4.1　数据长度

S7-200 寻址时,可以使用不同的数据长度。不同的数据长度表示的数值范围不同。S7-200 指令也分别需要不同的数据长度。

S7-200 系列在存储单元所存放的数据类型有布尔型(BOOL)、整数型(INT)、实数型和字符串型四种。数据长度和数值范围见表 7.9。

表 7.9　数据长度和数值范围

数据类型	数据长度		
	字节(8 位值)	字(16 位值)	双字(32 位值)
无符号整数	0~255 0~FF	0~65535 0~FFFF	0~4294967295 0~FFFF FFFF
有符号整数	−128~+127 80~7F	−32768~+32767 8000~FFFF	−217483648~+2147483647 8000 0000~7FFF FFFF
实数 IEEE32 位浮点数			+1.175495E−38~+3.402823E+38(正数) −1.175495E−38~−3.402823E+38(负数)

①实数的格式。实数(浮点数)由 32 位单精度数表示,其格式按照 ANSI/IEEE 754-1985 标准中所描述的形式。实数按照双字长度来存取。对于 S7-200 来说,浮点数精确到小数点后第 6 位。因而当使用一个浮点数常数时,最多可以指定到小数点后第 6 位。

②实数运算的精度。在计算中涉及非常大和非常小的数,则有可能导致计算结果不精确。

③字符串的格式。字符串指的是一系列字符,每个字符以字节的形式存储。字符串的第一个字节定义了字符串的长度,也就是字符的个数。一个字符串的长度可以是 0~254 个字符,再加上长度字节,一个字符串的最大长度为 255 个字节,而一个字符串常量的最大长度为 126 字节。

④布尔型数据(0 或 1)。

⑤S7-200CPU 不支持数据类型检测。

例如:可以在加法指令中使用 VW100 中的值作为有符号整数,同时也可以在异或指令中将 VW100 中的数据当作无符号的二进制数。

S7-200 提供各种变换指令,使用户能方便地进行数据制式及表达方式的变换。

7.4.2　常数

在 S7-200 的许多指令中,都可以使用常数值。常数可以是字节、字或者双字。S7-200 以二进制数的形式存储常数,可以分别表示十进制数、十六进制数、ASCII 码或者实数(浮点数)。

7.4.3　数据区存储器区域

(1)输入/输出映像寄存器(I/Q)

1)输入映像寄存器(I)

PLC 的输入端子是从外部接收输入信号的窗口。每一个输入端子与输入映像寄存器的相应位相对应。输入点的状态,在每次扫描周期开始(或结束)时进行采样,并将采样值存于输入映像寄存器,作为程序处理时输入点状态的依据。输入映像寄存器的状态只能由外部输入信号驱动,而不能在内部由程序指令来改变。

输入映像寄存器(I)的地址格式为:

位地址:I[字节地址].[位地址],如 I0.1。

字节、字、双字地址:I[数据长度][起始字节地址],如 IB4、IW6、ID10。

CPU226 模块输入映像寄存器的有效地址范围为:

I(0.0~15.7);IB(0~15);IW(0~14);ID(0~12)。

2)输出映像寄存器(Q)

每一个输出模块的端子与输出映像寄存器的相应位相对应。CPU 将输出判断结果存放在输出映像寄存器中,在扫描周期的结尾,CPU 以批处理方式将输出映像寄存器的数值复制到相应的输出端子上,通过输出模块将输出信号传送给外部负载。

输出映像寄存器地址格式为:

位地址:Q[字节地址].[位地址],如 Q1.1。

字节、字、双字地址:Q[数据长度][起始字节地址],如 QB5、QW8、QD11。

CPU226 模块输出映像寄存器的有效地址范围为:

Q(0.0~15.7);QB(0~15);QW(0~14);QD(0~12)。

在程序的执行过程中,对于输入或输出的存取通常是通过映像寄存器来进行,而不是实际的输入、输出端子。S7-200CPU 执行有关输入输出程序时的操作过程如图 7.11 所示。

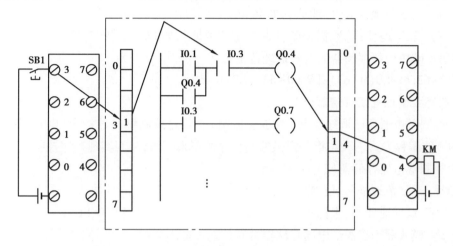

图 7.11　S7-200CPU 输入、输出操作

(2)内部标志位存储器(M)

内部标志位存储器也称内部线圈,是模拟继电器控制系统中的中间继电器,它存放中间操作状态,或存储其他相关的数据。内部标志位存储器以位为单位使用,也可以字节、字、双字为单位使用。

内部标志位存储器的地址格式为:

位地址:M[字节地址].[位地址],如 M26.7。

字节、字、双字地址:M[数据长度][起始字节地址],如 MB11、MW23、MD26。

CPU226 模块内部标志位存储器的有效地址范围为:

M(0.0~31.7);MB(0~31);MW(0~30);MD(0~28)。

(3)变量存储器(V)

变量存储器存放全局变量、存放程序执行过程中控制逻辑操作的中间结果或其他相关的数据。变量存储器是全局有效。全局有效是指同一个存储器可以在任一程序分区(主程序、子程序、中断程序)被访问。

V 存储器的地址格式为:

位地址:V[字节地址].[位地址],如 V10.2。

字节、字、双字地址:V[数据长度][起始字节地址],如 VB20、VW100、VD320。

CPU226 模块变量存储器的有效地址范围为:

V(0.0~5119.7);VB(0~5119);VW(0~5118);VD(0~5116)。

(4)局部存储器(L)

局部存储器用来存放局部变量。局部存储器是局部有效的。局部有效是指某一局部存储器只能在某一程序分区(主程序或子程序或中断程序)中使用。

S7-200PLC 提供 64 个字节局部存储器,局部存储器可用作暂时存储器或为子程序传递参数。可以按位、字节、字、双字访问局部存储器。可以把局部存储器作为间接寻址的指针,但是不能作为间接寻址的存储器区。

局部存储器的地址格式为：

位地址：L[字节地址].[位地址]，如 L0.0。

字节、字、双字地址：L[数据长度][起始字节地址]，如 LB33、LW44、LD55。

CPU226 模块局部存储器的有效地址范围为：

L(0.0~63.7)；LB(0~63)；LW(0~62)；LD(0~60)。

（5）顺序控制继电器存储器（S）

顺序控制继电器用于顺序控制（或步进控制）。顺序控制继电器指令（SCR）基于顺序功能图（SFC）的编程方式。SCR 指令提供控制程序的逻辑分段，从而实现顺序控制。

顺序控制继电器存储器（S）的地址格式为：

位地址：S[字节地址].[位地址]，如 S3.1。

字节、字、双字地址：S[数据长度][起始字节地址]，如 SB4、SW10、SD21。

CPU226 模块顺序控制继电器存储器的有效地址范围为：

S(0.0~31.7)；SB(0~31)；SW(0~30)；SD(0~28)。

（6）特殊标志位存储器（SM）

特殊标志位即特殊内部线圈。它是用户程序与系统程序之间的界面，为用户提供一些特殊的控制功能及系统信息，用户对操作的一些特殊要求也通过特殊标志位（SM）通知系统。特殊标志位区域分为只读区域（SM0.0~SM29.7，头 30 个字节为只读区）和可读写区域，在只读区特殊标志位，用户只能利用其触点。

特殊标志位存储器的地址表示格式为：

位地址：SM[字节地址].[位地址]，如 SM0.1。

字节、字、双字地址：SM[数据长度][起始字节地址]，如 SMB86、SMW100、SMD12。

CPU226 模块特殊标志位存储器的有效地址范围为：

SM(0.0~549.7)；SMB(0~549)；SMW(0~548)；SMD(0~546)。

（7）定时器存储器（T）

定时器是模拟继电器控制系统中的时间继电器。S7-200PLC 定时器的时基有三种：1 ms、10 ms、100 ms。定时器的设定值通常由程序赋予，需要时也可在外部设定。

定时器存储器地址表示格式为：T[定时器号]，如 T24。

S7-200PLC 定时器存储器的有效地址范围为：T(0~255)。

（8）计数器存储器（C）

计数器是累计其计数输入端脉冲电平由低到高的次数，有三种类型：增计数、减计数、增减计数。计数器的设定值通常由程序赋予，需要时也可在外部设定。

计数器存储器地址表示格式为：C[计数器号]，如 C3。

S7-200PLC 计数器存储器的有效地址范围为：C(0~255)。

（9）模拟量输入映像寄存器（AI）

模拟量输入模块将外部输入的模拟信号的模拟量转换成 1 个字长的数字量，存放在模拟量输入映像寄存器中，供 CPU 运算处理。模拟量输入（AI）的值为只读值。

模拟量输入映像寄存器的地址格式为：

AIW［起始字节地址］，如 AIW4。

模拟量输入映像寄存器的地址必须用偶数字节地址（如 AIW0，AIW2，AIW4…）来表示。

CPU226 模块模拟量输入映像寄存器（AI）的有效地址的范围为：AIW（0~62）。

（10）模拟量输出映像寄存器（AQ）

CPU 运算的相关结果存放在模拟量输出映像寄存器中，供 D/A 转换器将 1 个字长的数字量转换为模拟量，以驱动外部模拟量控制的设备。模拟量输出映像寄存器（AQ）中的数字量为只写值。

模拟量输出映像寄存器的地址格式为：

AQW［起始字节地址］，如 AQW10。

模拟量输出映像寄存器的地址必须用偶数字节地址（如 AQW0，AQW2，AQW4…）来表示。

CPU226 模块模拟量输出映像寄存器（AQ）的有效地址的范围为：AQW（0~62）。

（11）累加器（AC）

累加器是用来暂时存储计算中间值的存储器，也可向子程序传递参数或返回参数。S7-200CPU 提供了 4 个 32 位累加器（AC0、AC1.AC2、AC3）。

累加器的地址格式为：AC［累加器号］，如 AC0。

CPU226 模块累加器的有效地址范围为：AC（0~3）。

累加器是可读写单元，可以按字节、字、双字存取累加器中的数值。由指令标识符决定存取数据的长度，例如，MOVB 指令存取累加器的字节，DECW 指令存取累加器的字，INCD 指令存取累加器的双字。按字节、字存取时，累加器只存取存储器中数据的低 8 位、低 16 位；以双字存取时，则存取存储器的 32 位。

（12）高速计数器（HC）

高速计数器用来累计高速脉冲信号。当高速脉冲信号的频率比 CPU 扫描速率更快时，必须要用高速计数器计数。高速计数器的当前值寄存器为 32 位（bit），读取高速计数器当前值应以双字（32 位）来寻址。高速计数器的当前值为只读值。

高速计数器地址格式为：HC［高速计数器号］，如 HC1。

CPU226 模块高速计数器的有效地址范围为：HC（0~5）。

7.4.4　寻址方式

在 S7-200 系列中，寻址方式分为两种：直接寻址和间接寻址。直接寻址方式是指在指令中直接使用存储器或寄存器的元件名称和地址编号，直接查找数据。间接寻址是指使用地址指针来存取存储器中的数据，使用前，首先将数据所在单元的内存地址放入地址指针寄存器中，然后根据此地址存取数据。本书仅介绍直接寻址。

直接寻址时，操作数的地址应按规定的格式表示。指令中数据类型应与指令相符匹配。

在 S7-200 系列中，可以按位、字节、字和双字对存储单元进行寻址。寻址时，数据地址以代表存储区类型的字母开始，随后是表示数据长度的标记，然后是存储单元编号；对于按位寻址，还需要在分隔符后指定位编号。

在表示数据长度时,分别用 B、W、D 字母作为字节、字和双字的标识符。

(1)位寻址

位寻址是指按位对存储单元进行寻址,位寻址也称为字节.位寻址,一个字节占有 8 个位。位寻址时,一般将该位看作是一个独立的软元件,像一个继电器一样,看作它有线圈及常开、常闭触点,且当该位置 1 时,即线圈"得电"时,常开触点接通,常闭触点断开。由于取用这类元件的触点只是访问该位的"状态",因此可以认为这些元件的触点有无数多对。字节.位寻址一般用来表示"开关量"或"逻辑量"。I3.4 表示输入映像寄存器 3 号字节的 4 号位。

位寻址的格式:[区域标识][字节地址].[位地址]

(2)字节寻址(8 bit)

字节寻址由存储区标识符、字节标识符、字节地址组合而成,如 VB100。

字节寻址的格式:[区域标识][字节标识符].[字节地址]

(3)字寻址(16 bit)

字寻址由存储区标识符、字标识符及字节起始地址组合而成,如 VW100。

字寻址的格式:[区域标识][字标识符].[字节起始地址]

(4)双字寻址(32 bit)

双字寻址由存储区标识符、双字标识符及字节起始地址组合而成,如 VD100。

双字寻址的格式:[区域标识][双字标识符].[字节起始地址]

为使用方便和使数据与存储器单元长度统一,S7-200 系列中,一般存储单元都具有位寻址、字节寻址、字寻址及双子寻址 4 种寻址方式。寻址时,不同的寻址方式情况下,选用同一字节地址作为起始地址时,其所表示的地址空间是不同的。

在 S7-200 中,一些存储数据专用的存储单元不支持位寻址方式,主要有模拟量输入/输出、累加器、定时器和计数器的当前值存储器等。而累加器不论采用何种寻址方式,都要占用 32 位,模拟量单元寻址时均以偶数标志。此外,定时器、计数器具有当前值存储器及位存储器,属于同一个器件的存储器采用同一标号寻址。

7.5 STEP7-Micro/WIN32 编程软件介绍

编程软件 STEP7-MICRO/WIN32 的基本功能是协助用户完成 PLC 应用程序的开发,同时具有设置 PLC 参数、加密和运行监视等功能。STEP7-Micro/WIN32 编程软件在离线条件下,可以实现程序的输入、编辑、编译等功能。编程软件在联机工作方式(PLC 与编程 PC 连接)可实现上、下载,通信测试及实时监控等功能。

7.5.1 STEP7-Micro/WIN32 窗口组件及功能

STEP7-Micro/WIN32 窗口的首行主菜单包括有文件、编辑、查看、PLC、调试、工具、视窗帮助等,主菜单下方两行为工具条快捷按钮,其他为窗口信息显示区,如图 7.12 所示。窗口信息显示区分别为程序数据显示区、浏览条、指令树和输出视窗显示区。当在查看菜单子目录项的工具栏中选中浏览栏和指令树时,可在窗口左侧垂直地依次显示出浏览条和指令树窗口;选中工具栏的输出视窗时,可在窗口的下方横向显示输出视窗框。非选中时为隐藏方式。输出视窗下方为状态条,提示 STEP7-Micro/WIN32 的状态信息。

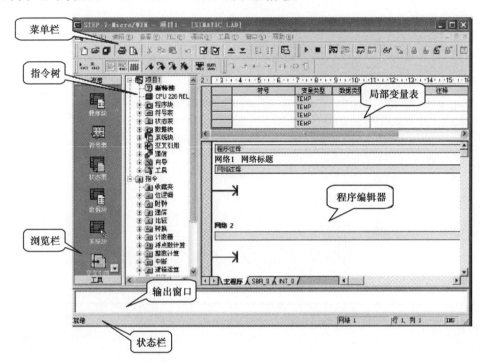

图 7.12   STEP7-Micro/WIN32 窗口组件

浏览条——显示常用编程按钮群组:

View(视图)——显示程序块、符号表、状态图、数据块、系统块、交叉参考及通信按钮。

Tools(工具)——显示指令向导、TD200 向导、位置控制向导、EM253 控制面板和扩展调制解调器向导的按钮。

指令树——提供所有项目对象和当前程序编辑器(LAD、FBD 或 STL)的所有指令的树型视图。用户可以在项目分支里对所打开项目的所有包含对象进行操作;利用指令分支输入编程指令。

状态图——允许用户将程序输入、输出或变量置入图表中,监视其状态。可以建立多个状态图,以便分组查看不同的变量。

输出窗口——在用户编译程序或指令库时提供消息。当输出窗口列出程序错误时,可双击错误信息,会自动在程序编辑器窗口中显示相应的程序网络。

状态栏——提供用户在 STEP7-Micro/WIN32 中操作时的操作状态信息。

程序编辑器——包含用于该项目的编辑器(LAD、FBN 或 STL)的局部变量表和程序视图。如果需要,用户可以拖动分割条以扩充程序视图,并覆盖局部变量表。单击程序编辑器窗口底部的标签,可以在主程序、子程序和中断服务程序之间移动。

局部变量表——包含对局部变量所作的定义赋值(即子程序和中断服务程序使用的变量)。

菜单栏——提供常用命令或工具的快捷按钮,(如图 7.13 所示),用户可以定制每个工具条的内容。

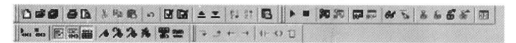

图 7.13　工具栏

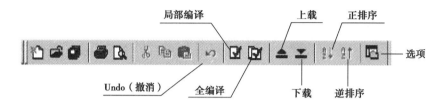

图 7.14　标准工具栏

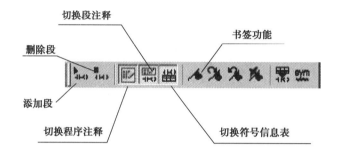

图 7.15　常用工具栏

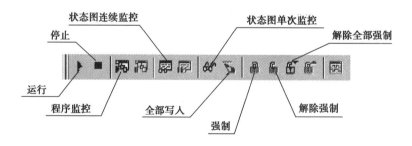

图 7.16　调试工具栏

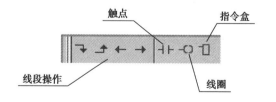

图 7.17　LAD 指令工具栏

用户可以使用鼠标或键盘执行操作各种命令和工具,还可以定制"工具"菜单,在该菜单中增加自己的内容和外观。

(1)主菜单及子目录的状态信息

1)文件(File)

文件的操作有新建、打开、关闭,保存,另存,导入、导出,上、下载,页面设置,打印及预览等。

2)编辑(Edit)

编辑菜单提供程序的撤销、剪切、复制、粘贴、全选、插入、删除、查找、替换等子目录,用于程序的修改操作。

3)查看(View)

查看菜单的功能有 6 项:

①可以用来选择在程序数据显示窗口区显示不同的程序编辑器,如语句表(STL)、梯形图(LAD)、功能图(FBD);

②可以进行数据块、符号表的设定;

③对系统块的配置、交叉引用、通信参数进行设置;

④工具栏区可以选择浏览栏、指令树及输出视窗的显示与否;

⑤缩放图像项可对程序区显示的百分比等内容进行设定;

⑥对程序块的属性进行设定。

4)PLC(可编程控制器)

PLC 菜单用以建立与 PLC 联机时的相关操作,如用软件改变 PLC 的工作模式,对用户程序进行编辑,清除 PLC 程序及电源启动重置,显示 PLC 信息及 PLC 类型设置等。

5)调试(Debug)

调试菜单用于联机形式的动态调试,有单次扫描、多次扫描、程序状态等选项。选"子菜单"与查看菜单的缩放功能一致。

6)工具(Tools)

工具菜单提供复杂指令向导(PID、NETR/NETW、HSC 指令)和 TD200 设置向导,以及TP070(触摸屏)的设置。

7)视窗(Windows)

视窗菜单可以选择窗口区的显示内容及显示形式(梯形图、语句表及各种表格)。

8)帮助(help)

帮助菜单可以提供 S7-200 的指令系统及编程软件的所有信息,并提供在线帮助和网上查询、访问、下载等功能。

(2)工具条

工具条提供简便的鼠标操作,将最常用的 STEP7-Micro/WIN32 操作以按钮的形式设定到工具条。可以用"查看(View)"菜单中的"工具(Toolbars)"选项来显示或隐藏 4 种工具条:标准(Standard)、调试(Debug)、公用(common)和指令(Instructions)工具条。

(3)引导条

引导条为编程提供按钮控制的快速窗口切换功能。该条可用"查看(View)"菜单中的"引导条(Navigation Bar)"选项来选择是否打开。引导条包含程序块(Program Block)、符号表

（Symbol Table）、状态图表（Status Chart）、数据块（Data Block）、系统块（System Block）、交叉索引（Cross Reference）和通信（Communication）等图标按钮。单击任何一个按钮，则主窗口切换成次按钮对应的窗口。引导条中的所有操作都可用"指令树（Instruc-tionTree）"窗口或"查看（View）"菜单来完成。

（4）指令树

指令树是编程指令的树状列表。可用"查看（View）"菜单中"指令树（Instruction Tree）"的选项来选择是否打开，并提供编程时所用到的所有快捷命令和 PLC 指令。

（5）输出窗口

输出窗口用来显示程序编译的结果信息，如各程序块（主程序、子程序的数量及子程序号、中断程序的数量及中断程序号）及各块的大小、编译结果有无错误、错误编码和位置等。此外，从引导条中单击系统块和通信按钮，可对 PLC 运行的许多参数进行设置。如设置通信的波特率，调整 PLC 断电后机内电源数据保存的存储器范围，设置输入滤波参数设置机器的操作密码等。

7.5.2　程序编制及运行

（1）建立项目（用户程序）

1）打开已有的项目文件

打开已有的项目常用的方法有两种：

①由文件菜单打开，引导到现在项目，并打开文件；

②由文件名打开。最近工作项目的文件名在文件菜单下列出，可直接选择而不必打开对话框。另外也可以用 Windows 资源管理器寻找到适当的目录，项目文件在使用 mwp 扩展名的文件中。

2）创建新项目（文件）

创建新项目的方法有 3 种：

①单击"新建"快捷按钮；

②在文件菜单中单击新建按钮，建立一个新文件；

③单击浏览条中程序块图标，新建一个 STEP7-Micro/WIN32 项目。

3）确定 CPU 类型

一旦打开一个项目，开始写程序之前可以选择 PLC 的类型。确定 CPU 类型有来两种方法：

①在指令树中右击项目 1（CPU），在弹出的对话框中左击类型（T），即弹出 PLC 类型对话框，选择所用 PLC 型号后确认；

②用 PLC 菜单选择类型（T）项，弹出 PLC 类型对话框，然后选择正确的 CPU 类型。

（2）梯形图编辑器

1）梯形图元素的工作原理

触点代表电流可以通过的开关，线圈代表有电流充电的中继或输出；指令盒代表电流到达此框时执行指令盒的功能。例如计数、定时或数学操作。

2）梯形图排布规则

网络必须从触点开始，以线圈或没有 ENO 端的指令盒结束。指令盒有 ENO 端时，电流扩展到指令盒以外,能在指令盒后放置指令。

注意:每个用户程序,一个线圈或指令盒只能使用一次,并且不允许多个线圈串联使用。

(3)在梯形图中输入指令(编程元件)

1)进入梯形图(LAD)编辑器

在查看菜单中单击阶梯(L)选项,可以进入梯形图编辑状态,程序编辑窗口显示梯形图编辑图标。

2)编程元件的输入方法

编程元件包括线圈、触点、指令盒及导线等。程序一般是顺序输入,即自上而下、自左而右地在光标所在处放置编程元件(输入指令),也可以移动光标在任意位置输入编程元件。每输入一个编程元件光标自动向前移到下一列。换行时单击下一行位置移动光标,如图 7.18 所示。图中方框即为光标。

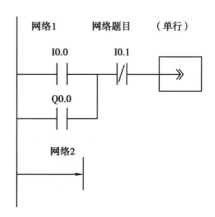

图 7.18　梯形图指令

工具条有 7 个编程按键,前 4 个为连接导线,后 3 个为触点、线圈、指令盒。

编程元件的输入首先是在程序编辑窗口中将光标移到需要放置元件的位置,然后输入编程元件。编程元件的输入有两种方法:

①用鼠标左键输入编程元件,例如要输入触点元件,将光标移到编程区域,左键单击工具条的触点按钮,出现下拉菜单后单击选中编程元件,按回车键,输入编程元件图形,再单击编程元件符号上方的???,输入操作数;

②采用功能键(F4、F6、F9)、移位键和回车键配合使用安放编程元件。例如要安放输出触点,则可按 F6 键,在下拉菜单中选择编程元件(可使用移位键寻找需要的编程元件)后,按回车键,编程元件出现在光标处,再次按回车键,光标选中元件符号上方的???,输入操作数后按回车键确认,然后用移位键光标将光标移到下一层,输入新的程序。当输入地址、符号超出范围或与指令类型不匹配时,在该值下面出现红色波浪线。

3)梯形图功能指令的输入

采用指令树双击的方式可在光标处输入功能指令。

4)程序的编辑及参数设定

程序的编辑包括程序的剪切、复制、粘贴、插入和删除,字符串替换、查找等。

5)程序的编译及上、下载。

①编译。用户程序编辑完成后,用 CPU 的下拉菜单或工具条中编译快捷按钮对程序进行编译,经编译后在显示器下方的输出窗口显示编译结果,并能明确指出错误的网络段。可以根据错误提示对程序进行修改,然后再次编译,直至编译无误。

②下载。用户编译成功后,单击标准工具条中下载快捷按钮或拉开文件菜单,选择下载项,弹出下载对话框,经选定程序块、数据块、系统块等下载内容后,按确认按钮,将选中内容下载到 PLC 的存储器中。

③载入(上载)。上载指令的功能是将 PLC 中未加密的程序或数据向上送入编辑器(PC)。

上载方法是单击标准工具条中上载快捷键或拉开文件菜单选择上载项,弹出上载对话框。选择程序块、数据块、系统块等上载内容后,可在程序显示窗口上载 PLC 内部程序和数据。

(4)程序的监视、运行、调试

1)程序的运行

当 PLC 工作方式开关在 TERM 或 RUN 位置时,操作 STEP7-Micro/WIN32 的菜单命令或快捷按钮都可以对 CPU 工作方式进行软件设置。

2)程序监视

程序编辑器都可以在 PLC 运行时监视程序执行的过程和各元件的状态及数据。

梯形图监视功能:拉开调试菜单,选中程序状态,这时闭合触点和通电线圈内部颜色变蓝(呈阴影状态)。在 PLC 的运行(RUN)工作状态,随着输入条件的改变、定时及计数过程的运行,每个扫描周期的输出处理阶段将各个器件的状态刷新,可以动态显示各个定时、计数器的当前值,并用阴影表示触点和线圈通电状态,以便在线动态观察程序的运行,如图7.19 所示。

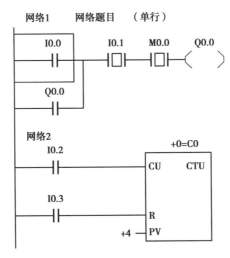

图 7.19 梯形图运行状态的监视

3)动态调试

结合程序监视运行的动态显示,分析程序运行的结果以及影响程序运行的因素,然后,退出程序运行和监视状态,在 STOP 状态下对程序进行修改编辑,重新编译、下载、监视运行,如此反复修改调试,直至得出正确运行结果。

4)编译语言的选择

SIMATIC 指令与 IEC1131-3 指令的选择方法,打开工具菜单,再打开选项目录,在弹出对话框选择指令系统。

5)其他功能

STEP7-Micro/WIN32 编程软件提供有 PID(闭环控制)、HSC(高速记数)、NETR。NETW(网络通信)和人机界面 TD200 的使用向导功能。

本章小结

PLC 是一种专门在工业环境下应用而设计的数字运算操作的电子装置。它采用可以编制程序的存储器,用来在其内部存储执行逻辑运算、顺序运算、计时、计数和算术运算等操作的指令,并能通过数字式或模拟式的输入和输出,控制各种类型的机械或生产过程。

西门子 S7-200 系列 PLC 主要有 CPU221、CPU222、CPU224 和 CPU226 四种,它们的外部结构大体相同,而是在系统 I/O 和扩展模块上有所区别。

西门子 S7-200 系列 PLC 的接口模块主要有数字量 I/O 模块、模拟量 I/O 模块和通信模块。

西门子 S7-200 系列 PLC 的编程语言可以采用梯形图、语句表和功能块图,有线性化、分步式和结构式 3 种语言结构。

西门子 S7-200 系列 PLC 的寻址方式分为直接寻址和间接寻址两种。

西门子 S7-200 系列 PLC 所采用的编程软件是 STEP7-MICRO/WIN32,编程过程一般包括建立项目、梯形图编辑、在梯形图中输入指令和程序的监视运行调试这几步。

习题与思考题

7.1　试述 S7-200 系列 PLC 的内存结构。

7.2　S7-200 有哪四种 CPU?

7.3　S7-200 四种 CPU 分别有多少点输入和输出?

7.4　S7-200 四种 CPU 的扩展模块数量分别是多少?

7.5　PLC 中的内部编程资源(即软元件)为什么被称作软继电器? 其主要特点是什么?

7.6　S7-200 系列 PLC 中有哪些软元件?

7.7　S7-200 系列 PLC 外部由哪些部分构成? 各有什么特点?

7.8　S7-200 有哪几种接口模块?

7.9　S7-200 可以用哪些编程语言?

7.10　S7-200 的程序结构有哪些?

7.11　S7-200 的寻址方式有哪两种?

7.12　S7-200 系列 PLC 有哪些性能?

7.13　S7-200 程序编制及运行的过程分哪几步?

第 **8** 章

S7-200PLC 的指令

学习目标：

1.熟悉 S7-200PLC 的指令系统。

2.熟练掌握 S7-200PLC 的基本指令结构及编程方法。

3.掌握 S7-200PLC 的功能指令及其编程方法，为生产控制系统的程序设计与编程打下坚实的基础。

S7-200PLC 的指令系统可分为基本指令和功能指令。基本指令是为取代传统的继电器接触器控制系统的需要而设计的，主要用于开关量逻辑控制，以位逻辑操作为主，主要包括基本逻辑指令、立即 I/O 指令、逻辑堆栈指令、比较指令、定时器指令等。功能指令也称应用指令，是指令系统中满足特殊控制要求的那些指令，主要介绍数据处理指令、数据运算指令、程序控制类指令、转换指令特殊。

8.1 PLC 的基本逻辑指令

8.1.1 逻辑取（装载）及线圈驱动指令

LD（load）　常开触点逻辑运算的开始，用于常开触点与左母线相连。

LDN（load not）　常闭触点逻辑运算的开始（对操作数的状态取反），用于常闭触点与左母线相连。

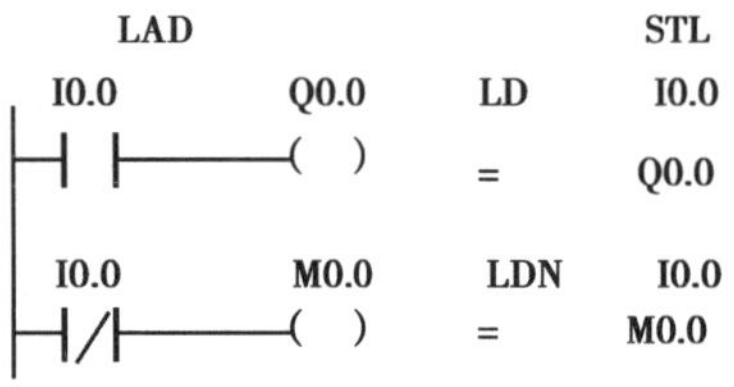

=（OUT）　线圈驱动（赋值指令），当执行条件满足时，对输出线圈置"1"，用户程序中同一线圈只能使用一次。

指令格式如图 8.1 所示。

指令使用注意事项：

①常开触点 bit = 1 时，触点闭合；常闭触点 bit = 0 时，触点闭合。

```
     LAD                    STL
I0.0        Q0.0      LD    I0.0
 ┤ ├────────( )       =     Q0.0

I0.0        M0.0      LDN   I0.0
 ┤/├────────( )       =     M0.0
```

图 8.1　梯形图及指令语句使用举例

②数据类型 Bit:I,Q,M,SM,T,C,V,S,L。
③= 指令不能用于输入继电器。
④触点可以多次重复使用,但线圈在同一程序中只允许使用一次。

8.1.2　**触点串联指令** A(And),AN(And not)

A　串联连接常开触点,用于单个常开触点的串联连接,完成逻辑“与”运算。
AN　串联连接常闭触点,用于单个常闭触点的串联连接,完成逻辑“与非”运算。
指令格式如图 8.2 所示。

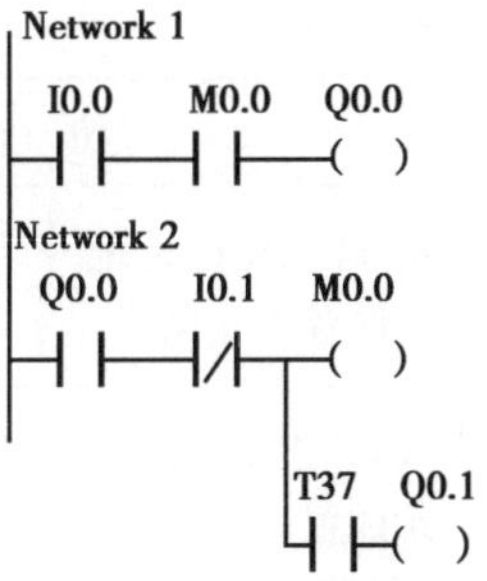

Network 1
I0.0
M0.0
Q0.0
Network 2
Q0.0
I0.1
M0.0
T37
Q0.1

```
LD   I0.0    //装载常开触点
A    M0.0    //与常开触点
=    Q0.0    //输出线圈
LD   Q0.0    //装载常开触点
AN   I0.1    //与常闭触点
=    M0.0    //输出线圈
A    T37     //与常开触点
=    Q0.1    //输出线圈
```

图 8.2　触点串联梯形图及指令语句使用举例

指令使用注意事项:
①用于单个触点的串联,串联的次数没有限制。
②数据类型 Bit:I,Q,M,SM,T,C,V,S,L。

8.1.3　**触点并联指令**:O(Or),ON(Or not)

O　并联连接常开触点,用于单个常开触点的并联连接,完成逻辑“或”运算。
ON　并联连接常闭触点,用于单个常闭触点的并联连接,完成逻辑“或非”运算。
指令格式如图 8.3 所示。

Network 1
I0.0
Q0.0
I0.1
M0.0
Network 2
Q0.0
I0.2
I0.3
M0.1
M0.1
M0.2

```
LD    I0.0
O     I0.1
ON    M0.0
=     Q0.0

LDN   Q0.0
A     I0.2
O     M0.1
AN    I0.3
O     M0.2
=     M0.1
```

图 8.3　触点并联梯形图及指令语句使用举例

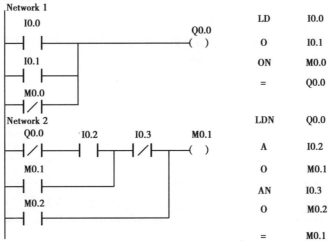

指令使用注意事项：

①用于单个触点的并联,并联的次数没有限制。

②数据类型 Bit:I,Q,M,SM,T,C,V,S,L。

8.1.4 置位/复位指令(S/R)

置位指令 S:使能输入有效后从起始位 S-bit 开始的 N 个位置"1"并保持。

复位指令 R:使能输入有效后从起始位 R-bit 开始的 N 个位清"0"并保持。

指令格式及功能见表 8.1。

表 8.1 置位及复位指令功能表

指　令	LAD	STL	功　能
置位指令(S)	bit —(S) N	S,bit,N	从 bit 指定的地址开始的 N(1~255)个元件置 1 并保持
复位指令(R)	bit —(R) N	R,bit,N	从 bit 指定的地址开始的 N(1~255)个元件置 0 并保持

指令使用注意事项：

①指令执行后,从 bit 或 OUT 指定的地址参数开始 N 个点均被置位(置1)或复位(置0)。当用复位指令时,若 bit 或 OUT 指定的是 T 位或 C 位,则定时器或计数器被复位,同时,定时器或计数器的当前值被清零。

②数据类型 Bit:Q,M,SM,T,C,V,S,L。

③N(字节):QB、VB、MB、SMB、SB、LB、AC、*VD、*LD、*AC、常数,N 的点数:1~255。

④可以对同一个操作数多次使用。

8.1.5 脉冲生成指令 EU/ED

EU 指令:在 EU 指令前的逻辑运算结果有一个上升沿时(由 OFF→ON)产生一个宽度为一个扫描周期的脉冲,驱动后面的输出线圈。

ED 指令:在 ED 指令前的逻辑运算结果有一个下降沿时(由 ON→OFF)产生一个宽度为一个扫描周期的脉冲,驱动后面的输出线圈。

指令格式见表 8.2。

表 8.2 正/负跳变触点指令的使用说明表

指令名称	LAD	STL	功　能	说　明
正跳变触点指令	—| P |—	EU	在上升沿产生脉冲	无操作数
负跳变触点指令	—| N |—	ED	在下降沿产生脉冲	

8.1.6　立即 I/O 指令

PLC 的工作方式为循环扫描的方式,程序执行过程中,所有的输入触点和输出触点的状态均来自 I/O 映像寄存器,统一读入或统一输出,这使得输入采样和输出刷新都有一定的时间滞后。为提高 PLC 对输入输出响应的速度,S7-200PLC 中设置了立即指令。立即指令的使用可以使 PLC 在程序执行时不受扫描周期的影响,允许对输入输出点(只能是 I 和 Q)进行快速直接存取。

立即 I/O 指令有:立即读输入指令、立即输出指令、立即置位(复位)指令。指令格式见表 8.3。

表 8.3　立即读输入指令的 LAD 和 STL

名　称	指　令	指令表格式	梯形图格式	指令的功能
立即装载	LDI	LDI　bit	bit ┤ I ├	把物理输入点的位(bit)值立即装入栈顶
立即非装载	LDNI	LDNI　bit	bit ┤/I├	把物理输入点的位(bit)值取反后立即装入栈顶
立即与	AI	AI　bit	bit ┤ I ├	把物理输入点的位值与栈顶值,运算结果存入栈顶
立即非与	ANI	ANI　bit	bit ┤/I├	把物理输入点的位值取反后与栈顶值,运算结果存入栈顶
立即或	OI	OI　bit	bit ┤ I ├	把物理输入点的值或栈顶值,运算结果存入存入栈顶
立即非或	ONI	ONI　bit	bit ┤/I├	把物理输入点的值取反或栈顶值,运算结果存入栈顶

(1)立即读输入指令

立即读输入指令是在每个标准触点指令的后面加"I"。指令执行时,立即读取物理输入点的值,但是不刷新相应映像寄存器的值。这类指令包括:LDI、LDNI、AI、ANI、OI 和 ONI。

(2)立即输出指令

执行立即输出指令,允许对实际输出点直接存取,新值立即写到指令所指定的物理输出点,同时也更新相应的输出映象寄存器中的内容。

立即 I/O 指令比一般指令访问输入输出映象寄存器占用 CPU 的时间长,所以不能盲目地过多使用该指令,否则会增加扫描周期时间,对系统造成不利的影响。指令格式见表 8.4。

表 8.4　立即输出指令的 LAD 和 STL

名　称	指　令	指令表格式	梯形图格式	指令的功能
立即输出	=I	=I bit	bit ─(I)	将结果同时立即复制到物理输出点和相应的输出映像寄存器中

（3）立即置位（复位）指令

执行立即置位指令，将从指令操作数（bit）指定的位开始的 N 个（1～128）物理输出点立即同时置"1"，并且刷新输出映像寄存器中的内容。

执行立即复位指令，将从指令操作数（bit）指定的位开始的 N 个（1～128）物理输出点立即同时清"0"，并且刷新输出映像寄存器中的内容。指令格式见表 8.5。

表 8.5　立即置位和立即复位指令的 LAD 和 STL

名　称	指　令	指令表格式	梯形图格式
立即置位	SI	SI bit,N	bit —(SI) N
立即复位	RI	RI bit,N	bit —(RI) N

程序应用举例 1 如图 8.4 所示。

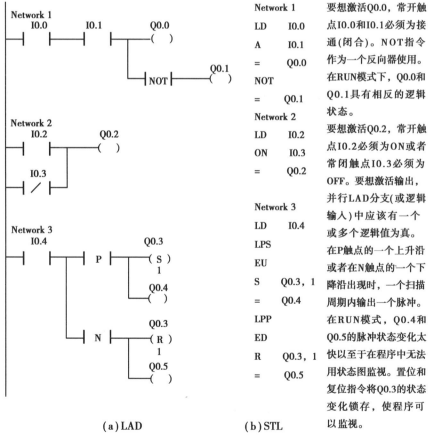

（a）LAD　　　　　　（b）STL

图 8.4　程序应用梯形图及指令语句使用举例

程序应用举例 2 如图 8.5 所示。

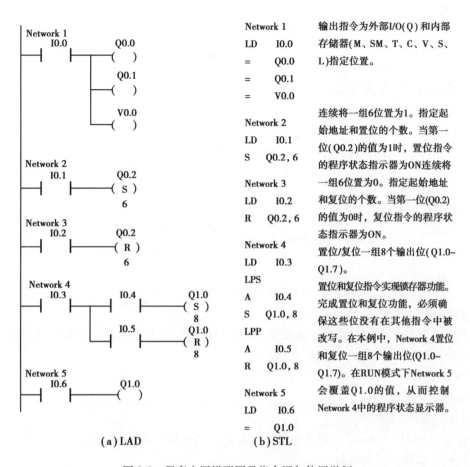

Network 1　输出指令为外部I/O(Q) 和内部
LD　　I0.0　　存储器(M、SM、T、C、V、S、
＝　　　Q0.0　　L)指定位置。
＝　　　Q0.1
＝　　　V0.0

Network 2　连续将一组6位置为1。指定起
LD　　I0.1　　始地址和置位的个数。当第一
S　　Q0.2,6　　位(Q0.2)的值为1时,置位指令
　　　　　　　的程序状态指示器为ON连续将
Network 3　一组6位置为0。指定起始地址
LD　　I0.2　　和复位的个数。当第一位(Q0.2)
R　　Q0.2,6　　的值为0时,复位指令的程序状
　　　　　　　态指示器为ON。
Network 4　置位/复位一组8个输出位(Q1.0~
LD　　I0.3　　Q1.7)。
LPS　　　　　置位和复位指令实现锁存器功能。
A　　I0.4　　完成置位和复位功能,必须确
S　　Q1.0,8　　保这些位没有在其他指令中被
LPP　　　　　改写。在本例中,Network 4置位
A　　I0.5　　和复位一组8个输出位(Q1.0~
R　　Q1.0,8　　Q1.7)。在RUN模式下Network 5
　　　　　　　会覆盖Q1.0的值,从而控制
Network 5　Network 4中的程序状态显示器。
LD　　I0.6
＝　　　Q1.0

(a)LAD　　　　　　　(b)STL

图 8.5　程序应用梯形图及指令语句使用举例

8.1.7　逻辑堆栈指令

在梯形图中,经常有一些复杂的逻辑关系,用简单的串并联指令无法表达,这就要用到堆栈指令。在 S7-200 系列 PLC 中,用一个 9 层深度、1 位宽度的堆栈来处理这种逻辑操作。堆栈是一种能够存储和取出数据的暂存单元,遵循"先进后出,后进先出"的原则。每一次进行入栈操作,数据由栈顶压入,堆栈中原有的数据依次向下一层移动,栈底的值丢失。每一次进行出栈操作,数据从栈顶被取出,堆栈是原有的数据依次向上一层移动,栈底装入一个随机值。

使用梯形图和功能块图编程时,可以不考虑逻辑堆栈的结构,这两种编程语言能根据程序的结构自动插入必要的指令,来处理逻辑堆栈的操作。使用语句表编程时,必须根据逻辑堆栈的特点,使用相关的堆栈指令来编程。

逻辑堆栈指令使用说明:

①连续执行 LD(LDN)指令时,第二次执行 LD 指令时,堆栈原有的数依次下移一位,将指令 LD 操作数的值装入堆栈栈顶,对栈顶的数据进行刷新。

②执行 A、O 指令时,将指令操作数的值和栈顶的值做运算,结果仍放入栈顶,对栈顶的数据进行刷新。执行 A、O 指令和单个的 LD 指令时,堆栈没有压入和弹出操作。

③执行输出指令时,将栈顶的值写到操作数地址指定的存储器的对应位中,堆栈也没有压入和弹出操作。

④S7-200PLC 中,逻辑堆栈指令包括 ALD、OLD、LPS、LPP、LRD、LDS 指令。

(1)块串指令 ALD

块串指令 ALD(And load) 用于并联电路块的串联连接。所谓并联电路块,是指两个或两个以上的触点并联连接的电路。

指令格式如图8.6所示。

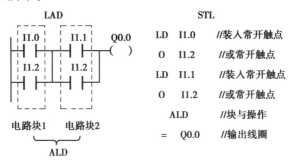

图 8.6 ALD 指令梯形图及指令语句使用举例

ALD 指令使用说明:

①并联电路块与前面电路串联连接时,使用 ALD 指令。分支的起点用 LD,LDN 指令。并联电路结束后使用 ALD 指令与前面电路串联。

②如果有多个并联电路块串联,顺次使用 ALD 指令与前面支路连接,支路数量没有限制。

③ALD 指令无操作数。

(2)块并指令 OLD

块并指令 OLD(Or load) 用于串联电路块的并联连接。所谓串联电路块,是指两个或两个以上的触点串联连接的电路。

指令格式如图8.7所示。

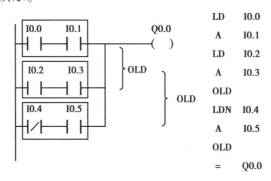

图 8.7 OLD 指令梯形图及指令语句使用举例

OLD 指令使用说明:

①几个串联支路并联连接时,其支路的起点以 LD,LDN 开始,以 OLD 结束。

②如需将多个支路并联,从第二条支路开始,在每一条支路后面加 OLD 指令。

③OLD 指令没有操作数。

ALD,OLD 指令在堆栈中的执行过程如图8.8所示。

(3)入栈指令 LPS

入栈指令 LPS 也称分支电路开始指令。执行 LPS 指令,是将连接点的结果保存起来,在梯

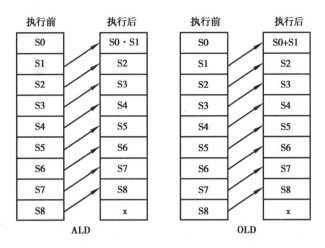

图 8.8　ALD,OLD 指令在堆栈中执行过程

形图编程中,用于生成一条新的母线,其左边为原来的主逻辑块,右边为新从逻辑块。LPS 的作用是复制栈顶的值并将这个值推入栈顶,原堆栈是的值依次下移,对原栈顶的值加以保存。

（4）读栈操作 LRD

读栈操作 LRD 是从堆栈中读出数据。在梯形图分支结构中,当新母线左边为主逻辑块时,LPS 开始右边第一个从逻辑块编程,LRD 开始第二个从逻辑块编程。LRD 的作用是复制堆栈中的第二个值到栈顶,不对堆栈进行入栈或出栈操作。

（5）出栈指令 LPP

出栈指令 LPP 也称分支电路结束指令。执行 LPP 指令,是执行数据出栈,在梯形图编程中用于最后一个从逻辑块编程,同时复位新母线,回到原来的左母线。LPP 的作用将栈顶的值弹出,原堆栈中的值依次上移,栈底数据随机补充。

（6）装入堆栈指令 LDS

执行 LDS 指令,是复制堆栈中的第 N 级的值到栈顶,原堆栈栈值依次下压一级,栈底值丢失。

LPS、LRD、LPP、LDS 指令在堆栈中的执行过程如图 8.9 所示。

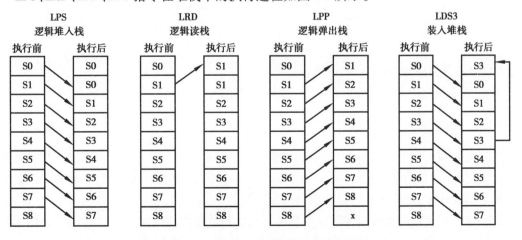

图 8.9　LPS、LRD、LPP、LDS 指令在堆栈中执行过程

程序应用举例 3 如图 8.10 所示。

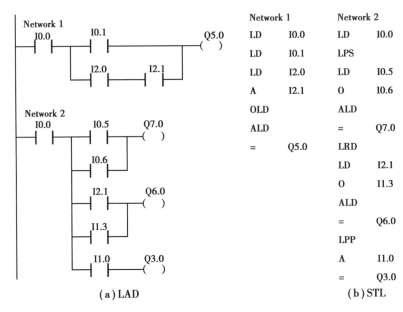

图 8.10　程序应用梯形图及指令语句使用举例

8.1.8　取非触点指令和空操作指令

（1）取非触点指令 NOT

NOT 指令是指将它左边的逻辑运算结果取反，运算结果若为 1 则变为 0，若为 0 则变为 1。NOT 指令无操作数。指令格式见表 8.6。

表 8.6　取非触点指令和空操作指令的 LAD 和 STL 形式

指令名称	STL	LAD	功　能
取非触点指令	NOT	—|NOT|—	取反
空操作指令	NOP　N	—[N]—	空操作，N 的范围为：0~255

（2）空操作指令 NOP

NOP 指令是指使能输入有效时执行空操作，对用户程序的执行没有影响。

8.1.9　比较指令

比较指令用于两个操作数按一定条件的比较。操作数可以是整数，也可以是实数（浮点数）。梯形图中用带参数和运算符的触点表示比较指令，比较条件满足时，触点闭合，否则断开。梯形图程序中，比较触点可以装载，也可以串、并联。

比较指令有整数和实数两种数据类型的比较。整数类型的比较指令包括无符号数的字节比较，有符号数的整数比较、双字比较。整数比较的数据范围为 $(8000)_{16} \sim (7FFF)_{16}$，双字比较的数据范围为 $(80000000)_{16} \sim (7FFFFFFF)_{16}$。实数（32 位浮点数）比较的数据范围：负实数范围为 $-1.175\ 495E{-}38 \sim -3.402\ 823E{+}38$，正实数范围为 $+1.175\ 495E{-}38 \sim +3.402\ 823E{+}38$。

比较运算符有: = =、<=、>=、<、>、<>。

操作数类型:字节比较 B(Byte,无符号整数)、整数比较 I(Int,有符号整数)/W(Word,有符号整数)、双字比较 DW(Double Int / Word,有符号整数)、实数比较 R(Real,有符号双字浮点数)。指令格式如图 8.11 所示。

不同的操作数类型和比较运算关系,可分别构成各种字节、字、双字和实数比较运算指令。表 8.7 给出了不同的操作数类型的比较运算关系。比较指令的应用示例如图 8.12 所示。

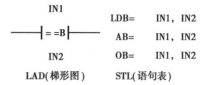

图 8.11　比较指令梯形图及指令语句使用举例

表 8.7　不同操作数类型的比较指令

梯形图(LAD)	语句表(STL)	说　明
IN1 ─┤==B├─ IN2	LDB=　IN1,IN2 AB=　IN1,IN2 OB=　IN1,IN2	比较运算关系包括: = =、<>、>=、<=、>、<
IN1 ─┤==I├─ IN2	LDW=　IN1,IN2 AW=　IN1,IN2 OW=　IN1,IN2	
IN1 ─┤==D├─ IN2	LDD=　IN1,IN2 AD=　IN1,IN2 OD=　IN1,IN2	字节比较操作是无符号的,整数、双字和实数比较都是有符号的
IN1 ─┤==R├─ IN2	LDR=　IN1,IN2 AR=　IN1,IN2 OR=　IN1,IN2	

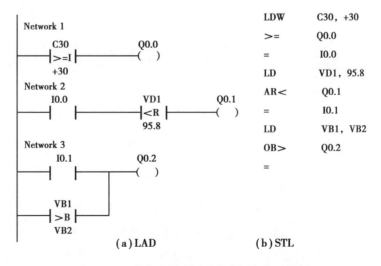

图 8.12　比较指令梯形图及指令语句使用举例

8.1.10 顺序控制继电器指令

工业控制中经常有顺序控制的要求,所谓顺序控制,是使生产过程按工艺要求事先安排好的顺序自动地进行控制。顺序控制程序可以由顺序控制指令来实现。顺序控制指令由 LSCR、SCRT、SCRE 这 3 条指令构成,其操作数为顺序控制继电器(S)。

(1)指令梯形图和指令表格式

指令梯形图和指令表格式见表8.8。

表 8.8 LSCR,SCRT,SCRE 指令的梯形图和指令表格式

名　称	装载顺控继电器(LSCR)	顺控继电器转换(SCRT)	顺控继电器结束(SCRE)
STL 格式	LSCR　n	SCRT　n	SCRE
LAD 格式	S bit ─┤├─ SCR	S bit ──(SCRT)	─┤├─(SCRE)
操作数 n	S(BOOL 型)	S(BOOL 型)	无

(2)指令功能

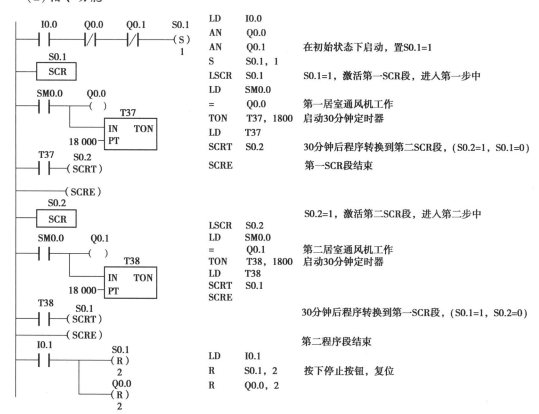

图 8.13　顺序控制继电器指令应用举例

①装载顺序控制继电器指令(LSCR)的功能是标记一个顺序控制继电器段(SCR 段)的开始。LSCR 指令把 s 位的值装载到 SCR 堆栈和逻辑堆栈的栈顶,其值决定 SCR 段是否工作,值

158

为 l 时允许该 SCR 段工作;值为 0 该 SCR 段不工作。

②顺序控制继电器转换指令(SCRT)的功能是将当前的 SCR 段切换到下一个 SCR 段。SCRT 指令有两个方面功能:一方面是复位当前工作的 SCR 段的 S 位,使该段停止工作;另一方面是置位下一个要执行的 SCR 段的 S 位,使下一个 SCR 段开始工作。

③顺序控制继电器结束指令(SCRE)的功能是标记一个 SCR 程序段的结束。每个 SCR 段必须由 SCRE 指令结束。

(3)指令使用举例

试设计一个居室通风系统的程序,要求两个居室的通风机自动轮流打开和关闭,轮换时间间隔为 30 分钟。

8.2　定时器与计数器指令

PLC 的定时器相当于继电器控制系统中的时间继电器,是 PLC 中最常用的元件之一,正确使用定时器对 PLC 的程序设计非常重要。定时器编程时要预置定时值,在运行过程中,当定时器的输入条件满足时,定时器不断地累计时间。当所累计的时间与设定值相等时,定时器发生动作,此时与之对应的常开触点闭合,常闭触点断开,以满足逻辑控制的需要。

定时器是对 PLC 的内部时钟脉冲进行计数,而计数器是对 PLC 的外部输入脉冲进行累计,它们的结构和功能基本相似,在实际应用中经常用来对产品进行计数或完成一些复杂的逻辑控制。计数器累计的输入脉冲上升沿(正跳变)的个数与预置值相等时,计数器动作,完成相应的控制。

8.2.1　定时器指令

S7-200 系列 PLC 为用户提供了 3 种类型的定时器:通电延时定时器(TON),有记忆的通电延时型定时器(又称为保持定时器,TONR),断电延时定时器(TOF),共计 256 个定时器(T0~T255),且都为增量型定时器。定时器的定时精度即分辨率(S)可分为 3 个等级:1 ms、10 ms 和 100 ms,定时器工作方式及类型见表 8.9。

表 8.9　定时器工作方式及类型

工作方式	分辨率/ms	最大定时时间/s	定时器号
TONR	1	32.767	T0,T64
	10	327.67	T1~T4,T65~T68
	100	3 276.7	T5~T31,T69~T95
TON/TOF	1	32.767	T32,T96
	10	327.67	T33~T36,T97~T100
	100	3 276.7	T37~T63,T101~T225

定时器的定时时间计算公式为:

$$T = PT \times S$$

式中,T 为实际定时时间,PT 为设定值,S 为分辨率。例如时间设定 2 100 ms,则需将 100 ms定时器的预置值 PT 设为 21。

(1)通电延时定时器 TON(On-Delay Timer)

使能端(IN)输入有效时,定时器开始计时,当前值从 0 开始递增,大于或等于预置值(PT)时,定时器输出状态位置 1(输出触点有效),定时器继续计时,一直计时到最大值 32 767。使能端无效(断开)时,定时器复位(当前值清零,输出状态位置 0)。指令格式如图 8.14 所示。

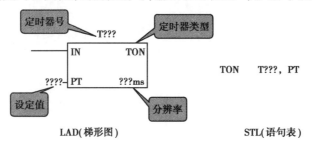

图 8.14　TON 指令格式

指令使用注意事项:

①使能输入端,IN=1,定时器计时;连续计数最大可达 32 767;PT=定时预置值;当前值>=预置值,定时器位 ON。

②IN=0,定时器位 OFF。

③PT(INT):VW,IW,QW,MW,SW,SMW,LW,AIW,T,C,AC,常数,∗VD,∗AC,∗LD。

通电延时型定时器应用程序及运行结果时序分析如图 8.15 所示。

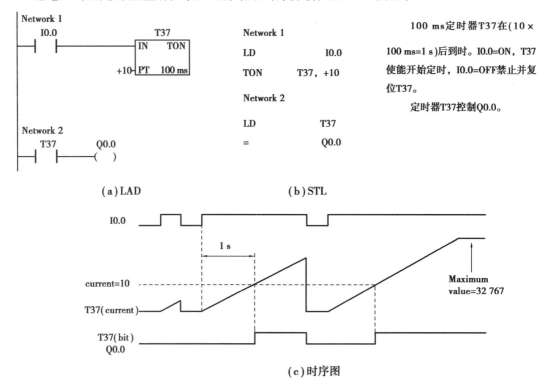

图 8.15　通电延时定时器示例

（2）有记忆的通电延时定时器 TONR（Retentive On-Delay Timer）

使能端（IN）输入有效时（接通），定时器开始计时，当前值递增，当前值大于或等于预置值（PT）时，输出状态位置 1，定时器继续计时，一直计时到最大值 32 767。使能端输入无效（断开）时，当前值保持（记忆）；使能端（IN）再次接通有效时，在原记忆值的基础上递增计时。有记忆的通电延时型（TONR）定时器采用线圈的复位指令（R）进行复位操作，当复位指令有效时，定时器当前值清零，输出状态位置 0。指令格式如图 8.16 所示。

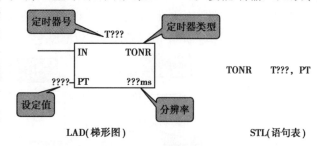

图 8.16 TONR 指令格式

指令使用注意事项：

①IN 是使能输入端，IN＝1，定时器计时；连续计数最大可达 32 767；PT＝定时预置值；当前值≥预置值，定时器位 ON。

②IN＝0，定时器位和当前值保持最后状态；必须经复位指令对 TONR 进行复位。

③PT（INT）：VW，IW，QW，MW，SW，SMW，LW，AIW，T，C，AC，常数，＊VD，＊AC，＊LD。

有记忆的通电延时型定时器应用程序及运行结果时序分析如图 8.17 所示。

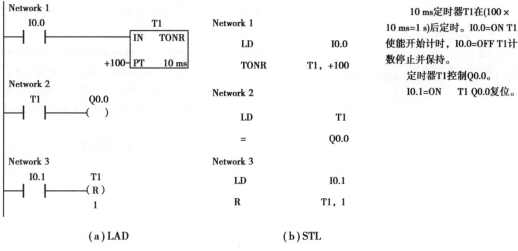

（a）LAD　　　　　　　　（b）STL

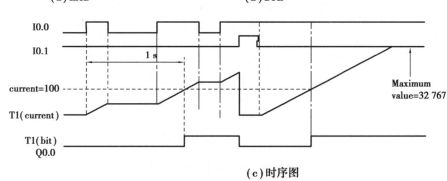

（c）时序图

图 8.17 有记忆通电延时定时器示例

（3）断电延时定时器 TOF（Off-Delay Timer）

使能端（IN）输入有效时,定时器输出状态位立即置 1,当前值复位（为 0）;使能端（IN）断开时,开始计时,当前值从 0 递增,当前值达到预置值时,定时器状态位复位置 0,并停止计时,当前值保持。使能端再次由断开变为闭合时,定时器复位,位输出为 1,定时器当前值为 0,实现定时器的再次启动。指令格式如图 8.18 所示。

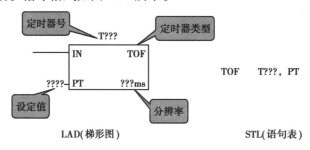

$$TOF \quad T???, PT$$

LAD（梯形图）　　　　　　　　　STL（语句表）

图 8.18　TOF 指令格式

指令使用注意事项：

①IN = 1,定时器位 ON,当前值 = 0;PT = 预置值;IN 从"1"→"0"跳变,定时器计时;当前值 = 预置值,定时器位 OFF,停止计时并保持当前值。

②PT（INT）:VW、IW、QW、MW、SW、SMW、LW、AIW、T、C、AC、常数、* VD、* AC、* LD。

断电延时型定时器应用程序及程序运行结果时序分析如图 8.19 所示。

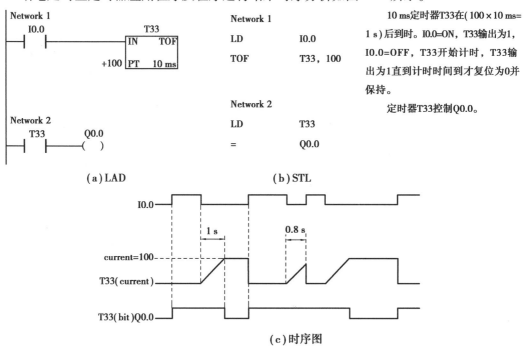

（a）LAD　　　　　　　　（b）STL

（c）时序图

图 8.19　断电延时定时器示例

（4）定时器的刷新方式

S7-200 系列 PLC 的定时器的刷新方式与分辨率有关,使用时一定要注意根据使用场合和要求的不同来选择定时器。下面将详细介绍它的刷新方法以及正确的使用方法。

①1 ms 定时器:每隔 1 ms 定时器刷新一次,定时器刷新与扫描周期和程序处理无关,它采用的是中断刷新方式。扫描周期较长时,定时器一个周期内可能多次被刷新(多次改变当前值)。

②10 ms 定时器:在每个扫描周期开始时刷新。每个扫描周期之内当前值不变。

③100 ms 定时器:定时器指令执行时被刷新,下一条执行的指令即可使用刷新后的结果,使用方便可靠。但应当注意,如果该定时器的指令不是每个周期都执行(比如条件跳转时),定时器就不能及时刷新,可能会导致出错。

(5)定时器的正确使用

如图 8.20 所示,为使用定时器本身的动断触点作为激励输入,希望经过延时产生一个机器扫描周期的时钟脉冲输出。定时器状态位置位时,依靠本身的动断触点(激励输入)的断开使定时器复位,重新开始设定时间,进行循环工作。采用不同时基标准的定时器时会有不同的运行结果,具体分析如下:

T32 为 1 ms 时基定时器,每隔 1 ms 定时器刷新一次当前值,CPU 当前值若恰好在处理动断触点和动合触点之间被刷新,Q0.0 可以接通一个扫描周期,但这种情况出现的概率很小,一般情况下,不会正好在这时刷新。若在执行其他指令时,定时时间到,1ms 的定时刷新,使定时器输出状态位置位,动断触点打开,当前值复位,定时器输出状态位立即复位,所以输出线圈 Q0.0 一般不会通电。

若将图 8.20 中定时器 T32 换成 T33,时基变 10 ms,当前值在每个扫描周期开始刷新,计时时间到时,扫描周期开始,定时器输出状态位置位,动断触点断开,立即将定时器当前值清零,定时器输出状态位复位(为 0),这样,输出线圈 Q0.0 永远不可能通电(ON)。

若将图 8.20 中定时器 T32 换成 T37,时基变为 100 ms,当前指令执行时刷新,Q0.0 在 T37 计时时间到时准确地接通一个扫描周期。可以输出一个 OFF 时间为定时时间,ON 时间为一个扫描周期的时钟脉冲。

综上所述,用本身触点激励输入的定时器,时基为 1 ms 和 10 ms 时不能可靠工作,一般不宜使用本身触点作为激励输入。若将图 8.20 改成图 8.21,无论何种时基都能正常工作。

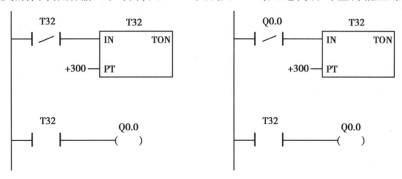

图 8.20　自身激励输入程序　　　　图 8.21　非自身激励输入程序

8.2.2　计数器指令

S7-200 系列 PLC 有递增计数(CTU)、增/减计数(CTUD)、递减计数(CTD)三类计数指令,编程范围 C0~C255。计数器的使用方法和基本结构与定时器基本相同,主要由预置值寄存器、当前值寄存器、状态位等组成。

(1)增计数器 CTU(Count Up)

计数指令在 CU 端输入脉冲上升沿,计数器的当前值增 1 计数。当前值大于或等于预置值(PV)时,计数器状态位置 1。当前值累加的最大值为 32 767。复位输入(R)有效时,计数器状态位复位(置 0),当前计数值清零。指令格式如图 8.22 所示。

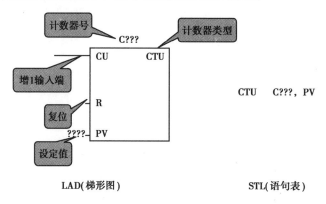

CTU   C???, PV

LAD(梯形图)   STL(语句表)

图 8.22　CTU 指令格式

指令使用注意事项:

①CU 每次从"0"→"1",计数值加 1,最大可达 32 767。

②PV=计数预置值;当前值≥预置值,计数器位 ON。

③复位 R="1",计数器位 OFF,当前值=0。

④CU(BOOL):I,Q,M,SM,T,C,S,L。

⑤R(BOOL):I,Q,M,SM,T,C,S,L。

⑥PV(INT):VW,IW,QW,MW,SW,SMW,LW,AIW,T,C,AC,常数,＊VD,＊AC,＊LD。

(2)增/减计数指令 CTUD(Count Up/Down)

增/减计数器有两个脉冲输入端,其中 CU 端用于递增计数,CD 端用于递减计数,执行增/减计数指令时,CU/CD 端的计数脉冲上升沿增 1/减 1 计数。当前值大于或等于计数器预置值(PV)时,计数器状态位置位。复位输入(R)有效或执行复位指令时,计数器状态位复位,当前值清零。达到计数器最大值 32 767 后,下一个 CU 输入上升沿将使计数值变为最小值(−32 768)。同样,达到最小值(−32 768)后,下一个 CD 输入上升沿将使计数值变为最大值(32 767)。指令格式如图 8.23 所示。

增/减计数器指令应用程序段及时序分析如图 8.24 所示。

指令使用注意事项:

①CU 每次从"0"→"1",计数值加 1,最大可达 32 767。

②使能 CD 每次从"0"→"1",计数值减 1。

③PV=计数预置值;当前值不小于预置值,计数器位 ON。

④复位 R="1",计数器位 OFF,当前值=0。

⑤CU、CD(BOOL):I,Q,M,SM,T,C,S,L,能流。

⑥R(BOOL):I,Q,M,SM,T,C,S,L,能流。

⑦PV(INT):VW,IW,QW,MW,SW,SMW,LW,AIW,T,C,AC,常数,＊VD,＊AC,＊LD。

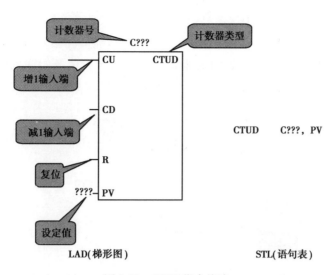

图 8.23　CTUD 指令格式

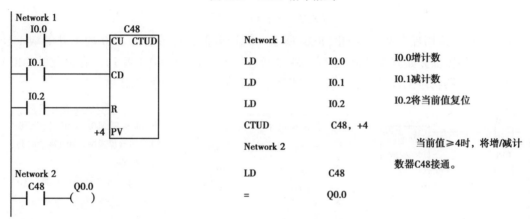

（a）LAD　　　　　　　（b）STL

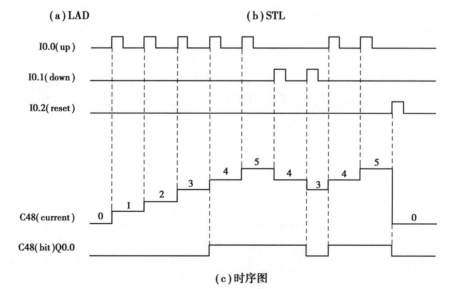

（c）时序图

图 8.24　增/减计数器示例

（3）减计数指令 CTD（Count Down）

复位输入（LD）有效时，计数器把预置值（PV）装入当前值存储器，计数器状态位复位（置0）。CD 端每一个输入脉冲上升沿，减计数器的当前值从预置值开始递减计数，当前值等于 0 时，计数器状态位置位（置 1），停止计数。指令格式如图 8.25 所示。

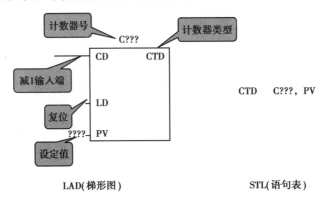

CTD   C???, PV

LAD(梯形图)   STL(语句表)

图 8.25 CTD 指令格式

减计数指令应用程序及时序如图 8.26 所示。减计数器在计数脉冲 I0.0 的上升沿减 1 计数，当前值从预置值开始减至 0 时，定时器输出状态位置 1，Q0.0 通电（置 1）。在复位脉冲I0.1 的上升沿，定时器状态位置 0（复位），当前值等于预置值，为下次计数工作做好准备。

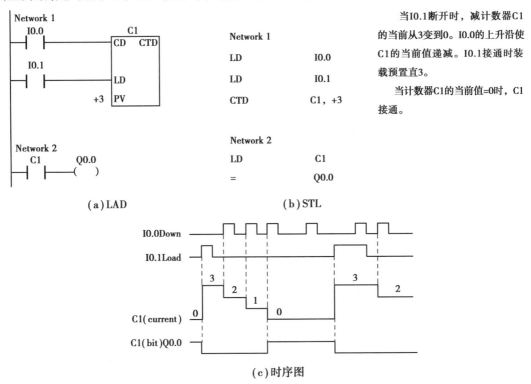

图 8.26 减计数器示例

指令使用注意事项：

①CD 每次从"0"→"1"，计数值减 1。

②PV=计数预置值;当前值=0,计数器位 ON,停止计数。

③LD="1",计数器位 OFF,重新装入预置值 PV。

④CD(BOOL):I,Q,M,SM,T,C,S,L,能流。

⑤LD(BOOL):I,Q,M,SM,T,C,S,L,能流。

⑥PV(INT):VW,IW,QW,MW,SW,SMW,LW,AIW,T,C,AC,常数,∗VD,∗AC,∗LD。

8.3 算术、逻辑运算指令

算术运算指令包括加法、减法、乘法、除法及一些常用的数学函数指令;逻辑运算指令包括逻辑与、或、非、异或等指令。

8.3.1 算术运算指令

(1)加法指令

加法操作是对两个有符号数进行相加操作,包括整数加法指令、双整数加法指令和实数加法指令。

1)整数加法指令+I

整数加法指令格式如图 8.27 所示。

图 8.27 加法指令格式

ADD_I:整数加法梯形图指令标识符。

+I:整数加法语句表指令操作码助记符。

IN1:输入操作数 1(下同)。

IN2:输入操作数 2(下同)。

OUT:输出运算结果(下同)。

操作数和运算结果均为单字长。

指令功能:当 EN 有效时,将两个 16 位的有符号整数 IN1 与 IN2(或 OUT)相加,产生一个 16 位的整数,结果送到单字存储单元 OUT 中。

在使用整数加法指令时特别要注意:

对于梯形图指令实现功能为 OUT←IN1+IN2,若 IN2 和 OUT 为同一存储单元,在转为 STL 指令时实现的功能为 OUT←OUT+IN1;若 IN2 和 OUT 不为同一存储单元,在转为 STL 指令时实现的功能为先把 IN1 传送给 OUT,然后顺序 OUT← IN2+OUT。

2)双字长整数加法指令+D

双字长整数加法指令的操作数和运算结果均为双字(32 位)长。指令格式类同整数加法指令。

双字长整数加法梯形图指令盒标识符为：ADD_DI。

双字长整数加法语句表指令助记符为：+D。

【例 8.1】 在 I0.1 控制开关导通时，将 VD100 的双字数据与 VD110 的双字数据相加，结果送入 VD110 中。程序如图 8.28 所示。

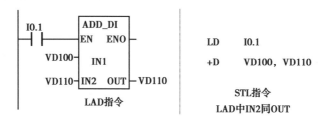

图 8.28 双字长加法指令应用示例

3）实数加法指令+R

实数加法指令实现两个双字长的实数相加，产生一个 32 位的实数。指令格式类同整数加法指令。

实数加法梯形图指令盒标识符为：ADD_R。

实数加法语句表指令操作码助记符为：+R。

上述加法指令运算结果置位特殊继电器 SM1.0（结果为零）、SM1.1（结果溢出）、SM1.2（结果为负）。

（2）减法指令

减法指令是对两个有符号数进行减操作，与加法指令一样，可分为整数减法指令（-I）、双字长整数减法指令（-D）和实数减法指令（-R）。其指令格式类同加法指令。

执行过程为：对于梯形图指令实现功能为 OUT ← IN1 - IN2；对于 STL 指令为：OUT←OUT-IN1。

【例 8.2】 在 I0.1 控制开关导通时，将 VW100（IN1）整数（16 位）与 VW110（IN2）整数（16 位）相减，其差送入 VW110（OUT）中。程序如图 8.29 所示。

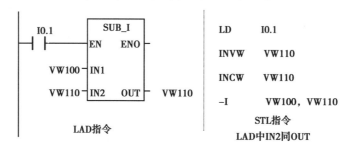

图 8.29 整数减法指令应用示例

【例 8.3】 在 I0.1 控制开关导通时，将 VD100（IN1）整数（32 位）与 VD110（IN2）整数（32 位）相减，其差送入 VD200（OUT）中。程序如图 8.30 所示。

梯形图指令中，若 IN2 和 OUT 为同一存储单元，在转为 STL 指令时为：

```
INVW    OUT         //求反
INCW    OUT         //加 1,转换为补码
+I      IN1, OUT    //为补码加法
```

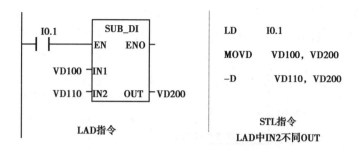

图 8.30　双字长整数减法指令应用示例

梯形图指令中,若 IN2 和 OUT 不为同一存储单元,在转为 STL 指令时为:

　　MOVW　　IN1, OUT　　//先把 IN1 传送给 OUT,

　　－I　　　　IN2, OUT　　//然后顺序 OUT←OUT－ IN2

减法指令对特殊继电器位的影响同加法指令。

(3)乘法指令

乘法指令是对两个有符号数进行乘法操作。乘法指令可分为整数乘法指令(∗ I)、完全整数乘法指令(MUL)、双整数乘法指令(∗ D)和实数乘法指令(∗ R)。其指令格式类同加减法指令。

对于梯形图指令为 OUT← IN1 ∗ IN2;对于 STL 指令为 OUT← IN1 ∗ OUT。

在梯形图指令中,IN2 和 OUT 可以为同一存储单元。

1)整数乘法指令 ∗ I:

整数乘法指令格式如图 8.31 所示。

指令功能:当 EN 有效时,将两个 16 位单字长有符号整数 IN1 与 IN2 相乘,运算结果仍为单字长整数并送 OUT 中。运算结果超出 16 位二进制数表示的有符号数的范围,则产生溢出。

2)完全整数乘法指令 MUL

完全整数乘法指令将两个 16 位单字长的有符号整数 IN1 和 IN2 相乘,运算结果为 32 位的整数并送 OUT 中。

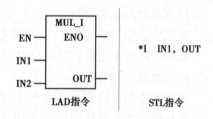

图 8.31　乘法指令格式

梯形图及语句表指令中功能符号均为 MUL。

3)双整数乘法指令 ∗ D

双整数乘法指令将两个 32 位双字长的有符号整数 IN1 和 IN2 相乘,运算结果为 32 位整数并送 OUT 中。

梯形图指令功能符号为:MUL_DI。

语句表指令功能符号为:DI。

4)实数乘法指令 ∗ R

实数乘法指令将两个 32 位实数 IN1 和 IN2 相乘,产生一个 32 位实数并送 OUT 中。

梯形图指令功能符号为:MUL_R。

语句表指令功能符号为: ∗ R。

上述乘法指令运算结果置位特殊继电器 SM1.0(结果为零)、SM1.1(结果溢出)、SM1.2(结果为负)。

【**例** 8.4】 在 I0.1 控制开关导通时,将 VW100(IN1)整数(16 位)与 VW110(IN2)整数(16 位)相乘,结果为 32 位数据送入 VD200(OUT)中。程序如图 8.32 所示。

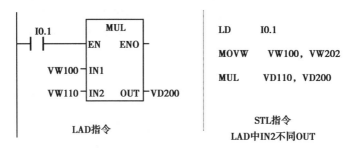

图 8.32 完全整数乘法指令应用示例

(4)除法指令

除法指令是对两个有符号数进行除法操作,类同乘法指令。

1)整数除法指令

整数除法指令将两个 16 位整数相除,结果只保留 16 位商,不保留余数。

其梯形图指令盒标识符为:DIV_I;语句表指令助记符为:/I 。

2)完全整数除法指令

完全整数除法指令将两个 16 位整数相除,产生一个 32 位的结果,其中低 16 位存商,高 16 位存余数。

其梯形图指令盒标识符与语句表指令助记符均为:DIV。

3)双整数除法指令

双整数除法指令将两个 32 位整数相除,结果只保留 32 位整数商,不保留余数。

其梯形图指令盒标识符为:DIV_DI;语句表指令助记符为:/D。

4)实数除法指令

实数除法指令将两个实数相除,产生一个实数商。

其梯形图指令盒标识符为:DIV_R;语句表指令助记符为:/R。

除法指令对特殊继电器位的影响同乘法指令。

【**例** 8.5】 在 I0.1 控制开关导通时,将 VW100(IN1)整数除以 10(IN2)整数,结果为 16 位数据送入 VW200(OUT)中。程序如图 8.33 所示。

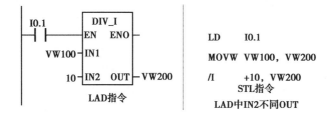

图 8.33 整数除法指令应用示例

【**例** 8.6】 乘除运算指令应用示例如图 8.34 所示。

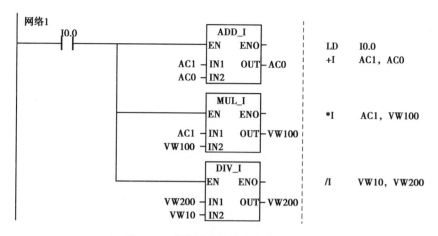

图 8.34 乘除算术运算指令应用示例

8.3.2 增减指令

增减指令又称为自动加 1 和自动减 1 指令。

增减指令可分为字节增/减指令(INCB/DECB)、字增/减指令(INCW/DECW)和双字增减指令(INCD/DECD)。下面仅介绍常用的字节增减指令。

字节加 1 指令格式如图 8.35 所示。

字节减 1 指令格式如图 8.36 所示。

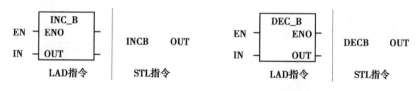

图 8.35 增指令格式   图 8.36 减指令格式

指令功能:当 EN 有效时,将一个 1 字节长的无符号数 IN 自动加(减)1,得到的 8 位结果送 OUT 中。

在梯形图中,若 IN 和 OUT 为同一存储单元,则执行该指令后,IN 单元字节数据自动加(减)1。

8.3.3 数学函数指令

S7-200PLC 中的数学函数指令包括指数运算、对数运算、求三角函数的正弦、余弦及正切值,其操作数均为双字长的 32 位实数。

(1)平方根函数

SQRT:平方根函数运算指令。

指令格式如图 8.37 所示。

指令功能:当 EN 有效时,将由 IN 输入的一个双字长的实数开平方,运算结果为 32 位的实数送到 OUT 中。

(2)自然对数函数指令

LN:自然对数函数运算指令。

指令格式如图 8.38 所示。

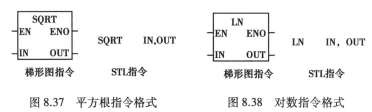

图 8.37　平方根指令格式　　　图 8.38　对数指令格式

指令功能:当 EN 有效时,将由 IN 输入的一个双字长的实数取自然对数,运算结果为 32 位的实数送到 OUT 中。

当求解以 10 为底 x 的常用对数时,可以分别求出 LN_x 和 $LN10$($LN10 = 2.302\,585$),然后用实数除法指令/R 实现相除即可。

【例 8.7】　求 $\log_{10}100$,其程序如图 8.39 所示。

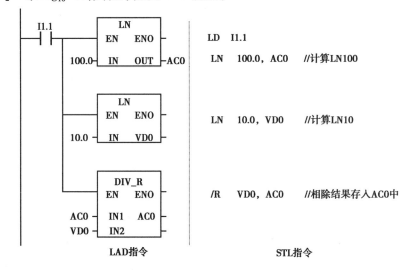

图 8.39　自然对数指令应用示例

(3)指数函数指令

EXP:指数函数运算指令。

指令格式如图 8.40 所示。

指令功能:当 EN 有效时,将由 IN 输入的一个双字长的实数取以 e 为底的指数运算,其结果为 32 位的实数并送 OUT 中。

由于数学恒等式 $y^x = e^{x\ln y}$,故该指令可与自然对数指令相配合,完成以 y(任意数)为底,x(任意数)为指数的计算。

(4)正弦函数指令

SIN:正弦函数运算指令。

指令格式如图 8.41 所示。

指令功能:当 EN 有效时,将由 IN 输入的一个字节长的实数弧度值求正弦,运算结果为 32 位的实数并送 OUT 中。

注意:输入的必须是弧度值(若是角度值,应首先转换为弧度值)。

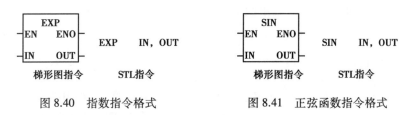

图 8.40　指数指令格式　　　　　图 8.41　正弦函数指令格式

【例 8.8】　计算 130°的正弦值。

首先将 130°转换为弧度值,然后输入函数,程序如图 8.42 所示。

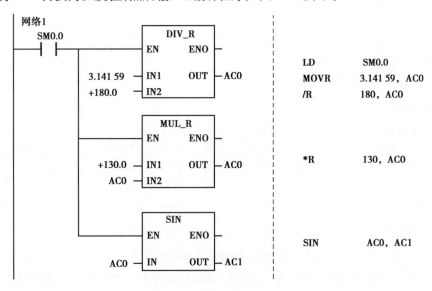

图 8.42　正弦指令应用示例

(5)余弦函数指令

COS:余弦函数运算指令。

指令格式如图 8.43 所示。

指令功能:当 EN 有效时,将由 IN 输入的一个双字长的实数弧度值求余弦,结果为一个 32 位的实数并送到 OUT 中。

(6)正切函数指令

TAN:正切函数运算指令。

指令格式如图 8.44 所示。

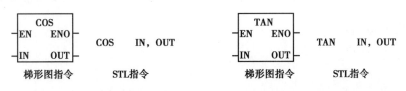

图 8.43　余弦函数指令格式　　　　图 8.44　正切函数指令格式

指令功能:当 EN 有效时,将由 IN 输入的一个双字长的实数弧度值求正切,结果为一个 32 位的实数并送到 OUT 中。

上述数学函数指令运算结果置位特殊继电器 SM1.0(结果为零)、SM1.1(结果溢出)、

SM1.2(结果为负)、SM4.3(运行时刻出现不正常状态)。

当 SM1.1 = 1(溢出)时,ENO 输出出错标志 0。

8.3.4　逻辑运算指令

逻辑运算指令是对要操作的数据按二进制位进行逻辑运算,主要包括逻辑与、逻辑或、逻辑非、逻辑异或等操作。逻辑运算指令可实现字节、字、双字运算。其指令格式类同,这里仅介绍一般字节逻辑运算指令。

字节逻辑指令包括下面 4 条:

①ANDB:字节逻辑与指令;

②ORB:字节逻辑或指令;

③XORB:字节逻辑异或指令;

④INVB:字节逻辑非指令。

指令格式如图 8.45 所示。

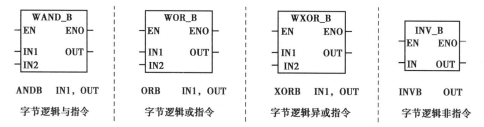

图 8.45　逻辑运算指令格式

指令功能:当 EN 有效时,逻辑与、逻辑或、逻辑异或指令中的 8 位字节数 IN1 和 8 位字节数 IN2 按位相与(或、异或),结果为 1 个字节无符号数送 OUT 中;在语句表指令中,IN1 和 OUT 按位与,其结果送入 OUT 中。

对于逻辑非指令,把 1 字节长的无符号数 IN 按位取反后送 OUT 中。

对于字逻辑、双字逻辑指令的格式,只是把字节逻辑指令中表示数据类型的"B"该为"W"或"DW"即可。

逻辑运算指令结果对特殊继电器的影响:结果为零时置位 SM1.0,运行时刻出现不正常状态时置位 SM4.3。

【例 8.9】　利用逻辑运算指令实现下列功能:屏蔽 AC1 的高 8 位;然后 AC1 与 VW100 或运算结果送入 VW100;AC1 与 AC0 进行字异或,结果送入 AC0;最后,AC0 字节取反后输出给 QB0。

程序如图 8.46 所示。

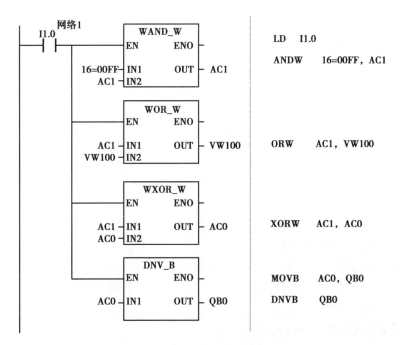

图 8.46　逻辑运算指令应用示例

8.4　数据传送指令

数据传送指令主要用于各个编程元件之间进行数据传送,主要包括单个数据传送及数据块传送、交换、循环填充指令。

8.4.1　单个数据传送指令

单个数据传送指令每次传送一个数据,传送数据的类型分为字节(B)传送、字(W)传送、双字(D)传送和实数(R)传送,对于不同的数据类型采用不同的传送指令。

(1)字节传送指令

字节传送指令以字节作为数据传送单元,包括字节传送指令 MOVB 和立即读/写字节传送指令。

1)字节传送指令 MOVB

MOV_B:字节传送梯形图指令盒标识符(也称功能符号,B 表示字节数据类型,下同)。

MOVB:语句表指令操作码助记符。

EN:使能控制输入端(I,Q,M,T,C,SM,V,S,L 中的位)。

IN:传送数据输入端。

OUT:数据输出端。

ENO:指令和能流输出端(即传送状态位)。

后续指令的 EN,IN,OUT,ENO 功能同上,只是 IN 和 OUT 的数据类型不同。

指令功能:在使能输入端 EN 有效时,将由 IN 指定的一个 8 位字节数据传送到由 OUT 指定的字节单元中。

字节传送指令指令格式如图 8.47 所示。

2)立即读字节传送指令 BIR

立即读字节传送指令格式如图 8.48 所示。

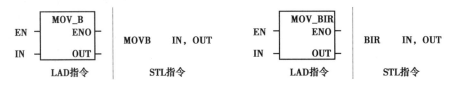

图 8.47 传送指令格式   图 8.48 读传送指令格式

MOV_BIR：立即读字节传送梯形图指令盒标识符。

BIR：语句表指令操作码助记符。

指令功能：当使能输入端 EN 有效时，BIR 指令立即（不考虑扫描周期）读取当前输入继电器中由 IN 指定的字节（IB），并送入 OUT 字节单元（并未立即输出到负载）。

注意：IN 只能为 IB。

3)立即写字节传送指令 BIW

立即写字节传送指令格式如图 8.49 所示。

MOV_BIW：立即写字节传送梯形图指令盒标识符。

BIW：语句表指令操作码助记符。

指令功能：当使能输入端 EN 有效时，BIW 指令立即（不考虑扫描周期）将由 IN 指定的字节数据写入输出继电器中由 OUT 指定的 QB，即立即输出到负载。

注意：OUT 只能是 QB。

(2)字/双字传送指令

字/双字传送指令以字/双字作为数据传送单元。

字/双字指令格式类同字节传送指令，只是指令中的功能符号（标识符或助计符，下同）中的数据类型符号不同而已。

MOV_W/MOV_DW：字/双字梯形图指令盒标识符。

MOVW/MOVD：字/双字语句表指令操作码助记符。

【例 8.10】 在 I0.1 控制开关导通时，将 VW100 中的字数据传送到 VW200 中，程序如图 8.50所示。

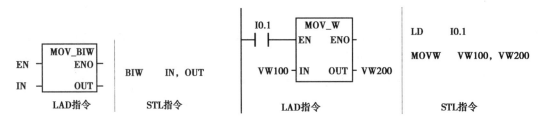

图 8.49 写传送指令格式   图 8.50 字数据传送指令应用示例

【例 8.11】 在 I0.1 控制开关导通时，将 VD100 中的双字数据传送到 VD200 中，程序如图 8.51所示。

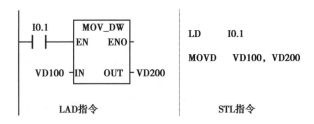

图 8.51 双字数据传送指令应用示例

（3）实数传送指令 MOVR

实数传送指令以 32 位实数双字作为数据传送单元。

实数传送指令功能符号为：

MOV_R:实数传送梯形图指令盒标识符。

MOVR:实数传送语句表指令操作码助记符。

【例 8.12】 在 I0.1 控制开关导通时，将常数 3.14 传送到双字单元 VD200 中，程序如图 8.52 所示。

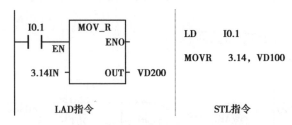

图 8.52 实数数据传送指令应用示例

8.4.2 块传送指令

块传送指令可用来一次传送多个同一类型的数据，最多可将 255 个数据组成一个数据块，数据块的类型可以是字节块、字块和双字块。下面仅介绍字节块传送指令 BMB。

字节块传送指令格式如图 8.53 所示。

BLKMOV_B:字节块传送梯形图指令标识符。

BMB:语句表指令操作码助记符。

N:块的长度，字节型数据（下同）。

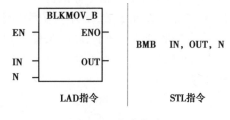

图 8.53 指令格式

指令功能：当使能输入端 EN 有效时，以 IN 为字节起始地址的 N 个字节型数据传送到以 OUT 为起始地址的 N 个字节存储单元。

与字节块传送指令比较，字块传送指令为 BMW（梯形图标识符为 BLKMOV_W），双字块传送指令为 BMD（梯形图标识符为 BLKMOV_D）。

【例 8.13】 在 I0.1 控制开关导通时，将 VB10 开始的 10 个字节单元数据传送到 VB100 开始的数据块中，程序如图 8.54 所示。

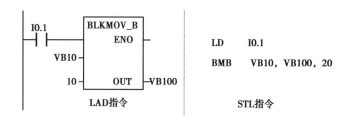

图 8.54　字节块数据传送指令应用示例

8.4.3　字节交换与填充指令

（1）字节交换指令 SWAP

SWAP 指令专用于对 1 个字长的字型数据进行处理。

指令格式如图 8.55 所示。

SWAP：字节交换梯形图指令标识符、语句表助计符。

指令功能：EN 有效时，将 IN 中的字型数据的高位字节和低位字节进行交换。

（2）填充指令 FILL

填充指令 FILL 用于处理字型数据。

指令格式如图 8.56 所示。

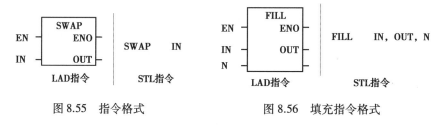

图 8.55　指令格式　　　　图 8.56　填充指令格式

FILL：填充梯形图指令标识符、语句表指令操作码助记符。

N：填充字单元个数，N 为字节型数据。

指令功能：EN 有效时，将字型输入数据 IN 填充到从 OUT 开始的 N 个字存储单元。

【例 8.14】　在 I0.0 控制开关导通时，将 VW100 开始的 256 个字节全部清 0，程序如图 8.57 所示。

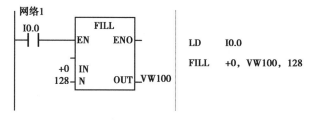

图 8.57　填充指令应用示例

注意：在使用本指令时，OUT 必须为字单元寻址。

8.5　数据移位与循环指令

移位指令的作用是对操作数按二进制位进行移位操作,移位指令包括左移位、右移位、循环左移位、循环右移位以及移位寄存器指令。

8.5.1　左移和右移指令

左移和右移指令的功能是将输入数据 IN 左移或右移 N 位,其结果送到 OUT 中。

移位指令使用时应注意:

①被移位的数据:字节操作是无符号的;对于字和双字操作,当使用有符号数据类型时,符号位也将被移动。

②在移位时,存放被移位数据的编程元件的移出端与特殊继电器 SM1.1 相连,移出位送 SM1.1,另一端补 0。

③移位次数 N 为字节型数据,它与移位数据的长度有关,如 N 小于实际的数据长度,则执行 N 次移位,如 N 大于数据长度,则执行移位的次数等于实际数据长度的位数。

④左、右移位指令对特殊继电器的影响:结果为零置位 SM1.0,结果溢出置位 SM1.1。

⑤运行时刻出现不正常状态置位 SM4.3,ENO=0。

移位指令分字节、字、双字移位指令,其指令格式类同。这里仅介绍一般字节移位指令。

字节移位指令包括字节左移指令 SLB 和字节右移指令 SRB。

指令格式如图 8.58 所示。

图 8.58　移位指令格式

其中,N≤8。

指令功能:当 EN 有效时,将字节型数据 IN 左移或右移 N 位后,送到 OUT 中。在语句表中,OUT 和 IN 为同一存储单元。

对于字移位指令、双字移位指令,只是把字节移位指令中表示数据类型的"B"改为"W"或"DW(D)",N 值取相应数据类型的长度即可。

【例 8.15】　利用移位指令将 AC0 字数据的高 8 位右移到低 8 位,输出给 QB0。

程序如图 8.59 所示。

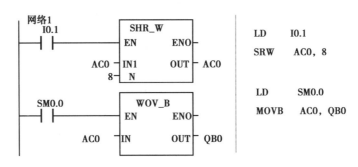

图 8.59　逻辑运算指令应用示例

8.5.2　循环左移和循环右移指令

循环左移和循环右移是指将输入数据 IN 进行循环左移或循环右移 N 位后,把结果送到 OUT 中。

指令特点:

①被移位的数据:字节操作是无符号的;对于字和双字操作,当使用有符号数据类型时,符号位也将被移动。

②在移位时,存放被移位数据的编程元件的最高位与最低位相连,又与特殊继电 SM1.1 相连。循环左移时,低位依次移至高位,最高位移至最低位,同时进入 SM1.1;循环右移时,高位依次移至低位,最低位移至最高位,同时进入 SM1.1。

③移位次数 N 为字节型数据,它与移位数据的长度有关,如 N 小于实际的数据长度,则执行 N 次移位;如 N 大于数据长度,则执行移位的次数为 N 除以实际数据长度的余数。

④循环移位指令对特殊继电器影响为:结果为零置位 SM1.0、结果溢出置位 SM1.1。

运行时刻出现不正常状态置位 SM4.3,ENO = 0。

循环移位指令也分字节、字、双字移位指令,其指令格式类同。这里仅介绍字循环移位指令。

字循环移位指令有字循环左移指令 RLW 和字循环右移指令 RRW。

指令格式如图 8.60 所示。

图 8.60　循环指令格式

指令功能:当 EN 有效时,把字型数据 IN 循环左移/右移 N 位后,送到 OUT 指定的字单元中。

8.5.3　移位寄存器指令

移位寄存器指令又称自定义位移位指令。

移位寄存器指令格式如图 8.61 所示。

其中,DATA 为移位寄存器数据输入端,即要移入的位;S_BIT 为移位寄存器的最低位;N 为移位寄存器的长度和移位方向。

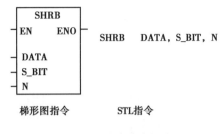

图 8.61　移位指令格式

注意:

①移位寄存器的操作数据由移位寄存器的长度 N(N 的绝对值不大于 64)任意指定。

②移位寄存器最低位的地址为 S_BIT;最高位地址的计算方法为:

MSB =(│N│−1+(S_BIT 的(位序)号))/8(商);

MSB_M =(│N│−1+(S_BIT 的(位序)号))MOD 8(余数)

则最高位的字节地址为:MSB +S_BIT 的字节号(地址)。

最高位的位序号为:MSB_M。

例如:设 S_BIT =V20.5(字节地址为 20,位序号为 5),N =16。

则 MSB =(16−1+5)/8 的商 MSB =2、余数 MSB_M =4。

则移位寄存器的最高位的字节地址为 MSB +S_BIT 的字节号(地址)= 2+20 =22、位序号为 MSB_M =4,最高位为 22.4,自定义移位寄存器为 20.5~22.4,共 16 位,如图 8.62 所示。

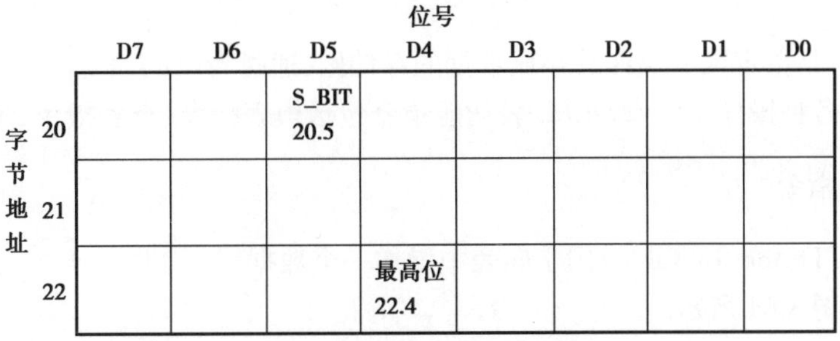

字节地址	位号							
---	D7	D6	D5	D4	D3	D2	D1	D0
20			S_BIT 20.5					
21								
22				最高位 22.4				

图 8.62　自定义移位寄存器示意图

③N>0 时,为正向移位,即从最低位依次向最高位移位,最高位移出。

④N<0 时,为反向移位,即从最高位依次向最低位移位,最低位移出。

⑤移位寄存器的移出端与 SM1.1 连接。

指令功能:当 EN 有效时,如果 N>0,则在每个 EN 的上升沿,将数据输入 DATA 的状态移入移位寄存器的最低位 S_BIT;如果 N<0,则在每个 EN 的上升沿,将数据输入 DATA 的状态移入移位寄存器的最高位,移位寄存器的其他位按照 N 指定的方向依次串行移位。

【例 8.16】　在输入触点 I0.1 的上升沿,从 VB100 的低 4 位(自定义移位寄存器)由低向高移位,I0.2 移入最低位,其梯形图、时序图如图 8.63 所示。

工作过程:

①建立移位寄存器的位范围为 V100.0~V100.3,长度 N =+4。

②在 I0.1 的上升沿,移位寄存器由低位向高位移位,最高位移至 SM1.1,最低位由 I0.2 移入。

移位寄存器指令对特殊继电器影响为:结果为零置位 SM1.0,溢出置位 SM1.1;运行时刻出现不正常状态时置位 SM4.3,ENO =0。

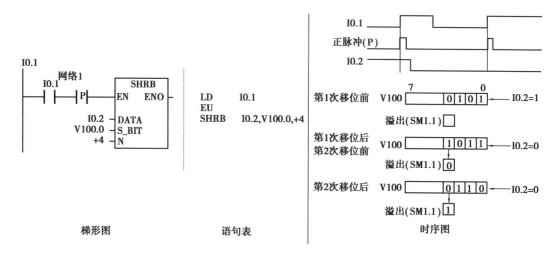

图 8.63　移位寄存器应用示例

8.6　数据表功能指令

所谓数据表,是指定义一块连续存放数据的存储区,通过专设的表功能指令可以方便地实现对表中数据的各种操作。S7-200PLC 表功能指令包括填表指令、查表指令、表中取数指令。

8.6.1　填表指令

填表指令 ATT(Add To Table)用于向表中增加一个数据。

指令格式如图 8.64 所示。

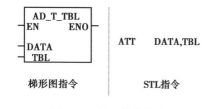

梯形图指令　　　STL指令

图 8.64　填表指令格式

其中,DATA 为字型数据输入端;TBL 为字型表格首地址。

指令功能:当 EN 有效时,将输入的字型数据填写到指定的表格中。

在填表时,新数据填写到表格中最后一个数据的后面。

注意:

①表中的第一个字存放表的最大长度(TL),第二个字存放表内实际的项数(EC),如图 8.65所示。

②每添加一个新数据 EC 自动加 1。表最多可以装入 100 个有效数据(不包括 LTL 和 EC)。

③该指令对特殊继电器影响为:表溢出置位 SM1.4,运行时刻出现不正常状态则置位 SM4.3,同时 ENO=0(以下同类指令略)。

【例 8.17】　将 VW100 中数据填入表中(首地址为 VW200),如图 8.65 所示。

工作过程:

①设首地址为 VW200 的表存储区(表中数据在执行本指令前已经建立,表中第一字单元存放表的长度为 5,第二字单元存放实际数据项 2 个,表中两个数据项为 1234 和 4321)。

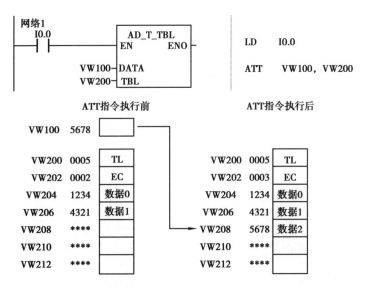

图 8.65 填表指令应用示例

②将 VW100 单元的字数据 5678 追加到表的下一个单元(VW208)中,且 EC 自动加 1。

8.6.2 查表指令

查表指令 FND(Table Find)用于查找表中符合条件的字型数据所在的位置编号。
指令格式如图 8.66 所示。

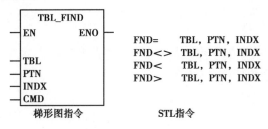

图 8.66 查表指令格式

其中,TBL 为表的首地址;PTN 为需要查找的数据;INDX 为用于存放表中符合查表条件的数据的地址;CMD 为比较运算符代码"1""2""3""4",分别代表查找条件:"="、"<>""<"和"> "。

指令功能:在执行查表指令前,首先对 INDX 清 0,当 EN 有效时,从 INDX 开始搜索 TBL,查找符合 PTN 且 CMD 所决定的数据,每搜索一个数据项,INDX 自动加 1;如果发现了一个符合条件的数据,那么 INDX 指向表中该数的位置。为了查找下一个符合条件的数据,在激活查表指令前必须先对 INDX 加 1。如果没有发现符合条件的数据,那么 INDX 等于 EC。

注意:查表指令不需要 ATT 指令中的最大填表数 TL。因此,查表指令的 TBL 操作数比 ATT 指令的 TBL 操作数高两个字节。例如,ATT 指令创建的表的 TBL=VW200,对该表进行查找指令时的 TBL 应为 VW202。

【例 8.18】 查表找出 3130 数据的位置存入 AC1 中(设表中数据均为十进制数表示),程序如图 8.67 所示。

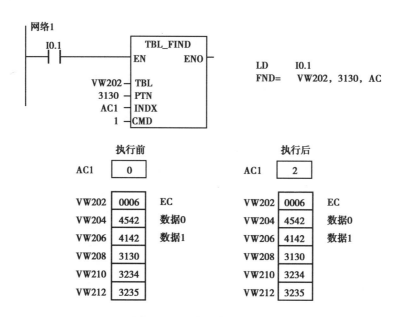

图 8.67　查表指令应用示例

执行过程：

①表首地址 VW202 单元,内容 0006 表示表的长度,表中数据从 VW204 单元开始。

②若 AC1＝0,在 I0.1 有效时,从 VW204 单元开始查找。

③在搜索到 PTN 数据 3130 时,AC1＝2,其存储单元为 VW208。

8.6.3　表中取数指令

在 S7-200 中,可以将表中的字型数据按照"先进先出"或"后进先出"的方式取出,送到指定的存储单元。每取一个数,EC 自动减 1。

（1）先进先出指令 FIFO

图 8.68　取数指令格式

先进先出指令格式如图 8.68 所示。

指令功能:当 EN 有效时,从 TBL 指定的表中取出最先进入表中的第一个数据,送到 DATA 指定的字型存储单元,剩余数据依次上移。

FIFO 指令对特殊继电器影响为:表空时置位 SM1.5。

【例 8.19】　先进先出指令应用示例如图 8.69 所示。

执行过程：

①表首地址 VW200 单元,内容 0006 表示表的长度,数据 3 项,表中数据从 VW204 单元开始。

②在 I0.0 有效时,将最先进入表中的数据 3256 送入 VW300 单元,其下的数据依次上移,EC 减 1。

（2）后进先出指令 LIFO

后进先出指令格式如图 8.70 所示。

指令功能:当 EN 有效时,从 TBL 指定的表中取出最后进入表中的数据,送到 DATA 指定

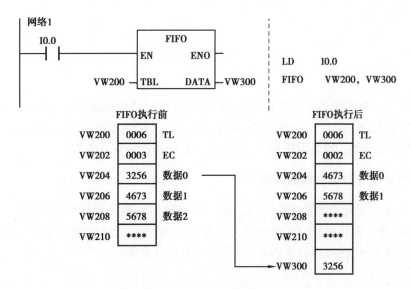

图 8.69　FIFO 指令应用示例

的字型存储单元,其余数据位置不变。

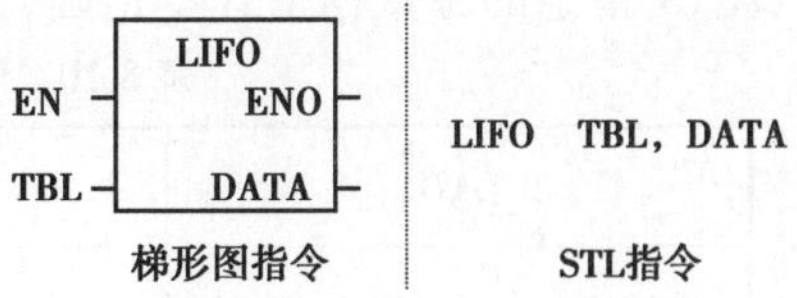

LIFO 指令对特殊继电器影响为:表空时置位 SM1.5。

【例 8.20】　后进先出指令应用示例如图 8.71 所示。

图 8.70　取数指令格式

执行过程:

①表首地址 VW100 单元,内容 0006 表示表的长度,数据 3 项,表中数据从 VW104 单元开始。

②在 I0.0 有效时,将最后进入表中的数据 3721 送入 VW200 单元,EC 减 1。

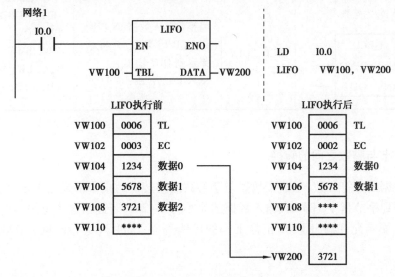

图 8.71　LIFO 指令应用示例

8.7 数据转换指令

转换指令是对操作数的类型进行转换,并输出到指定的目标地址中去。S7-200 指令有很强的数据转换功能:有 BCD 码与整数之间的转换,实数与双字整数之间的转换(取整)等,还有译码、编码和段码指令。利用段码指令,可直接令七段数码管显示数据。

8.7.1 BCD 码与整数之间的转换

BCD 码与整数之间的类型转换是双向的。BCD 码与整数类型转换的指令格式见表8.10。IN、OUT 为字数据。梯形图中,IN 和 OUT 可指定同一元件,以节省元件。若 IN 和 OUT 操作数地址指的是不同元件,在执行转换指令时,分成两条指令来操作:

MOV IN OUT

BCDI OUT

若 IN 指定的源数据格式不正确,则 SM1.6 置 1。

表 8.10 BCD 码与整数之间的转换指令

LAD	STL	说 明	数据类型及操作数
BCD 码转为整数 BCD_I EN ENO IN OUT	BCDI OUT	将 BCD 码输入数据 IN 转换成整数类型,并将结果送到 OUT 输出 输入 IN 的范围:0~9 999	IN(WORD): IW, QW, VW, MW, SMW, SW, T, C, LW, AIW, AC, *VD, *LD, *AC,常数 OUT(WORD): IW, QW, VW, MW, SMW, SW, T, C, LW, AC, *VD, *LD, *AC
BCD 码转为整数 I_BCD EN ENO IN OUT	IBCD OUT	将整数输入数据 IN 转换成 BCD 码类型,并将结果送到 OUT 输出 输入 IN 的范围:0~9 999	

8.7.2 字节与整数之间的转换

字节型数据是无符号数,字节型数据与字整数之间转换的指令格式见表8.11。

整数转换到字节指令 ITB 中,输入数据的大小为0~255,若超出这个范围,则会造成溢出,使 SM1.1=1。影响允许输出 ENO 正常工作的出错条件:SM4.3(运行时间),0006(间接寻址错误)。

表 8.11　字节与整数之间的转换指令

LAD	STL	说　明	数据类型及操作数
字节转为整数 **B_I** EN　ENO IN　OUT	BTI　IN, OUT	将字节型输入数据 IN 转换成整数类型,并将结果送到 OUT 输出	IN(BYTE): IB, QB, VB, MB, SMB, SB, LB, AC, ＊VD, ＊LD, ＊AC, 常数 OUT(WORD): IW, QW, VW, MW, SMW, SW, T, C, LW, AC, ＊VD, ＊LD, ＊AC
整数转为字节 **I_B** EN　ENO IN　OUT	ITB　IN, OUT	将整数输入数据 IN 转换成字节类型,并将结果送到 OUT 输出	IN(WORD): IW, QW, VW, MW, SMW, SW, T, C, LW, AIW, AC, ＊VD, ＊LD, ＊AC,常数 OUT(BYTE): IB, QB, VB, MB, SMB, SB, LB, AC, ＊VD, ＊LD, ＊AC

8.7.3　整数与双字之间的转换

整数与双字之间的转换指令格式见表 8.12。双整数转换为字整数时,输入数据超出范围则产生溢出。影响允许输出 ENO 正常工作的出错条件:SM1.1(溢出),SM4.3(运行时间),0006(间接寻址错误)。

表 8.12　整数与双字之间的转换指令

LAD	STL	说　明	数据类型及操作数
双字转为整数 **DI_I** EN　ENO IN　OUT	DTI　IN, OUT	将双字型输入数据 IN 转换成整数类型,并将结果送到 OUT 输出	IN(DINT): ID, QD, VD, MD, SMD, SD, LD, HC, AC, ＊VD, ＊LD, ＊AC,常数 OUT(WORD): IW, QW, VW, MW, SMW, SW, T, C, LW, AC, ＊VD, ＊LD, ＊AC
整数转为字节 **I_DI** EN　ENO IN　OUT	ITD　IN, OUT	将整数输入数据 IN 转换成双字类型,并将结果送到 OUT 输出	IN(WORD): IW, QW, VW, MW, SMW, SW, T, C, LW, AIW, AC, ＊VD, ＊LD, ＊AC,常数 OUT(DINT): ID, QD, VD, MD, SMD, SD, LD, AC, ＊VD, ＊LD, ＊AC

8.7.4 双字与实数之间的转换

双字与实数之间的转换指令格式见表 8.13。ROUND 和 TRUNC 都能将实数转换成双字整数。但前者将小数部分四舍五入,转换为整数,而后者将小数部分直接舍去取整。

表 8.13 双字与实数之间的转换指令

LAD	STL	说 明	数据类型及操作数
双字转为实数 ┌─ DI_R ─┐ EN ENO IN OUT	DTR IN, OUT	将双字型输入数据 IN 转换成实数类型,并将结果送到 OUT 输出	IN(DINT): ID,QD,VD,MD,SMD,SD,LD,HC,AC,∗VD,∗LD,∗AC,常数 OUT(REAL): ID,QD,VD,MD,SMD,SD,LD,AC,∗VD,∗LD,∗AC
实数转为双字(四舍五入) ┌─ ROUND ─┐ EN ENO IN OUT	ROUND IN, OUT	将实数输入数据 IN 转换成双字类型,并将结果送到 OUT 输出	IN(REAL): ID,QD,VD,MD,SMD,SD,LD,AC,∗VD,∗LD,∗AC,常数
实数转为双字(取整) ┌─ TRUNC ─┐ EN ENO IN OUT	TRUNC IN, OUT	将实数转换成双字类型并将结果送到 OUT 输出。只有实数的整数部分被转换	OUT(DINT): ID,QD,VD,MD,SMD,SD,LD,AC,∗VD,∗LD,∗AC

将实数转换成双字整数的过程中会出现溢出现象。影响允许输出 ENO 正常工作的出错条件:SM1.1(溢出),SM4.3(运行时间),0006(间接寻址错误)。

8.7.5 编码、译码指令

在 PLC 中,字型数据可以用 16 位二进制数来表示,也可用 4 位十六进制数来表示。编码过程就是把字型数据中最低有效位的位号进行编码,而译码过程是将执行数据所表示的位号对所指定单元的字型数据的对应位置 1。数据译码和编码指令包括编码、译码、七段显示编码。各指令见表 8.14。

表 8.14　编码、译码指令

LAD	STL	说　明	数据类型及操作数
编码 ENCO EN　ENO IN　OUT	ENCO IN, OUT	将字输入数据 IN 的低有效位(值为 1 的位)的位号输入 OUT 所指定的字节单元的低 4 位	IN(WORD): IW, QW, VW, MW, SMW, SW, T, C, LW, AIW, AC, ∗VD, ∗LD, ∗AC,常数 OUT(BYTE): IB, QB, VB, MB, SMB, SB, LB,AC, ∗VD, ∗LD, ∗AC
译码 DECO EN　ENO IN　OUT	DECO IN, OUT	将字节型输入数据 IN 的低四位所表示的位号对 OUT 所指定的字单元的对应位置 1,其他位复 0	IN(BYTE): IB, QB, VB, MB, SMB, SB, LB,AC, ∗VD, ∗LD, ∗AC, 常数 OUT(WORD): IW, QW, VW, MW, SMW, SW, T, C, LW, AC, ∗VD, ∗LD, ∗AC
七段显示译码指令 SEG EN　ENO IN　OUT	SEG IN, OUT	将字节型输入数据 IN 的低四位有效数字产生相应的七段显示码,并将其输出到 OUT 指定的单元	IN(BYTE): IB, QB, VB, MB, SMB, SB, LB,AC, ∗VD, ∗LD, ∗AC, 常数 OUT(BYTE): IB, QB, VB, MB, SMB, SB, LB,AC, ∗VD, ∗LD, ∗AC

注:编码和译码指令影响允许输出 ENO 正常工作的出错条件是 SM4.3(运行时间),0006(间接寻址错误)。

　　七段码显示器 g,f,e,d,c,b,a 的位置关系和数字 0—9、字母 A—F 与七段显示码的对应关系见表 8.15。每段置 1 时亮,置 0 时暗。与其对应的 8 位编码(最高位补 0)称为七段显示码。例如,要显示数据"0"时,七段数码管明暗规则依次为(0111111)$_2$(g 管暗,其余各管亮),将高位补 0 后为(00111111)$_2$。即"0"译码为"(3F)$_{16}$"。影响允许输出 ENO 正常工作的出错条件为 SM4.3(运行时间),0006(间接寻址错误)。

　　此外,S7.200 的数据转换指令还有 ASCII 码转为 16 进制,16 进制转为 ASCII 码以及整数、双字、实数等与 ASCII 的相互转换等,因为应用较少,在此不再详述。

表 8.15　七段显示编码

输入 LSD	七段码 显示器	输出 - g f e d c b a		输入 LSD	七段码 显示器	输出 - g f e d c b a
0		0 0 1 1 1 1 1 1		8		0 1 1 1 1 1 1 1
1		0 0 0 0 0 1 1 0		9		0 1 1 0 0 1 1 1
2		0 1 0 1 1 0 1 1		A		0 1 1 1 0 1 1 1
3		0 1 0 0 1 1 1 1		B		0 1 1 1 1 1 0 0
4		0 1 1 0 0 1 1 0		C		0 0 1 1 1 0 0 1
5		0 1 1 0 1 1 0 1		D		0 1 0 1 1 1 1 0
6		0 1 1 1 1 1 0 1		E		0 1 1 1 1 0 0 1
7		0 0 0 0 0 1 1 1		F		0 1 1 1 0 0 0 1

8.8　程序控制指令

程序控制指令主要用于程序结构的优化,增强程序功能。S7-200 的程序控制指令主要包括结束、暂停、看门狗、跳转、循环、子程序调用、顺序控制等指令。程序控制指令见表 8.16。

表 8.16　程序控制指令

LAD	STL	说　明	数据类型及操作数
结束——(END)——	END	根据前面用户关系终止 用户主程序	无
暂停——(STOP)——	STOP	立即终止程序的执行	无
看门狗复位 ——(WDR) ——	WDR	重新触发看门狗定时器	无

续表

LAD	STL	说　明	数据类型及操作数
跳转及标号 ——(JMP)—— n ├──┤LBL│	JMP　n LBL　n	使程序流程转到同一程序中的具体标号(n)处,LBL 标记跳转目的地的位置(n)	n(WORD)：0~255
子程序调用及返回 ─┤SBR_n│ ——(RET)	CALL　SBR_n CRET	把程序控制权交给子程序(n)。 CRET 根据前面逻辑关系决定是否终止子程序	n(BYTE)：常数
循环 ┌─────┐ │　FOR　│ │EN　　ENO│ │INDX　│ │INIT　│ │FINAL│ └─────┘ ├──(NEXT)	FOR　INDX 　　　INIT 　　　FINAL NEXT	FOR 指令,NEXT 指令必须成对使用。FOR 标记循环的开始,NEXT 标记循环的结束。 INDX:当前循环计数 INIT:初值 FINAL:终值	INDX (INT)：IW, QW, VW, MW, SMW, SW, T, C,LW, AC, * VD, * LD, * AC INIT,FINAL(INT)：VW, IW, QW, MW, SMW, SW, T, C, LW, AC, AIW, * VD, * AC,常数

8.8.1　结束指令 END/MEND

结束指令的功能是结束主程序,它只能在主程序中使用,不能在子程序和中断服务程序中使用。梯形图结束指令直接连在左侧电源母线时,为无条件结束指令(MEND),不连在左侧母线时,为条件结束指令(END)。

条件结束指令在使能输入有效时,终止用户程序的执行,返回主程序的第一条指令执行(循环扫描工作方式)。无条件结束指令执行时(指令直接连在左侧母线,无使能输入),立即终止用户程序的执行,返回主程序的第一条指令执行。

STEP7-Micro/WIN32 编程软件在主程序的结尾自动生成无条件结束(MEND)指令,用户不得输入无条件结束指令,否则编译将出错。

8.8.2　暂停指令 STOP

暂停指令的功能是使能输入有效时,立即终止程序的执行,CPU 工作方式由 RUN 切换到 STOP 方式。在中断程序中执行 STOP 指令,该中断程序立即终止,并且忽略所有挂起的中断,继续扫描程序的剩余部分,在本次扫描的最后,将 CPU 由 RUN 切换到 STOP。

8.8.3　看门狗复位指令 WDR(Watch Dog Reset)

在 PLC 中,为了避免出现程序死循环的情况,有一个专门监视扫描周期的警戒时钟,常称为看门狗定时器。它有一设定的重启动时间,若程序扫描周期超过 300 ms,看门狗复位指令重新触发看门狗定时器,可以增加一次扫描时间。

看门狗复位指令的功能是使能输入有效时,将看门狗定时器复位。在没有看门狗错误的情况下,可以增加一次扫描允许的时间。若使能输入无效,看门狗定时器定时时间到,程序将中止当前指令的执行,重新启动,返回到第一条指令重新执行。注意:使用 WDR 指令时,要防止过度延迟扫描完成时间。否则,在终止本扫描之前,下列操作过程将被禁止(不予执行):通信(自由端口方式除外)、I/O 更新(立即 I/O 除外)、强制更新、SM 更新(SMO,SM5~SM29 不能被更新)、运行时间诊断、中断程序中的 STOP 指令。扫描时间超过 25 s、10 ms 和 100 ms 时,定时器将不能正确计时。

跳转指令可以使 PLC 编程的灵活性大大提高,使主机可根据对不同条件的判断,选择不同的程序段执行程序。

①跳转指令 JMP(Jump to Label):当输入端有效时,使程序跳转到标号处执行。

②标号指令 LBL(Label):指令跳转的目标标号。操作数 n 为 0~255。

③跳转指令和标号指令必须配合使用,而且只能使用在同一程序块中,如主程序、同一个子程序或同一个中断程序,不能在不同的程序块中互相跳转。

执行跳转后,被跳过程序段中的各元器件的状态如下:

①Q、M、S、C 等元器件的位保持跳转前的状态。

②计数器 C 停止计数,当前值存储器保持跳转前的计数值。

③对定时器来说,因刷新方式不同而工作状态不同。在跳转期间,1 ms 和 10 ms 的定时器会一直保持跳转前的工作状态,原来工作的继续工作,到设定值后其位的状态也会改变,输出触点动作,其当前值存储器一直累计到最大值 32 676 才停止。对 100 ms 的定时器来说,跳转期间停止工作,但不会复位,存储器里的值为跳转时的值,跳转结束后,若输入条件允许,可继续计时,但已失去了准确计时的意义。

8.8.4　循环指令 FOR 和 NEXT

循环指令的引入为解决重复执行相同功能的程序段提供了极大方便,并且优化了程序结构。循环指令有两条:FOR 和 NEXT,这两条指令必须成对使用。循环开始指令 FOR 用来标记循环体的开始。循环结束指令 NEXT 用来标记循环体的结束。循环指令无操作数。FOR 和 NEXT 之间的程序段称为循环体,每执行一次循环体,当前计数值增 1,并且将其结果同终值进行比较,如果大于终值,则终止循环。

FOR 和 NEXT 可以循环嵌套,嵌套最多为 8 层,但各个嵌套之间不可有交叉现象。每次使能输入(EN)重新有效时,指令将自动复位各参数。当初值大于终值时,循环体将不被执行。

8.8.5　子程序调用及返回

建立子程序是通过编程软件来完成的。可先选择编程软件"编辑"菜单中的"插入"选项,选择"子程序",以建立或插入一个新的子程序,同时,在指令树窗口可以看到新建的子程序图标,默认的程序名是 SBR_N,编号 N 从 0 开始按递增顺序生成,也可以在图标上直接更改子程序的程序名,把它变为更能描述该子程序功能的名字。在指令树窗口双击子程序的图标就可进入子程序,并对它进行编辑。

子程序调用指令 CALL 在使能输入有效时,主程序把程序控制权交给子程序。子程序的调用可以带参数,也可以不带参数。它在梯形图中以指令盒的形式编程。

子程序条件返回指令 CRET。在使能输入有效时,结束子程序的执行,返回主程序中(此子程序调用的下一条指令)。梯形图中以线圈的形式编程,指令不带参数。

CRET 多用于子程序的内部,由判断条件决定是否结束子程序调用,RET 用于子程序的结束。用 Micro/Win32 编程时,编程人员不需要手工输入 RET 指令,而是由软件自动加在每个子程序结尾。

如果在子程序的内部又对另一子程序执行调用指令,则这种调用称为子程序的嵌套。子程序的嵌套深度最多为 8 级。

当一个子程序被调用时,系统自动保存当前的堆栈数据,并把栈顶置 1,堆栈中的其他置为 0,子程序占有控制权。子程序执行结束,通过返回指令自动恢复原来的逻辑堆栈值,调用程序又重新取得控制权。

累加器的值可在调用程序和被调用子程序之间自由传递,所以累加器的值在子程序调用时既不保存也不恢复。

8.9　其他重要指令

8.9.1　中断指令

所谓中断,是当控制系统执行正常程序时,系统中出现了某些需要马上处理的事件或者特殊请求,当 CPU 响应中断请求后,暂时中断现行程序,转去对随机发生的更加紧急的事件进行处理(执行中断服务程序),一旦处理结束,系统自动回到原来被中断的程序继续执行。

中断主要由中断源和中断服务程序构成,而中断控制指令包括中断允许、中断禁止指令和中断连接、分离指令。

(1)中断源

中断源是中断事件向 PLC 发出中断请求的信号。S7-200 系列 PLC 至多具有 34 个中断源,每个中断源都被分配了一个编号加以识别,称为中断事件号。不同的 CPU 模块,可使用的中断源有所不同,具体见表 8.17。

表 8.17　不同 CPU 模块可使用的中断源

CPU 模块	CPU221、CPU222	CPU224	CPU226
可使用的中断源(中断事件)	0~12,19~23,27~33	0~23,27~33	0~33

34 个中断源大致可分为 3 大类:通信中断、I/O 中断、时基中断。

1）通信中断

在自由口通信模式下（通信口由程序来控制），可以通过编程来设置通信的波特率、每个字符位数、起始位、停止位及奇偶校验，可以通过接收中断和发送中断来简化程序对通信的控制。

2）I/O 中断

I/O 中断包含了上升沿和下降沿中断、高速计数器中断、高速脉冲输出中断。上升沿和下降沿中断是系统利用 I0.0~I0.3 的上升沿或下降沿所产生的中断，用于连接某些一旦发生就必须引起注意的外部事件；高速计数器中断可以响应诸如当前值等于预置值、计数方向的改变、计数器外部复位等事件所产生的中断；高速脉冲输出中断可以响应给定数量脉冲输出完毕所产生的中断。

3）时基中断

时基中断包括定时中断和定时器中断。定时中断按指定的周期时间循环执行，周期时间以 1 ms 为计量单位，周期可以设定为 1~255 ms。S7-200 系列 PLC 提供了两个定时中断，即定时中断 0 和定时中断 1，对于定时中断 0，把周期时间值写入 SMB34；对于定时中断 1，把周期时间值写入 SMB35。当定时中断允许，则相关定时器开始计时，当达到定时时间值时，相关定时器溢出，开始执行定时中断所连接的中断处理程序。定时中断一旦允许就连续运行，按指定的时间间隔反复执行被连接的中断程序，通常可用于模拟量的采样周期或执行一个 PID 控制。定时器中断就是利用定时器来对一个指定的时间段产生中断，只能使用 1 ms 定时器 T32 和 T96 来实现。在定时器中断被允许时，当定时器的当前值和预置值相等，则执行被连接的中断程序。

（2）中断优先级

所谓中断优先级，是指当多个中断事件同时发出中断请求时，CPU 响应中断的先后次序。优先级高的先执行，优先级低的后执行。SIMEMENS 公司 CPU 规定的中断优先级由高到低的顺序是：通信中断、输入输出中断、时基中断。同类中断中的不同中断事件也有不同的优先权，见表 8.18。

表 8.18　CPU226 中的中断事件及其优先级

中断事件号	中断描述	优先组	组内优先级
8	通信口 0:接收字符		0
9	通信口 0:发送信息完成		0
23	通信口 0:接收信息完成	通信 （最高）	0
24	通信口 1:接收信息完成		1
25	通信口 1:接收字符		1
26	通信口 1:发送信息完成		1

续表

中断事件号	中断描述	优先组	组内优先级
19	PTO0 脉冲串输出完成中断:		0
20	PTO1 脉冲串输出完成中断		1
0	I0.0 上升沿		2
2	I0.1 上升沿		3
4	I0.2 上升沿		4
6	I0.3 上升沿		5
1	I0.0 下降沿		6
3	I0.1 下降沿		7
5	I0.2 下降沿		8
7	I0.3 下降沿		9
12	HSC0 当前值等于预置值中断		10
27	HSC0 输入方向改变中断	I/O 中断	11
28	HSC0 外部复位中断	（中等）	12
13	HSC1 当前值等于预置值中断		13
14	HSC1 输入方向改变中断		14
15	HSC1 输入方向改变中断		15
16	HSC2 当前值等于预置值中断		16
17	HSC2 输入方向改变中断		17
18	HSC2 外部复位中断		18
32	HSC3 当前值等于预置值中断		19
29	HSC4 当前值等于预置值中断		20
30	HSC4 输入方向改变中断		21
31	HSC4 外部复位中断		22
33	HSC5 当前值等于预置值中断		23
10	定时中断 0		0
11	定时中断 1	定时中断	1
21	定时器 T32 当前值等于预置值中断	（最低）	2
22	定时器 T96 当前值等于预置值中断		3

在 PLC 中,CPU 按先来先服务的原则处理中断,一个中断程序一旦执行,它会一直执行到结束,不会被其他高优先级的中断事件所打断。在任一时刻,CPU 只能执行一个用户中断程序,正在处理某中断程序时,新出现的中断事件则按照优先级排队等候处理,中断队列可保存的最大中断数是有限的,如果超出队列容量,则产生溢出,某些特殊标志存储器被置位。S7-200 系列 PLC 各 CPU 模块最大中断数及溢出标志位见表 8.19。

表 8.19 各 CPU 模块最大中断数及溢出标志位

中断队列种类	CPU221CPU222CPU224	CPU226CPU226XM	中断队列溢出标志位
通信中断队列	4	8	SM4.0
I/O 中断队列	16	16	SM4.1
时基中断队列	8	8	SM4.2

（3）中断程序

中断程序是用户为处理中断事件而事先编制的程序。建立中断程序的方法为:选择编程软件中"编辑"菜单中的"插入"子菜单下的"中断程序"选项,就可以建立一个新的中断程序。默认的中断程序名(标号)为 INT_N,编号 N 的范围为 0~127,从 0 开始按顺序递增,也可以通过"重命名"命令为中断程序改名。

中断程序名 INT_N 标志着中断程序的入口地址,可以通过中断程序名在中断连接指令中将中断源和中断程序连接起来。在中断程序中,可以用有条件中断返回指令或无条件中断返回指令来返回主程序。

（4）中断连接指令(ATCH)、中断分离指令(DTCH)

中断连接指令(ATCH)、中断分离指令(DTCH)的梯形图和指令表格式如图 8.72 所示。

中断连接指令(ATCH)是指当 EN 端口执行条件存时,把一个中断事件(EVENT)和一个中断程序(INT)联系起来,并允许该中断事件。INT 为中断服务程序的标号,EVNT 为中断事件号。

中断分离指令(DTCH)是指当 EN 端口执行条件存在时,切断一个中断事件和中断程序之间的联系,并禁止该中断事件。EVNT 端口指定被禁止的中断事件。

（5）中断允许指令(ENI)、中断禁止指令(DISI)

中断允许指令(ENI)、中断禁止指令(DISI)指令梯形图和指令表格式如图 8.73 所示。

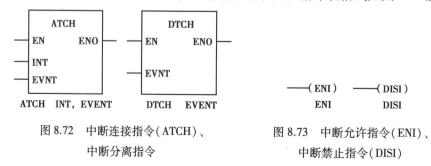

图 8.72 中断连接指令(ATCH)、
中断分离指令

图 8.73 中断允许指令(ENI)、
中断禁止指令(DISI)

中断允许指令(ENI):当逻辑条件成立时,全局地允许所有被连接的中断事件。该指令无操作数。

中断禁止指令(DISI):当逻辑条件成立时,全局地禁止所有被连接的中断事件。该指令无操作数。

(6)中断返回指令

中断返回指令包含有条件中断返回指令(CRETI)和无条件中断返回指令(RETI)。

有条件中断返回指令(CRETI):当逻辑条件成立时,从中断程序中返回到主程序,继续执行。

无条件中断返回指令(RETI):由编程软件在中断程序末尾自动添加。

中断处理提供了对特殊的内部或外部事件的快速响应。因此,中断程序应短小、简单,执行时间不宜过长。在中断程序中不能使用 DISI、ENI、HDEF、LSCR 和 END 指令。中断程序的执行影响触点、线圈和累加器状态,中断前后,系统会自动保存和恢复逻辑堆栈、累加器及特殊存储标志位(SM)来保护现场。

定时中断指令采集模拟量的程序应用如图 8.74 所示。

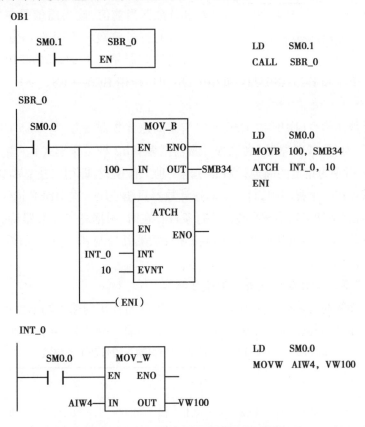

图 8.74　定时中断指令采集模拟量的程序

8.9.2　高速计数器指令

PLC 中普通计数器受到扫描周期的影响,对高速脉冲的计数会发生脉冲丢失现象,导致计数不准确。高速计数器(HSC)(High Speed Counter)脱离主机的扫描周期而独立计数,它可用来累计比 PLC 的扫描频率高得多的脉冲输入(最高可达 30 kHz)。高速计数器常用于电动机转速控制等场合,使用时,可由编码器将电动机的转速转化为高频脉冲信号,通过对高频脉冲的计数和编程来实现对电动机的控制。

(1)高速计数器指令

高速计数器指令包括定义高速计数器指令(HDEF)、高速计数器指令(HSC),指令的梯形图及指令表格式如图 8.75 所示。

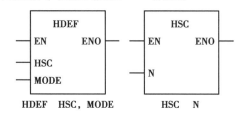

图 8.75　高速计数器指令

S7-200 系列 PLC 中规定了 6 个高速计数器编号,使用时每个高速计数器都有地址编号 HCn(非正式程序中一般也用 HSCn),n 的取值范围为 0~5。每个高速计数器包含两个方面的信息:计数器位和计数器当前值,该当前值是一个只读的 32 位双字长的符号整数。不同的 CPU 模块中,可使用的高速计数器是不同的,CPU221 和 CPU222 可以使用 HC0、HC3、HC4 和 HC5;CPU224 和 CPU226 可以使用 HC0~HC5。

(2)指令功能

定义高速计数器指令(HDEF):HSC 端口指定高速计数器编号,为 0~5 的常数;MODE 端口指定工作模式,为 0~11 的常数(各高速计数器至多有 12 种工作模式)。当 EN 端口执行条件存在时,HDEF 指令为指定的高速计数器选定一种工作模式,即用来建立高速计数器与工作模式之间的联系。在一个程序中,每一个高速计数器只能使用一次 HDEF 指令。

高速计数器指令(HSC):当 EN 端口执行条件存在时,根据高速计数器特殊存储器位的状态,按照 HDEF 指令所指定的工作模式设置高速计数器并控制其工作。操作数 N 指定了高数计数器号,为 0~5 的常数。

(3)高速计数器的工作模式及输入端子分配

每种高速计数器都有多种功能不相同的工作模式,所使用的输入端子也不相同,主要分为脉冲输入端子、方向控制输入端子、复位输入端子、启动输入端子等,见表 8.20、表 8.21。

表 8.20　HSC0、HSC3~HSC5 的外部输入信号及工作模式

运行模式	HSC0			HSC3	HSC4			HSC5
	I0.0	I0.1	I0.2	I0.1	I0.3	I0.4	I0.5	I0.4
0	计数			计数	计数			计数
1	计数		复位		计数		复位	
3	计数	方向			计数	方向		

续表

运行模式	HSC0			HSC3	HSC4			HSC5
	I0.0	I0.1	I0.2	I0.1	I0.3	I0.4	I0.5	I0.4
4	计数	方向	复位		计数	方向	复位	
6	增计数	减计数			增计数	减计数		
7	增计数	减计数	复位		增计数	减计数	复位	
9	A 相计数	B 相计数			A 相计数	B 相计数		
10	A 相计数	B 相计数	复位		A 相计数	B 相计数	复位	

表 8.21　HSC1、HSC2 的外部输入信号及工作模式

运行模式	HSC1				HSC2			
	I0.6	I0.7	I1.0	I1.1	I1.2	I1.3	I1.4	I1.5
0	计数				计数			
1	计数		复位		计数		复位	
2	计数		复位	启动	计数		复位	启动
3	计数	方向			计数	方向		
4	计数	方向	复位		计数	方向	复位	
5	计数	方向	复位	启动	计数	方向	复位	启动
6	增计数	减计数			增计数	减计数		
7	增计数	减计数	复位		增计数	减计数	复位	
8	增计数	减计数	复位	启动	增计数	减计数	复位	启动
9	A 相计数	B 相计数			A 相计数	B 相计数		
10	A 相计数	B 相计数	复位		A 相计数	B 相计数	复位	
11	A 相计数	B 相计数	复位	启动	A 相计数	B 相计数	复位	启动

从表中可以看出,高速计数器工作模式主要分为 4 类:

①带内部方向控制的单向增/减计数器(模式 0~2),它有一个计数输入端,没有外部控制方向的输入信号,由内部控制计数方向,只能进行单向增计数或减计数,有一个计数输入端。如 HC1 的模式 0,其计数方向控制位为 SM47.3,当该位为 0 时为减计数,该位为 1 时为增计数。

②带外部方向控制的单向增/减计数器(模式 3~5),它由外部输入信号控制计数方向,有

一个计数输入端,只能进行单向增计数或减计数。如 HC2 的模式 3,I1.3 为 0 时为减计数,I1.3 为 1 时为增计数。

③带增减计数输入的双向计数器(模式 6~8),它有两个计数输入端,一个为增计数输入,一个为减计数输入。

④A/B 相正交计数器(模式 9~11),它有两个计数脉冲输入端:A 相计数脉冲输入端和 B 相计数脉冲输入端。A/B 相正交计数器利用两个输入脉冲的相位确定计数方向,当 A 相计数脉冲超前于 B 相脉冲计数脉冲时为增计数,反之为减计数。

(4)高速计数器控制位、当前值、预置值及状态位定义

要正确使用高速计数器,必须正确设置高速计数器的控制字节、当前值与预置值。状态位表明了高速计数器的工作状态,可以作为编程的参考点。

1)高速计数器控制字节

每个高速计数器都有一个控制字节,见表 8.22,通过对控制字节的编程来确定计数器的工作方式。例如:复位及启动输入可以设置为高电平有效还是低电平有效;可设置正交计数器的计数倍率;可设置在高速计数器运行过程中是否允许改变计数方向;是否允许更新当前值和预置值;以及是否允许执行高速计数器指令。

表 8.22　高速计数器控制字节

HSC0	HSC1	HSC2	HSC3	HSC4	HSC5	控制位功能描述
SM37.0	SM47.0	SM57.0		SM147.0		复位有效电平控制位;0(高电平有效),1(低电平有效)
	SM47.1	SM57.1				启动有效电平控制位;0(高电平有效),1(低电平有效)
SM37.2	SM47.2	SM57.2		SM147.2		正交计数器计数速率选择,0(4X),1(1X)
SM37.3	SM47.3	SM57.3	SM137.3	SM147.3	SM157.3	计数方向控制位;0(减计数),1(增计数)
SM37.4	SM47.4	SM57.4	SM137.4	SM147.4	SM157.4	向 HSC 中写入计数方向;0(不更新),1(更新计数方向)
SM37.5	SM47.5	SM57.5	SM137.5	SM147.5	SM157.5	向 HSC 中写入预置值,0(不更新),1(更新预置值)
SM37.6	SM47.6	SM57.6	SM137.6	SM147.6	SM157.6	向 HSC 中写入新的当前值,0(不更新),1(更新当前值)
SM37.7	SM47.7	SM57.7	SM137.7	SM147.7	SM157.7	HSC 允许,0(禁止 HSC),1(允许 HSC)

2）高速计数器的当前值和预置值的设置

每个高速计数器都有一个当前值和预置值，表 8.23 为当前值和预置值单元分配表。当前值和预置值都是有符号双字整数。必须将当前值和预置值存入表 8.23 所示的特殊存储器中，然后执行 HSC 指令，才能够将新值传送给高速计数器。

表 8.23　高速计数器的当前值和预置值

HSC0	HSC1	HSC2	HSC3	HSC4	HSC5	说　明
SMD38	SMD48	SMD58	SMD138	SMD148	SMD158	新当前值
SMD38	SMD42	SMD52	SMD62	SMD142	SMD152	新预置值

3）高速计数器的状态位

每个高速计数器都有一个状态字节，其中某些位表明了当前计数方向、当前值是否等于预置值、当前值是否大于预置值的状态，具体见表 8.24。可以通过监视高速计数器的状态位产生相应中断来完成重要的操作。

表 8.24　高速计数器的状态位

HSC0	HSC1	HSC2	HSC3	HSC4	HSC5	状态位功能描述
SM36.0 ~ SM36.4	SM46.0 ~ SM46.4	SM56.0 ~ SM56.4	SM136.0 ~ SM136.4	SM146.0 ~ SM146.4	SM156.0 ~ SM156.4	不用
SM36.5	SM46.5	SM56.5	SM136.5	SM146.5	SM156.5	当前计数方向状态位:0（减计数）、1（增计数）
SM36.6	SM46.6	SM56.6	SM136.6	SM146.6	SM156.6	当前值等于预置值状态位:0（不等）、1（相等）
SM36.7	SM46.7	SM56.7	SM136.7	SM146.7	SM156.7	当前值大于预置值状态位:0（小于等于）、1（大于）

高速计数器应用举例如图 8.76 所示。

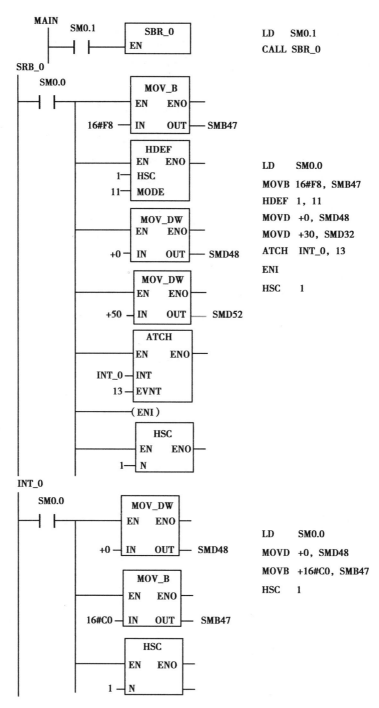

图 8.76　高速计数器应用

8.9.3　PID 回路指令

PID 算法是过程控制领域中技术成熟、使用广泛的控制方法。在较早的 PLC 中并没有
PID 的现成指令,只能通过运算指令实现 PID 功能,但随着 PLC 技术的发展,很多品牌的 PLC

都增加了 PID 功能,有些是专用模块,有些是指令形式,都大大扩展了 PLC 的应用范围。在 S7-200 系列 PLC 中,是通过 PID 回路指令来实现 PID 功能的。

（1）PID 算法简介

在闭环控制系统中,PID 控制器（即比例-积分-微分控制）调节回路的输出。PID 回路的输出 M 是时间 t 的函数,可以看作比例项、积分项和微分项三项之和,即

$$M(t) = K_c e + K_I \int_0^t edt + Minitial + K_D de/dt \tag{8.1}$$

式中　$M(t)$——PID 回路的输出,是时间函数;

　　　K_c——PID 回路的增益;

　　　K_I——积分项的系数

　　　e——PID 回路的偏差;

　　　K_D——微分项的系数

　　　Minitial——PID 回路的初始值。

数字计算机处理这个函数关系式,必须将连续函数离散化,即对偏差周期采样并离散化,同时各信号也离散化后,计算输出值。公式如下:

$$M_n = \frac{K_C \times (SP_n - PV_n) + K_C \times T_S}{T_I \times (SP_n - PV_n)} + \frac{MX + K_C \times T_D}{T_S \times (PV_{n-1} - PV_n)} \tag{8.2}$$

式中　M_n——在第 n 采样时刻 PID 回路输出的计算值;

　　　K_C——PID 回路的增益;

　　　SP_n——第 n 个采样时刻的给定值;

　　　PV_n——第 n 个采样时刻的过程变量值。

　　　T_S——采样周期;

　　　T_I——积分时间常数。

　　　MX——积分前项值

　　　T_D——微分时间常数;

　　　PV_{n-1}——第 n-1 采样时刻的过程变量值。

积分项前值 MX 是第 n 个采样周期前所有积分项之和。在每次计算出积分项之都要用该项去更新 MX。在第一次计算时,MX 的初值被设置为 Minitial（初值）。

式（8.2）中包含 9 个用来控制和监视 PID 运算的参数,这些参数分别是过程变量当前值 PV_n,过程变量前值 PV_{n-1},给定值 SP_n,输出值 M_n,增益 K_C,采样时间 T_S,积分时间 T_I,微分时间 T_D,和积分项前值 MX。在 PID 指令使用时要构成回路表,36 个字节的回路表格式见表 8.25。

表 8.25　PID 回路表格式

地址偏移量	变量名	数据类型	I/O 类型	描　　述
0	过程变量 PV_n	实数	I	0.0~1.0
4	给定值 SP_n	实数	I	0.0~1.0
8	输出值 M_n	实数	I/O	0.0~1.0
12	增益 K_C	实数	I	比例常数,可正可负

续表

地址偏移量	变量名	数据类型	I/O 类型	描 述
16	采样时间 T_S	实数	I	单位为 s,正数
20	积分时间 T_i	实数	I	单位为分钟,正数
24	微分时间 T_D	实数	I	单位为分钟,正数
28	积分项前值 MX	实数	I/O	0.0~1.0
32	过程变量前值 PV_{n-1}	实数	I/O	最近一次 PID 运算的过程变量值,0.0~1.0

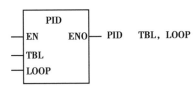

图 8.77　PID 回路指令

(2)PID 回路指令

PID 回路指令是指当 EN 端口执行条件存在时,运用回路表中的输入信息和组态信息进行 PID 运算。指令的 LAD 和 STL 格式如图 8.77 所示。

该指令有 2 个操作数:TBL 和 LOOP。其中,TBL 是回路表的起始地址,操作数限用 VB 区域(BYTE 型);LOOP 是回路号,可以是 0~7 的整数。在程序中最多可以用 8 条 PID 指令,PID 回路指令不可重复使用同一回路号(即使这些指令的回路表不同),否则会产生不可预料的结果。若要以一定的采样频率进行 PID 运算,采样时间必须输入回路表中,且 PID 指令必须编入定时发生的中断程序中,或者在主程序中由定时器控制 PID 指令的执行频率。

(3)选择 PID 回路的类型

在大部分模拟量的控制系统中,使用的回路控制类型并不是比例、积分和微分三者俱全,有些控制系统只需要比例、积分、微分其中的一种或两种控制类型,可以通过设置相关参数来选择所需的回路控制类型。

如只需要比例、微分回路控制,可以把积分时间常数 T_i 设置为无穷大。此时虽然由于有初值 MX 使积分项不为 0,但积分作用可以忽略。

如只需要比例、积分回路控制,可以把微分时间常数 T_D 设置为 0,微分作用即被关闭。

如只需要积分或微分回路,则可以把比例增益 K_C 设置为 0.0,在计算积分项和微分项时,系统把回路增益 K_C 当作 1.0。

(4)PID 回路指令控制方式

S7-200 系列 PLC 中,PID 回路指令没有控制方式的设置。所谓自动方式,是指只要 EN 端有效时,就周期性地执行 PID 指令。而手动方式是指 PID 功能框的允许输入 EN 无效时,不执行 PID 指令。

在程序运行过程中,当 EN 端检测到一个正跳变(从 0 到 1)信号,PID 回路就从手动方式切换到自动方式。为了达到无扰动切换,在手动控制过程中,必须将当前输入值填入回路表中的 Mn 栏,用来初始化输出值 Mn,且进行一系列操作,以保证手动方式无扰动地切换到自动方式。

置给定值 SP_n＝过程变量 PV_n

置过程变量前值 PV_{n-1}＝过程变量当前值 PV_n。

置积分项前值 MX=输出值 M_n。

（5）回路输入输出变量的数值转换

使用 PID 指令时，应对采集到的数据和计算出来的 PID 控制结果数据进行转换及标准化。数值转换及标准化的步骤如下：

1）回路输入变量的转换和归一化处理。

每个 PID 回路有 2 个输入变量，给定值 SP 和过程变量 PV。给定值通常是一个固定的值，如温度控制中的温度给定值。过程变量就是温度的测量值，与 PID 回路输出有关，并反映了控制的效果。

给定值和过程变量都是实际工程物理量，其幅度、范围和测量单位都可以不一样。执行 PID 指令前必须把它们进行标准化处理，即用程序把它们转换成浮点型实数值。

第一步，把 A/D 模拟量单元输出的 16 位整数值转换成实数值。

程序如下：

XORD	AC0,AC0	//清累加器 AC0
ITD	AIW0,AC0	//把待变换的模拟量转换为双整数并存入 AC0
DTR	AC0,AC0	//把 32 位双整数转换为实数

第二步，实数的归一化处理。即把实数值转换为 0.1~1.0 的实数。归一化的公式为

$$Rnom = (Rraw/Span + Offset) \tag{8.3}$$

式中　Rnom——标准化的实数值；

　　　Rraw——未标准化的实数值；

　　　Offset——补偿值或偏值，对于单极性为 0.0，对于双极性为 0.5；

　　　Span——值域大小，为最大允许值减去最小允许值，对于单极性为 32 000（典型值），对于双极性为 64 000（典型值）。

双极性实数归一化程序如下（在程序设计中，可紧接上面的程序）：

/R	64000.00,AC0	//将累加器中的实数值除以 64 000.00
+R	0.5,AC0	//加上偏值，使其在 0.0~1.0 范围内
MOVR	AC0,VD100	//将归一化结果存入回路表

2）回路输出变量的数据转换

回路输出变量是用来控制外部设备的，例如控制水泵的速度。PID 运算的输出值是 0.0~1.0 的标准化的实数值，在输出变量传送给 D/A 模拟量单元之前，必须把回路输出变量转换成相应的整数。这一过程是实数标准化的逆过程。

第一步，回路输出变量的的刻度化。把回路输出的标准化实数转换成实数，公式如下：

$$Rscal = (Mn - Offset)Span \tag{8.4}$$

式中　Rscal——回路输出的刻度实数值；

　　　Mn——回路输出的标准化实数值；

回路输出变量的刻度化程序如下：

MOVR	VD108,AC0	//将回路输出值放入 AC0
-R	0.5,AC0	//对双极性输出，减去 0.5 的偏值（单极性无此句）
*R	64000.0,AC0	//将 AC0 中的值按工程量标定

第二步，把回路输出变量的刻度值转换成整数（INT），并输出。其程序如下：

ROUND	AC0,AC0	//实数转换为 32 位整数
DTI	AC0,AC0	//双字整数转换为整数
MOVW	AC0,AQW0	//把输出值输出到模拟量输出寄存器

3）变量的范围

过程变量和给定值是进行 PID 运算的输入变量，因此，这两个变量只能被回路指令读取而不能改写。

输出变量是由 PID 运算所产生的，在每次 PID 运算完成之后，应把新输出值写入回路表。输出值应是 0.0~1.0 范围内的实数。

如果使用积分控制，积分项前值 MX 必须根据 PID 运算结果更新。每次 PID 运算后更新了的积分项前值要写入回路表，作为下一次 PID 运算的输入。如果输出值超过范围（大于 1.0 或小于 0.0），那么积分项前值应根据下列公式进行调整：

$$MX = 1.0 - (MPn - MDn) \qquad 当计算输出值 Mn > 1.0 时$$
$$MX = -(MPn - MDn) \qquad 当计算输出值 Mn < 0.0$$

式中　MX——经过调整了的积分项前值；

　　　MPn——第 n 采样时刻的比例项；

　　　MDn——第 n 采样时刻的微分项。

修改回路表中积分项前值时，应保证 MX 的值在 0.0~1.0 范围内。调整积分项前值后，使输出值回到 0.0~1.0 范围内，可以使系统的响应性能提高。

8.9.4　高速脉冲输出指令

高速脉冲输出功能可以使 PLC 在指定的输出点上产生高速脉冲，用来驱动负载实现精确控制。例如可以用于对步进电动机和直流伺服电动机的定位控制和调速。

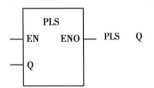

图 8.78　高速脉冲输出指令

（1）高速脉冲输出指令

高速脉冲输出指令的 LAD 和 STL 格式如图 8.78 所示。

高速脉冲的输出方式可分为高速脉冲串输出（PTO）和宽度可调脉冲输出（PWM）两种方式。高速脉冲串输出（PTO）提供方波（占空比为 50%）输出，用户控制脉冲周期和脉冲数；宽度可调脉冲输出（PWM）提供连续、占空比可调的脉冲输出，用户控制脉冲周期和脉冲宽度。

S7_200 系列 PLC 的 CPU 有两个 PTO/PWM 发生器产生高速脉冲串和脉冲宽度可调的波形，一个发生器分配给数字输出端 Q0.0，另一个分配给 Q0.1。PLS 指令只有一个输入端 Q，字型数据，只能取常数 0 或 1，对应从 Q0.0 或 Q0.1 输出高速脉冲。PTO/PWM 发生器和输出映像寄存器共同使用 Q0.0 和 Q0.1。如果 Q0.0 和 Q0.1 在程序执行时用作高速脉冲输出，则只能被高速脉冲输出使用，禁止使用数字量输出的通用功能，立即输出等指令无效；如果没有进行高速脉冲输出，Q0.0 和 Q0.1 可以作为普通的数字量输出点使用。

PLS 脉冲输出指令的功能是指当 EN 端口执行条件存在时，检测脉冲输出特殊存储器的状态，激活由控制字节定义的脉冲操作，从 Q 端口指定的输出端口输出高速脉冲。

（2）与高速脉冲输出相关的特殊功能寄存器

在 S7_200 系列 PLC 中，如果使用高速脉冲输出功能，则对应 Q0.0 和 Q0.1 和每一路

PTO/PWM输出,都对应一些特殊功能寄存器。寄存器分配见表 8.26。

表 8.26 高速脉冲输出的特殊功能寄存器分配

与 Q0.0 对应的寄存器	与 Q0.1 对应的寄存器	功能描述
SMB66	SMB76	状态字节,PTO 方式,监控脉冲串的运行状态
SMB67	SMB77	控制字节,定义 PTO/PWM 脉冲的输出格式
SMW68	SMW78	设置 PTO/PWM 脉冲的周期值,范围:2~65535
SMW70	SMW80	设置 PWM 的脉冲宽度值,范围:0~65535
SMD72	SMD82	设置 PTO 脉冲的输出脉冲数,范围:1~4294967295
SMB166	SMB176	设置 PTO 多段操作时的段数
SMW168	SMW178	设置 PTO 多段操作时包络表的起始地址

1)状态字节

状态字节用于 PTO 方式。Q0.0 或者 Q0.1 是否空闲,是否溢出,当采用多个脉冲串输出时,输出终止的原因,这些信息在程序运行时都能使状态字节置位或者复位。可以通过程序来读取相关位的状态,以此作为判条件来实现相应的操作。具体状态字节功能见表 8.27。

表 8.27 高速脉冲输出指信令的状态字节

Q0.0	Q0.1	状态位功能
SM66.0~SM66.3	SM76.0~SM76.3	没用
SM66.4	SM76.4	PTO 包络表因增量计算错误终止,0(无错误),1(有错误)
SM66.5	SM76.5	PTO 包络表因用户命令终止,0(不终止),1(终止)
SM66.6	SM76.6	PTO 管线溢出,0(无溢出),1(溢出)
SM66.7	SM76.7	PTO 空闲,0(执行中),1(空闲)

2)控制字节(SMB67/ SMB77)

每个高速脉冲输出都对应一个控制字节,用来设置高速脉冲输出的时间基准、具体周期、输出模式(PTO/PWM)、更新方式、PTO 的单段或多段输出选择等。控制字节中各控制位的功能描述见表 8.28。

表 8.28 高速脉冲输出控制位功能

Q0.0	Q0.1	控制位功能
SM67.0	SM77.0	允许更新 PTO/PWM 周期,0(不更新),1(允许更新)
SM67.1	SM77.1	允许更新 PWM 脉冲宽度值,0(不更新),1(允许更新)
SM67.2	SM77.2	允许更新 PTO 输出脉冲数,0(不更新),1(允许更新)

续表

Q0.0	Q0.1	控制位功能
SM67.3	SM77.3	PTO/PWM 的时间基准选择,0(1 μs/时基),1(1 ms/时基)
SM67.4	SM77.4	PWM 的更新方式,0(异步更新),1(同步更新)
SM67.5	SM77.5	PTO 单段/多段输出选择, 0(单段管线),1(多段管线)
SM67.6	SM77.6	PTO/PWM 的输出模式选择, 0(PTO 模式),1(PWM 模式)
SM67.7	SM77.7	允许 PTO/PWM 脉冲输出, 0(禁止脉冲输出),1(允许脉冲输出)

(3)PWM 脉冲输出设置

PWM 脉冲是指占空比可调而周期固定的脉冲。其周期和脉宽的增量单位可以设为微秒（μs）或毫秒（ms）。周期变化范围分别为 50~65 535 μs 和 2~65 535 ms。在设置周期时,一般应设定为偶数,否则将引起输出波形的占空比失真。周期设置值应大于 2,若设置小于 2,系统将默认为 2。脉冲宽度的变化范围分别为 0~65 535 μs 和 0~65 535 ms,占空比为 0%~100%,当脉宽大于等于周期时,占空比为 100%,即输出连续,当脉冲宽度为 0 时,占空比为 0%,即输出地直被关断。

由于 PWM 占空比可调,且周期可设置,所以脉冲连续输出时的波形可以更新。有两个方法可改变波形的特性:同步更新和异步更新。

同步更新:PWM 脉冲输出的典型操作是周期不变而变化脉冲宽度,所以不需要改变时间基准。不改变时间基准,可以使用同步更新。同步更新时,波形特性的变化发生在周期的边沿,可以形成波形的平滑转换。

异步更新: 若在脉冲输出时改变时间基准,就要使用异步更新方式。但是异步更新会导致 PWM 功能暂时失效,造成被设备的振动。

(4)PTO 脉冲串输出设置

PTO 脉冲串输出占空比为 1∶1 的方波,可以设置其周期和输出的脉冲数量。周期以微秒或毫秒为单位,周期变化范围为 50~65 535 μs 或 2~65 535 ms。周期设置时,一般设置为偶数,否则会引起输出波形占空比的失真。如果周期时间小于最小值,系统将默认为最小值。脉冲数设置范围为 1~4 294 967 295,如果设置值为 0,系统将默认为 1。

状态字节中的 PTO 空闲位(SM66.7 或 SM76.7)为 1 时,则表示脉冲串输出完成,可根据脉冲串输出的完成调用相应的中断程序来处理相关的重要操作。

在 PTO 输出形式中,允许连续输出多个脉冲串,每个脉冲串的周期和脉冲数可以不相同。当需要输出多个脉冲串时,允许这些脉冲串进行排队,即在当前的脉冲串输出完成后,立即输出新的脉冲串,从而形成管线。根据管线的实现形式,将 PTO 分为单段和多段管线两种。

1)单段管线

在单段管线 PTO 输出时,管线中只能存放一个脉冲串控制参数,在当前脉冲串输出期间就要立即为下一个脉冲串设置控制参数,待当前脉冲串输出完成后,再次执行 PLS 指令,就可以立即输出新的脉冲串。重复以上过程就可输出多个脉冲串。

采用单段管线的优点是各个脉冲串的时间基准可以不相同,其缺点是编程复杂,当参数设置不当时,会造成各个脉冲串之间的不平滑转换。

2)多段管线

当采用多段管线 PTO 输出高速脉冲串时,需要在变量存储区(V)建立一个包络表。包络表中包含各脉冲串的参数(初始周期、周期增量和脉冲数)及要输出脉冲的段数。当执行 PLS 指令时,系统自动从包络表中读取每个脉冲串的参数进行输出。

编程时,必须向 SMW168 或 SMW178 装入包络表的起始变量的偏移地址(从 V0 开始计算偏移地址),例如包络表从 VB500 开始,则需要向 SM168 或 SM178 中写入十进制数 500。包络表中的周期增量可以选择微秒或毫秒,但一个包络表中只能选择一个时间基准,运行过程中也不能改变。包络表的格式见表 8.29。

表 8.29　包络表的格式

从包络表开始的字节偏移地址	包络表各段	描　述
VBn		段数(1~255),设为 0 产生非致命性错误,不产生 PTO 输出
VWn+1	第 1 段	初始周期,数据范围:2~65 535
VWn+3		每个脉冲的周期增量,范围:-32 768~32 767
VDn+5		脉冲数(1~4 294 967 295)
VWn+9	第 2 段	初始周期,数据范围:2~65 535
VWn+11		每个脉冲的周期增量,范围:-32 768~32 767
VDn+13		脉冲数(1~4 294 967 295)
…	…	…

包络表每段的长度有 8 个字节,由周期值(16 bit)、周期增量值(16 bit)和本段内输出脉冲的数量(32 bit)组成。

一般来说,为了使各脉冲段之间能够平滑过渡,各段的结束周期(ECT)应与下一段的初始周期(ICT)相等。

3)高速脉冲输出指令应用举例

图 8.79 表示出了步进电动机启动加速、恒速运行、减速停止过程中脉冲频率-时间的关系,其中,加速部分在 200 个脉冲内达到最大脉冲频率(10 kHz),减速部分在 400 个脉冲内完成,试编写控制程序。

①计算周期增量。

加速部分(第 1 段):周期增量=(100 μs-500 μs)/200=-2 μs

恒速部分(第 2 段):周期增量=(100 μs-100 μs)/3 400=0 μs

减速部分(第 3 段):周期增量=(500 μs-100 μs)/400=2 μs

②假定包络表存放在从 VB500 开始的 V 存储器区,相应的包络表参数见表 8.30。

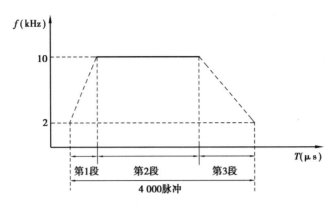

图 8.79　步进电动机工作过程

表 8.30　包络表值

V 存储器地址	参数值
VB500	3(总段数)
VW501	500(1 段初始周期)
VW503	-2(1 段周期增量)
VD505	200(1 段脉冲数)
VW509	100(2 段初始周期)
VW511	0(2 段周期增量)
VD513	3 400(2 段脉冲数)
VW517	100(3 段初始周期)
VW519	1(3 段周期增量)
VD521	400(3 段脉冲数)

依据包络表所设计的步进电动机控制程序(STL 形式)如下：

```
//＊＊＊＊＊＊＊主程序＊＊＊＊＊＊＊＊
LD      SM0.1
R       Q0.0,1
CALL    SBR_0                    //调用子程序
//＊＊＊＊＊＊＊子程序 SBR_0＊＊＊＊＊＊＊
LD      SM0.0
MOVB    16#A0,SMB67              //设置 PTO 控制字节
MOVW    +500,SMW168             //指定包络表的起始地址为 V500
MOVB    3,VB500                  //设定包络表的总段数为 3
MOVW    +500,VW501             //设定第 1 段的起始周期为 500 ms
MOVW    -2,VW503                //设定第 1 段的周期增量为-2 ms
```

MOVD	+200,VD505	//设定第 1 段的脉冲个数为 200
MOVW	+100,VW509	//设定第 2 段的起始周期为 100 ms
MOVW	+0,VW511	//设定第 2 段的周期增量为 0 ms
MOVD	+3400,VD513	//设定第 2 段的脉冲个数为 3 400
MOVW	+100,VW517	//设定第 3 段的起始周期为 100 ms
MOVW	+1,VW519	//设定第 3 段的周期增量为 1 ms
MOVD	+400,VD521	//设定第 3 段的脉冲个数为 400
ATCH	INT_2,19	//建立中断事件与中断程序的连接
ENI		//允许中断
PLS		//执行 PLS 指令

＊＊＊＊＊＊＊中断程序 INT_2＊＊＊＊＊＊＊

LD	SM0.0	
=	Q0.1	//当 PTO 输出完成时接通 Q0.1

8.9.5　时钟功能指令

时钟功能指令可以实现调用系统实时时间或设定时间,这对实现监控、记录、定时完成数据传送等与实时时间有关的控制十分方便。时钟功能指令共有两条:读实时时钟指令(Read Real-Time Clock)和设置实时时钟指令(Set Real-Time Clock)。

(1)读实时时钟指令(READ-RTC)

指令的 LAD 和 STL 格式如图 8.80 所示。

READ-RTC 是指当 EN 端口执行条件存在时,系统读当前时间和日期,并把它输入由 T 端口指定起始地址的 8 个连续字节的缓冲区。

(2)设置实时时钟指令(SET-RTC)

SET-RTC 是指当 EN 端口执行条件存在时,系

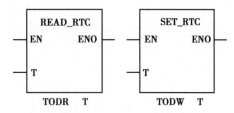

图 8.80　时钟功能指令

统将包含时间和日期的 8 字节缓冲区的内容装入 PLC 的时钟,操作数 T 指定 8 个连续字节的缓冲区的起始地址。

数据类型:T 为字节。8 字节时钟缓冲区(T)格式见表 8.31。

表 8.31　字节时钟缓冲区格式

缓冲区	T	T+1	T+2	T+3	T+4	T+5	T+6	T+7
内容	年	月	日	时	分	秒	0	星期
范围	00~99	01~12	01~31	00~23	00~59	00~59	0	01~07

注意:

①所有日期和时间数据均要以 BCD 表示,年份用最低两位数表示,如 2008 年表示为 08 年。

②PLC 不执行检查和核实输入日期是否正确,无效时间也可以被系统接受,所以必须确保输入数据准确性。

③不能同时在主程序和中断程序中使用读写时间指令,否则会产生非常致命的错误。

本章小结

在 S7-200PLC 的指令系统中,可分为基本指令和功能指令。基本指令是为取代传统的继电器接触器控制系统的需要而设计的,主要用于开关量逻辑控制,以位逻辑操作为主。功能指令也称应用指令,是指令系统中满足特殊控制要求的那些指令。

基本指令主要有:LD、LDN、=、A、AN、O、ON、S、R、EU、ED 指令,立即 I/O 指令,堆栈指令 ALD、OLD、LPS、LRD、LPP、LDS,比较指令。基本指令在程序设计中使用最频繁,要求熟练掌握指令的梯形图和语句表的编程方法,学会梯形图与语句表的"互译"。对初学者来说,梯形图与语句表的"互译"是理解和掌握基本指令功能和使用方法的比较好的途径。

PLC 的定时器相当于继电器控制系统中的时间继电器,是 PLC 中最常用的元件之一,正确使用定时器对 PLC 的程序设计非常重要。计数器是对 PLC 的外部输入脉冲进行累计,在实际应用中经常用来对产品进行计数或完成一些复杂的逻辑控制,计数器累计的输入脉冲上升沿(正跳变)的个数与预置值相等时,计数器动作,完成相应的控制。

算术运算指令主要用于数据的算术运算,包括加法、减法、乘法、除法及一些常用的数学函数指令。逻辑运算指令是对要操作的数据按二进制位进行逻辑运算,主要包括逻辑与、逻辑或、逻辑非、逻辑异或等操作,逻辑运算指令可实现字节、字、双字运算。

数据传送指令主要用于各个编程元件之间进行数据传送,主要包括单个数据传送、数据块传送、交换、循环填充指令。

数据移位指令的作用是对操作数按二进制位进行移位操作,移位指令包括左移位、右移位、循环左移位、循环右移位以及移位寄存器指令。

数据转换指令是对操作数的类型进行转换,并输出到指定的目标地址中去。S7-200 指令有很强的数据转换功能:有 BCD 码与整数之间的转换;实数与双字整数之间的转换(取整)等,还有译码、编码和段码指令。利用段码指令,可直接令七段数码管显示数据。

程序控制类指令主要用于程序结构的优化,增强程序功能。S7-200 的程序控制类指令主要包括结束、暂停、看门狗、跳转、循环、子程序调用、顺序控制等指令。

对功能指令,要求学生掌握指令的编程方法,通过程序的编程举例,读懂指令的含义,为复杂程序的编程设计打下基础。

习题与思考题

8.1 定时器有几种类型?各有什么特点?与定时器有关的变量有哪些?在梯形图中如何表这些变量?

8.2 计数器有几种类型?各有什么特点?与计数器有关的变量有哪些?在梯形图中如何表这些变量?

8.3 简述不同分辨率定时器的当前值的刷新方式。

8.4 已知输入触点时序图,结合程序画出 Q0.0 和 Q0.1 的时序图。

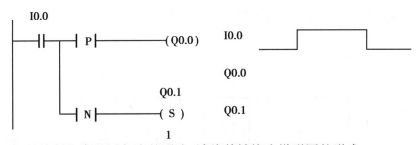

8.5　已知某控制程序的语句表的形式,请将其转换为梯形图的形式。

LD	I0.1	CTU	C10,360
AN	T37	LD	C10
TON	T37,1 000	0	Q0.0
LD	T37	=	Q0.0
LD	Q0.0		

8.6　已知某控制程序的语句表的形式,请将其转换为梯形图的形式。

LD	I0.1	A	I4.6
AN	I0.0	R	Q3.1
LPS		LRD	
AN	I0.2	A	I0.5
LPS		=	M3.6
A	I0.4	LPP	
=	Q2.1	AN	I0.4
LPP		TON	T37,25

8.7　已知某控制程序的语句表的形式,请将其转换为梯形图的形式。

LD	I0.7		
AN	I2.7	ALD	
LDI	I0.3	ON	M0.2
ON	I0.1	NOT	
A	M0.1	=1	Q0.41
OLD		LD	I2.5
LD	I0.5	LDN	M3.5
A	I0.3	ED	
O	I0.4	CTU	C41,30

8.8　将下面的梯形图程序转换成语句表指令形式。

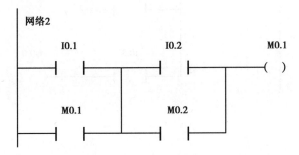

213

8.9　将下面的梯形图程序转换成语句表指令形式。

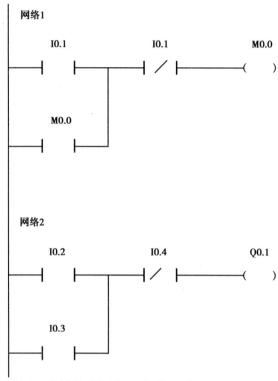

8.10　将下面的梯形图程序转换成语句表指令形式。

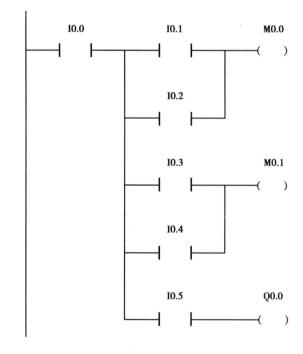

8.11　已知给出某个控制程序的梯形图的形式,请将其转换为语句表的形式。

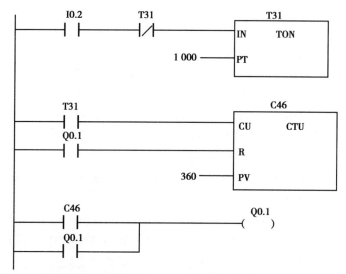

8.12　若用 PLC 实现其控制,请设计 I/O 口,并画出梯形图。

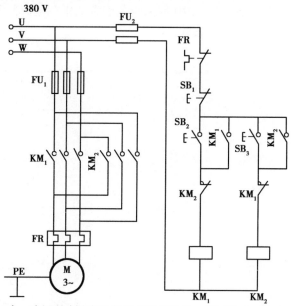

8.13　有电动机 3 台,希望能够同时启动同时停车。设 Q0.0、Q0.1、Q0.2 分别驱动电动机的接触器。I0.0 为启动按钮,I0.1 为停车按钮,试编写程序。

8.14　电机星-三角降压启动,Q0.0 为电源接触器,Q0.1 为星接输出线圈,Q0.2 为角接输出线圈,I0.1 为启动按钮,I0.0 为停止按钮,星-角切换延时时间为 5 s。试编写程序。

8.15　简述左、右移位指令和循环左右移位指令的异同。

8.16　字节传送、字传送、双字传送、实数传送指令的功能和指令格式有什么异同?

8.17　功能指令由哪几部分组成? 其基本格式是什么?

8.18　编程分别实现以下功能:

①从 VW200 开始的 256 个字节全部清 0。

②将 VB20 开始的 100 个字节数据传送到 VB200 开始的存储区。

③当 I0.1 接通时,记录当前的时间,时间秒值送入 QB0。

8.19　使用 ATT 指令创建表,表格首地址为 VW100,使用表指令找出 2 000 数据的位置,存入 AC1 中。

8.20　当 I1.1＝1 时,将 VB10 的数值(0~7)转换为(译码)7 段显示器码送入 QB0 中。

8.21　在输入触点 I0.0 脉冲作用下,读取 4 次 I0.1 的串行输入信号,移位存放在 VB0 的低 4 位;QB0 外接 7 段数码管用于显示串行输入的数据,编写梯形图程序。

8.22　设 4 个行程开关(I0.0、I0.1、I0.2、I0.3)分别位于 1~4 层位置,开始 Q1.1 控制电机启动,当某一行程开关闭合时,数码管显示相应层号;到达 4 层时,电机停,Q1.0 为 ON,延时5 s 钟后,Q1.0 为 OFF,电机再次启动,编写梯形图程序。

8.23　什么是中断源、中断事件号、中断优先级、中断处理程序? S7-200 PLC 中断与其他计算机中断系统有什么不同?

8.24　定时中断和定时器中断有什么不同? 主要应用在哪些方面?

8.25　编写实现中断事件 1 的控制程序,当 I0.1 有效且开中断时,系统可以对中断 1 进行响应,执行中断服务程序 INT1(中断服务程序功能根据需要确定)。

8.26　高速脉冲的输出方式有哪几种,其作用是什么?

8.27　PID 回路表的作用是什么? PID 回路指令能否工作在任何程序段中?

8.28　简述 PID 控制回路的编程步骤。

第 9 章
可编程序控制器网络及通信

学习目标:

1.了解 S7-200 支持的通信协议。

2.掌握 S7-200 与计算机设备的通信、自由口通信和 PROFIBUS-DP 通信方法,能够正确运行网络通信。

9.1 网络概述

9.1.1 网络主站与从站

在通信网络中,上位机、编程器和各个可编程序控制器都是整个网点的一个成员,或者说它们在网络中都是一个节点。每个节点都被分配有各自的节点地址。在网络通信中,可以用节点地址去区分各个设备。但是,这些设备在整个网络中所起的作用并不完全相同。有的设备如上位 PC 机、PG 编程器等可以读取其他节点的数据,也可以向其他节点写入数据,还可以对其他节点进行初始化。这类设备掌握了通信的主动权,叫主站。还有些设备比如 S7-200 系列 PLC,在有些通信中可以做主站使用。但是,有另一些通信网络中,它只能让主站读取数据,让主站写入数据,而不能读取其他设备的数据,也无权向其他设备写入数据。这类设备在这种通信网络中是被动的,把这类设备叫从站。根据网络的结构不同,各个网络中的主站和从站数量也不完全相同。一般情况下是把 PC 机和编程器作为主站。网络也有单主站和多主站之分。单主站就是一个主站连到多个从站构成网络。多主站就是由多个主站和多个从站来构成网络。

9.1.2 网络协议

S7-200CPU 支持多种通信协议。使用 S7-200CPU,可以支持一个或多个以下协议:

第一种是点到点(Point-to-point)接口,即 PPI 方式。第二种是多点(Multi-Point)接口,即 MPI 方式。第三种是过程现场总线 PROFIBUS 即 PROFIBUS-DP 方式。第四种是用户自定义协议即自由口方式。

（1）PPI 方式

PPI 是一个主/从协议。在这个协议中，主站（其他 CPU、编程器或文本显示器 TD200）给从站发送申请，从站进行响应。从站不初始化信息，当主站发出申请或查询时，从站才响应。一般情况下，网络上的所有 S7-200CPU 都为从站。

如果用户程序中允许选用 PPI 主站模式，一些 S7-200CPU 在运行模式下可以作为主站。一旦选用主站模式，就可以利用网络读（NETR）和网络写（NETW）指令读/写其他 CPU。当 S7-200CPU 作 PPI 主站时，它还可以作为从站响应来自其他主站的申请。

对于一个从站有多少个主站和它通信，PPI 没有限制，但是在网络中最多只有 32 个主站。

PPI 通信协议是 SIEMENS 公司专为 S7-200 系列 PLC 开发的一个通信协议。PPI 方式可以用普通的两芯电缆进行通信，从而完成工程的运行和监控。PPI 方式传送的波特率为 9.6 kB/s、19.2 kB/s 和 187.5 kB/s。CPU200 系列 CPU 上集成的编程口同时就是 PPI 通信联网接口。利用 PPI 通信协议进行通信非常简单方便，只用 NETR 和 NETW 两条语句传递，不需额外再配置模块或软件。

PPI 通信网络是个令牌传递网，由 CPU200 系列 PLC、TD200 文本显示器、OP 操作面板或上位 PC 机（插 MPI 卡）为站点，就可以构成 PPI 网。

最简单的 PPI 网络的例子是一台上位 PC 机和一台 PLC 通信，如图 9.1 所示。S7-200 系列 PLC 的编程就可以用这种方式实现。这时上位机有两个作用，编程时起编程器作用，运行时又可以监控程序的运行，起监视器作用。

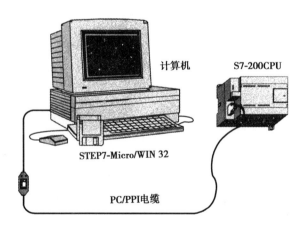

图 9.1　PPI 方式

多个 S7-200 系列 PLC 和上位机也可以组成 PPI 网络。在这个网络中，上位机和各个 PLC 各自都有自己的站地址，通信时，各个 PLC 和上位机的区别是它们的站地址不同。此外，各个站还有主站和从站之别。

图 9.2 给出了一个 PPI 网络的例子。在这个网络中，个人计算机可以和各个 PLC 进行通信。网络是由个人计算机作为 0 号站，三台 S7-200CPU 分别作为 2 号、3 号和 4 号站，组成的 PPI 网络。这个网络中，个人计算机是主站。所有的可编程序控制器可以是从站，也可以是主站。

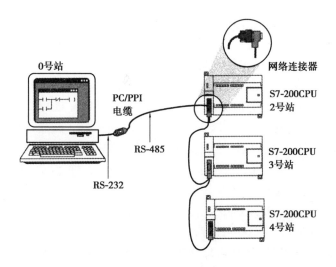

图 9.2　PPI 网络

建立 S7-200 的分布式 I/O 方式也是一种 PPI 通信网络。S7-200(CPU22X)可以安装 2 个 CP 243-2 通信处理器。CP 243-2 通信处理器是 S7-200(CPU22X)的 AS-I 主站。每个 CP 243-2 最多可以连接 62 个 AS-I 从站。AS-I 接口是执行器/传感器接口。AS-I 接口用于较低层现场区域内简单的传感器和执行器,通常用简单的双线电缆连接,造价很低,使用很方便。AS-I 接口按主/从原则工作。中央控制器(比如可编程序控制器)包含一个主模块。通过 AS-I 接口电缆连接的传感器/执行器作为从设备受主设备的驱动。每个 AS-I 接口从设备可以编址 4 个二位输入元件或输出元件。

这样一来,S7-200(CPU22X)最大可以达到 248 点输入和 186 点输出,通过连接 AS-I 可以显著地增加 S7-200 的数字量输入和输出的点数。

(2)MPI 方式

MPI 可以是主/主协议,也可以是主/从协议。这要取决于设备的类型。如果设备是 S7-300CPU,MPI 就建立主/主协议,因为所有的 S7-300CPU 都可以是网络的主站。设备是 S7-200CPU,MPI 就建立主/从协议,因为 S7-200CPU 是从站。MPI 方式如图 9.3 所示。

MPI 总是在两个相互通信的设备之间建立连

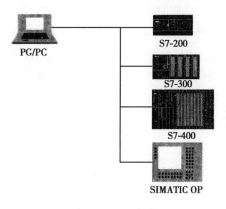

图 9.3　MPI 方式

接,这种连接是非公用的。另一个主站不能干涉两个设备之间已经建立的连接。由于设备之间的连接是非公用的,并且要占用 CPU 中的资源,所以每个 CPU 只能支持一定数目的连接。每个 CPU 可以支持四个连接,保留两个连接。其中一个给编程器或个人计算机,另一个给操作面板。

通过与 S7-200CPU 建立一个非保留的连接,S7-300 和 S7-400 可以和 S7-200 进行通信。S7-300 和 S7-400 可以通过 XGET 和 XPUT 指令对 S7-200 进行读/写操作。

CPU200 通过内置接口连接到 MPI 网络上,波特率为 19.2 k/187.5 kbit/s。它可与 S7-300/S7-400CPU 进行通信。S7-200CPU 在 MPI 网络中彼此间不能通信。

（3）自由口方式

自由口通信是通过用户程序控制 S7-200CPU 通信口的操作模式。利用自由口模式，可以实现用户定义的通信协议去连接多种智能设备。

通过使用接收中断、发送中断、发送指令（XMT）和接收指令（RCV），用户程序可以控制通信口的操作。在自由口模式下，通信协议完全由用户程序控制。通过特殊功能继电器可以设定允许自由口模式，而且只有在 CPU 处于 RUN（运行）模式时才能允许自由口方式。当 CPU 处于 STOP（停止）模式时，自由口通信停止。通信口转换成正常的 PPI 协议操作。

自由通信口方式是 S7-200PLC 一个很有特色的功能。它使 S7-200PLC 可以与任何通信协议公开的其他设备进行通信。这就是说，S7-200PLC 可以由用户自定义通信协议（例如 ASCII 协议）。波特率最高为 38.4 kbit/s（可调整）。用户可以在 S7-200 系列 PLC 编程时，自由定义通信协议。因此使得 S7-200 可通信的范围大大增加，使控制系统配合更加灵活、方便。凡是具有串行接口的外部设备，例如打印机或条形码阅读器、变频器、调制解调器（Modem）、上位 PC 机等，都可以用自由口协议与 S7-200 进行有线或无线通信。具有 RS-232 接口的设备也可用 PC/PPI 电缆连接起来，和 S7-200CPU 进行自由通信方式通信。

（4）PROFIBUS 方式

在 S7-200 系列的 CPU 中，CPU222，CPU224，CPU226 都可以通过增加 EM277 PROFIBUS-DP 扩展模块的方法支持 DP 网络协议。

PROFIBUS 协议用于分布式 I/O 设备（远程 I/O）的高速通信。许多厂家在生产类型众多的 PROFIBUS 设备。这些设备包括从简单的输入或输出模块到复杂的电机控制器和可编程序控制器。

PROFIBUS 网络通常有一个主站和几个 I/O 从站。主站配置成知道所连接的 I/O 从站的型号和地址。主站初始化网络并检查网络上所有从站设备和配置中的匹配情况。主站连续地把输出数据写到从站，并且从它们读取输入数据。当 PROFIBUS-DP 主站成功地配置完一个从站时，它就拥有该从站。如果网络中有第二个主站，它只能很有限地访问第一个主站的从站，如图 9.4 所示。

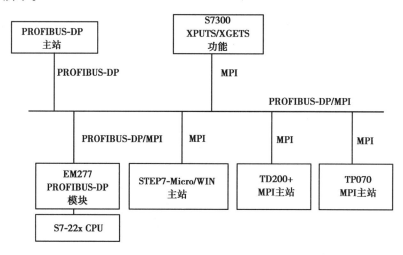

图 9.4　PROFIBUS 方式

9.2　S7-200 系列 CPU 与计算机设备的通信

9.2.1　S7-200 的通信功能

(1)通信的基本概念

1)并行通信与串行通信

并行通信是以字或字节为单位的传输数据方式,除了 8 根或 16 根数据线、一根公共线外,还需要通信双方联络用的控制线。并行通信的速度快,但是传输线的根数多,抗干扰能力较差,一般用于近距离数据传送,例如 PLC 模块之间的数据传送。

串行通信是以二进制的位(bit)为单位的传输数据方式,每次只传送一位,最少只需要两根线(双绞线)就可以连接多台设备。串行通信需要的信号线少,串行通信的速度比并行通信慢,适用于距离较远的场合。计算机和 PLC 都有通用的串行通信接口,例如 RS-232、RS-422或 RS485 接口。工业控制中计算机和 PLC 一般采用串行通信。

2)单工通信与双工通信

单工通信方式:数据只能按一个固定的方向传送,只能是一个站发送而另一个站接收。

半双工通信方式:某一时刻 A 站发送 B 站接收,而另一时刻则 B 站发送 A 站接收。不可能两个站同时发送、同时接收。半双工通信方式如图 9.5 所示。

全双工通信方式:两个站同时都能发送和接收,如图 9.6 所示。

图 9.5　半双工传送方式　　　　　　图 9.6　全双工传送方式

3)异步通信与同步通信

同步通信方式是以字节为单位,一个字节由八位二进制数组成。每次传送 1~2 个同步字符、若干个数据字节和校验字符。同步字符起联络作用,用它来通知接收方开始接收数据。在同步通信中,发送方和接收方应保持完全同步,这意味着发送方和接收方应该使用同一个时钟脉冲。由于同步通信方式不需要在每个数据字符增加起始位、校验位和停止位,传输效率高,但对硬件设备要求高。

在异步通信中,收发的每一个字符数据由 4 个部分按顺序组成。其数据格式如图 9.7所示。

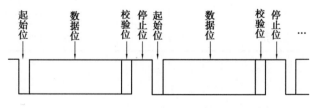

图 9.7　异步通信方式的数据格式

起始位:标志着一个新字节的开始。当发送设备要发送数据时,首先发送一个低电平信号,起始位通过通信电缆传向接受设备。接受设备检测到这个低电平信号后就开始准备接收数据位的数据信号。

数据位:起始位后面的 5、6、7 或 8 位是数据位,PLC 中经常采用的是 7 位或 8 位数据传送。信号为低电平表示数据是 0,信号为高电平表示数据是 1。

校验位:用于校验数据在传送过程中是否发生错误。如果选择偶校验,则各位数据位加上校验位,使这些字符数据中为"1"的个数为偶数,则视为无误。如果选择奇校验,则各位数据位加上校验位,使这些字符数据中为"1"的个数为奇数,则视为无误。

停止位:停止位是高电平,表示一个字符数据传送的结束。停止位可以是一位或两位。

4)传输速率

在串行通信中,传输速率(又称波特率)的单位是波特,即每秒传送的二进制位数,其符号为 bit/s。常用的传输速率为 300~38 400 bit/s,从 300 开始成倍增加。同一个通信网络中,传输速率应该相同。

(2)S7-200 的通信部件

构成通信网络的部件主要有通信接口、网络连接器、网络电缆和网络中继器。

1)通信接口

S7-200CPU 上的通信接口是标准的 RS-485 兼容 9 针 D 型连接器。连接器的扦针分配见表 9.1。

表 9.1　通信接口连接器的扦针分配

针	PROFIBUS 名称	S7-200 端口 0
1	屏蔽	逻辑地
2	24 V 返回	逻辑地
3	RS-485 信号 B	RS-485 信号 B
4	发送申请	RTS(TTL)
5	5 V 返回	逻辑地
6	+5 V	+5,100 Ω 串联电阻
7	+24 V	+24 V
8	RS-485 信号 A	RS-485 信号 A
9	不用	10 位协议选择(输入)
连接器外壳	屏蔽	机壳接地

2)网络连接器

利用 SIEMENS 公司提供的两种网络连接器可以把多个设备连接到网络中。其中一种连接器仅提供到 CPU 的接口,另一种连接器增加了一个编程器接口。每一种连接器都有网络偏置和终端匹配选择开关。在整个网络中,始端和末端一定要有终端匹配和偏置才能减少网络在通信过程中的传输错误。因此,处在始端和终端节点的网络连接器的网络偏置和终端匹配选择开关应拨在 ON 位置,而其他节点的网络连接器的网络偏置和终端匹配选择开关应拨在 OFF 位置。

3)网络电缆

PROFIBUS 网络的最大长度与传输的波特率、电缆类型有关。当电缆导体截面积为 0.22 mm² 或更粗、电缆电容小于 60 pF/m、电缆阻抗为 100 ~ 120 Ω,传输速率为 9.6 kbit/s ~ 19.2 kbit/s 时,网络的最大长度为 1 200 m;当传输速率为 187.5 kbit/s 时,网络的最大长度为 1 000 m。

4)网络中继器

当通信网络的长度大于 1 200 m 时,为了使通信准确,需要加入中继器对信号滤波、放大和整形。加一级中继器可以把网络的节点数目增加 32 个,传输距离增加 1 200 m。每个中继器都提供了网络偏置和终端匹配。整个网络最多可以使用 9 个中继器。含中继器的网络如图 9.8 所示。

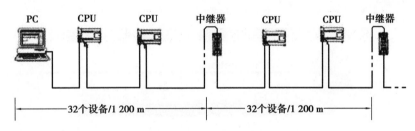

图 9.8 网络中继器的应用

(3)S7-200 的通信模块

S7-200 系列 PLC 除了 CPU226 本机集成了两个通信口以外,其他均在其内部集成了一个通信口,通信口采用了 RS-485 总线。除此以外,各 PLC 还可以接入通信模块,以扩大其接口的数量和联网能力。S7-200 系列 PLC 可以接入两种通信模块。

1)EM277 模块

EM277 模块是 PROFIBUS-DP 从站模块。该模块可以作为 PROFIBUS-DP 从站和 MPI 从站。EM277 可以用作与其他 MPI 主站通信的通信口,S7-200 可以通过该模块与 S7-300/400 连接,成为 MPI 和 PROFIBUS-DP 中的从站。

2)CP 243-2 通信处理器

CP 243-2 是 S7-200(CPU22X)的 AS-I 主站。AS-I 接口是执行器/传感器接口,是控制系统的最底层。带有 CP 243-2 通信处理器的 S7-200 就可以通过 CP 243-2 控制远程的数字量或模拟量。

9.2.2 通信接口的安装和删除

STEP7-Micro/WIN32 支持的硬件及参数见表 9.2。

表 9.2 STEP7-Micro/WIN32 **支持的硬件及参数**

PC/PPI 电缆	支持的波特率为 9.6 kB/s、19.2 kB/s	支持的 PPI 协议
CP5511	支持的波特率为 9.6 kB/s、19.2 kB/s、187.5 kB/s	用于笔记本 PC 的 PPI、MPI、PROFIBUS 协议
CP5611	支持的波特率为 9.6 kB/s、19.2 kB/s、187.5 kB/s	用于 PC 的 PPI、MPI、PROFIBUS 协议
MPI	支持的波特率为 9.6 kB/s、19.2 kB/s、187.5 kB/s	用于 PC 的 PPI、MPI、PROFIBUS 协议

（1）使用 STEP7-Micro/WIN32 设置通信接口

在 STEP7-Micro/WIN32-Project 窗口内单击通信（Communication）图标，进入通信链接（Communications Links）窗口。

双击窗口内 PC/PPI cable 图标进入 PG/PC 设置接口（Setting the PG/PC Interface）对话框，如图 9.9 所示。

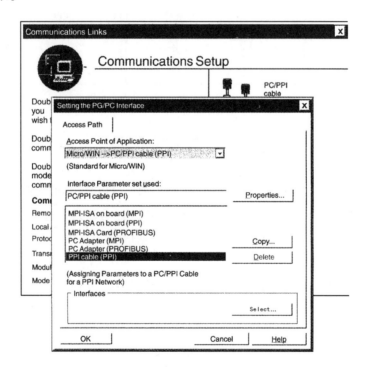

图 9.9 PG/PC 设置

PG/PC 设置接口对话框里有四项选择：

其一是 Properties；

其二是 Copy；

其三是 Delete；

其四是 Select。

选择 Select 项,进入通信接口的安装/删除窗口。

(2)进入通信接口的安装和删除(Install/Remove Interfaces)窗口

在该对话框的左侧是一个还没有安装的硬件型号表;右侧是一个已经安装的硬件型号表。安装和删除窗口有三项选择:Install、Remove、Close,如图 9.10 所示。

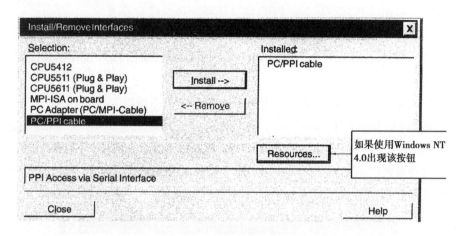

图 9.10 安装/删除窗口

选择 Install 项,进入选择设备窗口,从而可以选择安装通信硬件。

首先从选择列表框中选一个 PLC 使用的硬件型号。当完成安装硬件后,单击"Install"按钮,安装通信硬件。安装通信硬件后,单击"Close"按钮,就出现设置 PG/PC 接口对话框。在已经采用的接口参数列表中可以看到刚才选择的硬件。

选择 Uninstall 项,进入删除设备窗口,从而可以删除原安装的通信硬件。

从右边已经安装设备的表中选择要删除的硬件后,单击"… Remove"按钮,删除硬件。当完成删除硬件后,单击"Close"按钮,就出现设置 PG/PC 接口对话框,在已经采用的接口参数列表中可以看到刚才选择的硬件。

(3)Windows NT 用户的特殊硬件安装信息

在 Windows NT 操作系统下安装硬件模块与在 Windows 95 下装硬件模块有细微的差别。尽管对操作系统来说,硬件模块是一样的,但在 Windows NT 下安装则需要更多的硬件知识。Windows 95 可自动设置系统资源,而 Windows NT 则不能。Windows NT 只提供缺省值,这些值与硬件配置可能匹配或可能不匹配。当安装完硬件后,从安装列表中选择所安装的硬件,单击"Resources"按钮,就出现资源(Resources)对话框。该对话框允许为所安装的实际硬件修改系统设置。如果该按钮无效(灰色),说明不需要再作任何修改。

9.2.3 通信参数的选择和修改

(1)选择正确的接口参数

进入通信链接(Communications Links)窗口,当打开设置 PG/PC 接口对话框时,要确保"Micro/WIN"出现在应用列表框中。对于几个不同的应用程序(例如 STEP7 和 WINCC),设置 PG/PC 是一样的。当已经选择"Micro/WIN"并已经安装硬件时,需要为硬件设置通信属性。

确定网络所采用的协议。当已经决定要采用的协议后,可以从设置 PG/PC 接口对话框中列出的接口参数,选择正确的参数。例如:要求利用 PC/PPI 电缆与一个 CPU222 通信,则选择"PC/PPI"电缆(PPI)。在选择正确的接口参数设置后,要为当前组态设置参数。

(2)选择 Properties PC/PPIcable(PPI)窗口选择和修改通信参数

在进入 PG/PC 设置接口(Setting the PG/PC Interface)对话框以后,选择(属性)Properties 项,进入通信接口参数选择和修改(Properties-PC/PPIcable),根据 PLC 选择参数设置。这个操作可能引出几个可能的对话框。

其一是 PPI 标示签对话框。该对话框又含有两个参数选择项。

一个是站参数(Station Parameters),用于选择本站地址号(Address)和通信超时参数(Timeout)设定。

一个是网络参数(NetWork Parameters),用于设定单主站还是多主站网络;通信传输速率和最高站地址参数的设定,如图 9.11 所示。

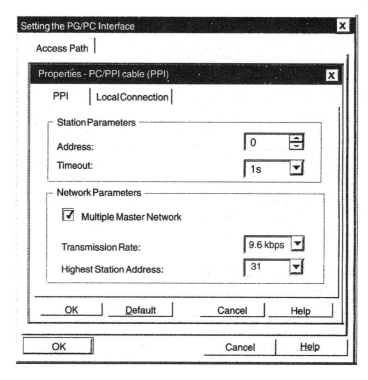

图 9.11　网络参数

其二是本机连接(Local Connection)选择对话框,该对话框用于通信口的选择,如图 9.12 所示。

(3)设定站参数

站参数(Station Parameters)用于选择本站地址号(Address)和通信超时参数(Timeout)设定。其设定方法为:

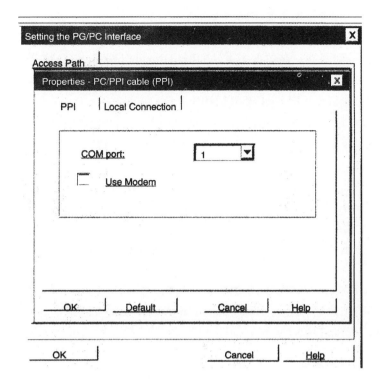

图 9.12　本机连接

在 PPI 标示签的站参数区的地址框(Address)中选择一个号。这个号表明在可编程序控制器网络中,STEP7-Micro/WIN32 的个人计算机的缺省站地址。在网络中,第一个 PLC 的缺省地址是站号 2,网络中的每一个设备(PC、PLC 等)必须具有唯一的站地址,不要给几个设备分配同一个地址。

在超时框(Timeout)中选择一个值。这个值代表通信处理器建立连接需要花费的时间长度。缺省值应该足够长。

(4)设定网络参数

"Multiple Master NetWork"决定是否需要 STEP7-Micro/WIN32 加入一个多主站网络。S7-200CPU 通信时,STEP7-Micro/WIN32 缺省设置为多主站 PPI 协议。这个协议允许 STEP7-Micro/WIN32 与网络中的其他主站设备(TD200 和操作面板)共存。通过检查 PG/PC 接口中 PC/PPI 电缆属性对话框的"Multiple Master NetWork"可以允许该工作方式。

Windows NT 4.0 不支持多主站选项。STEP7-Micro/WIN32 支持单主站 PPI,当使用单主站协议时,假设它是网络中的唯一主站,并且不能与其他主站共享网络。当通过调制解调器或噪声严重的网络通信时,应采用单主站协议。

"Transmission Rate"设定 STEP7-Micro/WIN32 在网络中进行通信的传输速率。

"Highest Station Address"选择最高站的地址。这是 STEP7-Micro/WIN32 停止检查网络中其他主站的地址。

(5)设定通信口

在本机连接标志签(Local Connection)中,选择 PC/PPI 所连接的通信口。

（6）用 MPI 或 PC 卡组态多主网络

当使用多主接口卡或通信处理器卡时,可以有多种组态。用 MPI 电缆可以把卡提供的单一 RS-485 接口连接到网络。在包含多主站的网络中,可以选择一个站(带 MPI 或 CP 卡的计算机,或 SIMATIC 编程器)运行 STEP7-Micro/WIN32 编程软件。设置 CP 或 MPI(PPI)参数。

所选择的硬件可以是 CP511、CP5611、MPI。

在设置 PG/PC 接口(Setting the PG/PC Interface)对话框中,如果使用上面所列的 MPI 或 CP 卡和 PPI 协议,单击"Properties…"按钮,将出现 XXX 卡(PPI)的属性,这里"XXX"代表所安装的卡的型号。

可以按照下面的步骤设置 PPI 参数:

①在 PPI 标识签的地址框中选择一个号。这个号表明在可编程序控制器网络中,STEP7-Micro/WIN32 位于何处。

②在超时框中选择一个值。这个值代表通信处理器建立连接需要花费的时间长度。缺省值应该足够长。

③设定 STEP7-Micro/WIN32 在网络中进行通信的传输速率。

④选择最高的站地址。这是 STEP7-Micro/WIN32 停止检查网络中其他主站的地址。

⑤单击"OK"按钮,参数设定完成,退出设定 PG/PC 接口对话框。

9.2.4 通信网络的测试

完成通信接口的硬件安装,并且设定了接口的通信参数后,最后的问题就是测试。STEP7-Micro/WIN32 软件在通信链接对话框(Communication Links)中设计了刷新选项。为了测试通信口选择、参数设置是否正确,可以用刷新项(双击 Double-1ikc to Refresh1 图标)来检验。如果通信正常,则会返回本机的正确信息。

9.3 S7-200 系列 PLC 自由口通信

9.3.1 自由口通信基本概念

西门子 S7-200 系列 PLC 支持自由口通信协议。所谓自由口协议,是指通过用户程序控制 CPU 主机的通信端口的操作模式来进行通信。用这种自由口模式可以用自定义的通信协议连接多种智能设备。自由口模式支持 ASCII 和二进制协议。

在自由口模式下,主机处于 RUN 方式时,用户可以用相关的通信指令所编写的程序控制通信口的操作。当主机处于 STOP 方式时,自由口通信被终止,通信口自动切换到正常的 PPI 协议操作。

自由口通信指令包括:XMT,自由口发送指令;RCV,自由口接受指令。用特殊标志寄存器 SMB30(端口 0)和 SMB130(端口 1)的各个位设置自由口模式,并配置自由口通信参数,如波特率、奇偶效验和数据位。

发送指令(XMT)和发送中断:发送指令允许 S7-200 的通信口上发送最多 255 个字节,发送中断通知程序发送完成。

接受字符中断:接受字符中断通知程序通信口上接收到了一个字符,应用程序就可以根据所用的协议对该字符进行相关的操作。

接受指令(RCV):接受指令从通信口接收到整条信息,当接收完成后产生中断通知应用程序。需要在 SM 存储器中定义条件来控制接收指令开始和停止接受信息。接受指令可以根据特定的字符或时间间隔来启动和停止接受信息。接受指令可以实现多数通信协议。

S7-200CPU 的通信口可以设置为自由口模式。选择自由口模式后,用户程序就可以完成控制通信端口的操作,通信协议也完全受用户程序控制。S7-200CPU 上的通信口在电气上是标准的 RS-485 半双工串行通信口。此串行字符通信的格式可以包括:

一个起始位;

7 或 8 位字符(数据字节);

一个奇/偶校验位,或者没有校验位;

一个停止位。

自由口通信速波特率可以设置为 1 200、2 400、4 800、9 600、19 200、38 400、57 600 或 112 500。凡是符合这些格式的串行通信设备,理论上都可以和 S7-200CPU 通信。自由口模式可以灵活应用。Micro/WIN 的两个指令库(USS 和 Modbus RTU)就是使用自由口模式编程实现的。在进行自由口通信程序调试时,可以使用 PC/PPI 电缆(设置到自由口通信模式)连接 PC 和 CPU,在 PC 上运行串口调试软件(或者 Windows 的 Hyper Terminal-超级终端)调试自由口程序。注意 USB/PPI 电缆和 CP 卡不支持自由口调试。

9.3.2　自由口通信功能的用途

其用途如下:

①通过 RS-232 或 RS-485 串口连接多种智能仪表或 RTU,根据智能仪表或 RTU 定义的通信协议编写用户程序与智能仪表或 RTU 通信。

②使用 USS 协议与西门子 MicroMaster 系列变频器通信,STEP7-Micro/WIN 提供 USS 协议库,S7-200CPU 是主站,变频器是从站。

③创建用户程序来模拟另外一种网络上的从站器件。例如 S7-200 的用户程序模仿一个 Modbus 从站。STEP7-Micro/WIN 提供 Modbus 协议库。

④采用自定义通信协议与 PC 通信。PC 上的应用软件可以采用此方法方便地访问S7-200 的数据。这是第三方软件访问 S7-200PLC 比较简便,廉价的方法。

(1)自由口通信要点

应用自由口通信首先要把通信口定义为自由口模式,同时设置相应的通信波特率和上述通信格式。用户程序通过特殊存储器 SMB30(对端口 0)、SMB130(对端口 1)控制通信口的工作模式。CPU 通信口工作在自由口模式时,通信口就不支持其他通信协议(比如 PPI),此通信口不能再与编程软件 Micro/WIN 通信。CPU 停止时,自由口不能工作,Micro/WIN 就可以与 CPU 通信。通信口的工作模式,是可以在运行过程中由用户程序重复定义的。如果调试时需要在自由口模式与 PPI 模式之间切换,可以使用 SM0.7 的状态决定通信口的模式;而 SM0.7 的状态反映的是 CPU 运行状态开关的位置(在 RUN 时 SM0.7 = "1",在 STOP 时 SM0.7 = "0")。

自由口通信的核心指令是发送(XMT)和接收(RCV)指令。在自由口通信常用的中断有

"接收指令结束中断""发送指令结束中断",以及通信端口缓冲区接收中断。与网络读写指令（NetR/NetW）类似,用户程序不能直接控制通信芯片而必须通过操作系统。用户程序使用通信数据缓冲区和特殊存储器与操作系统交换相关的信息。XMT 和 RCV 指令的数据缓冲区类似,起始字节为需要发送或接收的字符个数,随后是数据字节本身。如果接收的消息中包括了起始或结束字符,则它们也算数据字节。调用 XMT 和 RCV 指令时,只需要指定通信口和数据缓冲区的起始字节地址。XMT 和 RCV 指令与 NetW/NetR 指令不同的是,它们与网络上通信对象的"地址"无关,而仅对本地的通信端口操作。如果网络上有多个设备,消息中必然包含地址信息,这些包含地址信息的消息才是 XMT 和 RCV 指令的处理对象。由于 S7-200 的通信端口是半双工 RS-485 芯片,XMT 指令和 RCV 指令不能同时有效。

（2）XMT 和 RCV 指令

XMT（发送）指令的使用比较简单。RCV（接收）指令所需要的控制稍多一些。RCV 指令的基本工作过程为:

①在逻辑条件满足时,启动（一次）RCV 指令,进入接收等待状态。

②监视通信端口,等待设置的消息起始条件满足,然后进入消息接收状态。如果满足了设置的消息结束条件,则结束消息,然后退出接收状态。

所以,RCV 指令启动后并不一定就接收消息,如果没有让它开始接收消息的条件,就一直处于等待接收的状态;如果消息始终没有开始或者结束,通信口就一直处于接收状态。这时如果尝试执行 XMT 指令,就不会发送任何消息,所以确保不同时执行 XMT 和 RCV 非常重要,可以使用发送完成中断和接收完成中断功能,在中断程序中启动另一个指令。

（3）字符接收中断

S7-200CPU 提供了通信口字符接收中断功能,通信口接收到字符时会产生一个中断,接收到的字符暂存在特殊存储器 SMB2 中。通信口 Port0 和 Port1 共用 SMB2,但两个口的字符接收中断号不同。每接收到一个字符,就会产生一次中断。对于连续发送消息,需要在中断服务程序中将单个的字符排列到用户规定的消息保存区域中。实现这个功能可能使用间接寻址比较好。对于高通信速率来说,字符中断接受方式需要中断程序的执行速度足够快。一般情况下,使用结束字符作为 RCV 指令的结束条件比较可靠。如果通信对象的消息帧中以一个不定的字符（字节）结束（如校验码等）,就应当规定消息或字符超时作为结束 RCV 指令的条件。但是往往通信对象未必具有严格的协议规定、工作也未必可靠,这就可能造成 RCV 指令不能正常结束。这种情况下可以使用字符接收中断功能。

（4）常见问题

①如何人为结束 RCV 接收状态?

接收指令控制字节（SMB87/SMB187）的 en 位可以用来允许/禁止接收状态。可以设置 en 为"0",然后对此端口执行 RCV 指令,即可结束 RCV 指令。

②需要定时向通信对象发送消息并等待回复的消息,如果因故消息没有正常接收,下次无法发送消息怎么办?

可以在开始发送消息时加上人为中止 RCV 指令的程序。

③自由口通信中,主站向从站发送数据,为何收到多个从站的混乱响应?

这说明从站没有根据主站的要求发送消息。有多个从站的通信网络中,从站必须能够判断主站的消息是不是给自己的,这需要从站的通信程序中有必要的判断功能。

④自由口通信协议是什么?

顾名思义,没有什么标准的自由口协议。用户可以自己规定协议。

⑤新的 PC/PPI 电缆能否支持自由口通信?

新的 RS-232/PPI 电缆(6ES7 901-3CB30-0XA0)可以支持自由口通信,但需要将 DIP 开关 5 设置为"0",并且设置相应的通信速率。

新的 USB/PPI 电缆(6ES7 901-3DB30-0XA0)不能支持自由口通信。

⑥已经用于自由口的通信口,是否可以连接操作面板(HMI)?

不能。可以使用具有两个通信口的 CPU,或者使用 EM277 扩展 HMI 连接口。如果是其他厂商的 HMI,须咨询他们。

⑦已知一个通信对象需要字符(字节)传送格式有两个停止位,S7-200 是否支持?

字符格式是由最基础的硬件(芯片)决定的;S7-200 使用的芯片不支持上述格式。

9.4 网络通信运行

9.4.1 通信接口的安装和删除

(1)进入 PG/PC 设置窗口

在 STEP7-Micro/WIN32-Project 窗口内单击浏览条的通信(Communication) 图标,进入通信链接(Communications Links)窗口。

双击窗口内(PC/PPI cable)图标进入 PG/PC 设置接口(Setting the PG/PC Interface)对话框。

PG/PC 设置接口对话框里有四项选择:Properties、Copy、Delete、Select。

选择 Select 项,进入通信接口的安装/删除窗口,如图 9.13 所示。

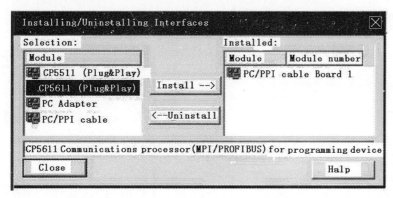

图 9.13　通信协议安装和删除窗口

(2)通信接口的安装和删除

在该对话框的左侧是一个还没有安装的硬件型号表,右侧是一个已经安装的硬件型号表。安装删除(Install/Remove Interfaces)窗口有三项选择:Install、Remove、Close。

选择 Install 项,进入选择设备安装窗口,从而可以选择安装通信硬件。安装过程如下:

首先从选择列表框中选一个 PLC 使用的硬件型号。当完成安装硬件连接后,单击 "Install"按钮,安装通信硬件。当完成安装通信硬件后,单击"Close"按钮,就出现设置 PG/PC 接口对话框。在接口参数列表中可以看到刚才选择的硬件。

选择 Uninstall 项,进入删除设备窗口,从而可以删除原来安装的通信硬件。

若从右边的已经安装设备到表中选择要删除的硬件后,单击"…Remove"按钮,删除硬件。当完成删除硬件后,单击"Close"按钮,就出现设置 PG/PC 接口对话框,在已经采用的接口参数列表中可以看到刚才选择的硬件。

9.4.2 通信参数的选择和修改

(1)选择正确的接口参数

进入通信链接(Communications Links)窗口,当打开设置 PG/PC 接口对话框并已经安装硬件时,需要为硬件设置通信属性。

确定网络所采用的协议。当已经决定要采用的协议后,可以从设置 PG/PC 接口对话框中列出的接口参数,需要选择正确的参数。

在进入 PG/PC 设置接口(Setting the PG/PC Interface)对话框以后,选择(属性)Properties 项,进入通信接口参数选择和修改(Properties-PC/PPIcable),根据 PLC 所选择的参数设置。这个操作可能引出几个可能的对话框:

其一是 PPI 标示签对话框。该对话框又含有两个参数选择项。

一个是站参数(Station Parameters),用于选择本站地址号(Address)和通信超时参数(Timeout)设定。

一个是网络参数(Network Parameters),用于设定单主站还是多主站网络;通信传输速率和最高站地址参数的设定,如图 9.14 所示。

其二是本机连接标示签 Local Connection 选择对话框,该对话框用于通信口的选择,如图 9.15 所示。

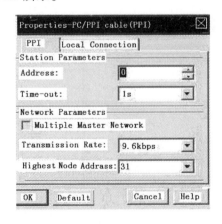

图 9.14 PC/PPI 站参数选择

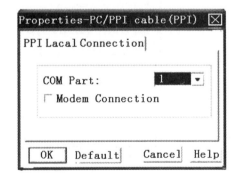

图 9.15 网络参数选择

(2)设定站参数

站参数(Station Parameters),用于选择本站地址号(Address)和通信超时参数(Timeout)设定。其设定方法为:

在 PPI 标示签的站参数区的地址框(Address)中选择一个号。这个号表明在可编程序控制器网络中,STEP7-Micro/WIN32 的个人计算机的缺省站地址。在网络中,第一个 PLC 的缺省地址是站号 2,网络中每一个设备(PC、PLC 等)必须具有唯一的站地址,不要给几个设备分配同一个地址。

在超时框(Timeout)中选择一个值。这个值代表通信处理器建立连接需要花费的时间长度。缺省值应该足够长。

(3)设定网络参数

"Multiple Master Network"决定是否需要 STEP7-Micro/WIN32 加入一个多主站网络。S7-200CPU通信时,STEP7-Micro/WIN32 缺省设置为多主站 PPI 协议。这个协议允许 STEP7-Micro/WIN32 与网络中的其他主站设备(TD200 和操作面板)共存。通过检查 PG/PC 接口中 PC/PPI 电缆属性对话框的"Multiple Master Network"可以允许该工作方式。

Windows NT 4.0 不支持多主站选项。STEP7-Micro/WIN32 支持单主站 PPI,当使用单主站协议时,假设它是网络中的唯一主站,并且不能与其他主站共享网络。当通过调制解调器或噪声严重的网络通信时,应采用单主站协议。

"Transmission Rate"设定 STEP7-Micro/WIN32 在网络中进行通信的传输速率。

"Highest Station Address"选择最高的站的地址。这是 STEP7-Micro/WIN32 停止检查网络中其他主站的地址。

(4)用 MPI 或 PC 卡组态多主站网络

当使用多主站接口卡或通信处理器卡时,可以有多种组态,用 MPI 电缆可以把卡提供的单一 RS-485 接口连接到网络。在包含多主站的网络中,可以选择一个站(带 MPI 或 CP 卡的计算机,或 SIMATIC 编程器)运行 STEP7-Micro/WIN32 编程软件。设置 CP 或 MPI(PPI)参数。

所选择的硬件可以是 CP511、CP5611、MPI。

在设置 PG/PC 接口(Setting the PG/PC Interface)对话框中,如果使用上面所列的 MPI 或 CP 卡和 PPI 协议,单击"Properties…"按钮,将出现 XXX 卡(PPI)的属性,这里"XXX"代表所安装的卡的型号。

可以按照下面的步骤设置 PPI 参数:

①在 PPI 标识签的地址框中选择一个号。这个号表明在可编程序控制器网络中,STEP7-Micro/WIN32 位于何处。

②在超时框中选择一个值。这个值代表通信处理器建立连接需要花费的时间长度。缺省值应该足够长。

③设定 STEP7- Micro/WIN32 在网络中进行通信的传输速率。

④选择最高的站地址。这是 STEP7- Micro/WIN32 停止检查网络中其他主站的地址。

⑤单击"OK"按钮,参数设定完成,退出设定 PG/PC 接口对话框。

9.4.3　网络的测试

在完成通信接口的硬件安装并且设定了接口的通信参数后,下一步就是通信测试。STEP7-Micro/WIN32 软件在通信链接对话框(Communication Links)中设计了刷新选项。为了测试通信口选择、参数设置是否正确,可以用刷新项(双击 Double-1ikc to Refresh1 图标)来检验。如果通信正常,则会返回本机的正确信息。

为了用一台 PC 机对一台 S7-200 型号为 CPU222 的 PLC 进行编程练习,首先需要把 STEP7-Micro/WIN32 软件装入 PC 机中,然后安装有关通信接口的硬件和设定通信参数。在通信正常后方可进入编程阶段。通信参数设定过程分述如下:

(1)为 PC 机安装软件

关闭 PC 机上所有的应用软件,将装有 STEP7-Micro/WIN32 软件的 CD 盘插入光盘驱动器。打开光驱,单击 Setup 图标便进入安装程序阶段,按照在线安装程序的流程完成软件的安装。当软件安装完成后,会在 PC 机屏幕上自动出现 STEP7-Micro/WIN32 软件的图标。

(2)设置 PC 机的通信口和通信参数

这项任务可以通过 PC 机的控制面板设定。

从控制面板窗口选择系统项,进入系统属性窗口。

在系统窗口中选择设备管理器项,打开设备管理器对话框。

在设备管理器对话框中选择端口项中的通信端口(如 COM1),同时打开所选择的通信端口(如 COM1)的通信端口属性对话框。

在通信端口对话框中设定 PC 机的通信参数。如波特率设定为 9 600,数据位设定为 8,奇偶校验设定为无,停止位定为 1。应当指出在传输过程中传送一个字符还应该有起始位,要加上一个起始位的话,传输一个字符要占十位。

这表明 PC 机的通信口设为 COM1,通信速率为 9 600 bit/s,数据占 8 位,1 位停止,无奇偶校验。

(3)设置 PC/PPI 电缆的通信参数

在 PC 机参数设定后,就要为 PC/PPI 电缆设置参数。这要设置电缆的 DIP 开关,DIP 开关共有 5 个。其中,1、2、3 为波特率设定开关,开关 4 为传送一个字符所占的位数。

波特率定为 9 600 时,DIP1 设为 0、DIP2 设为 1、DIP3 设为 0。

DIP4 设为 0 为 10 位传输,DIP4 设为 1 为 11 位传输。本例中 DIP4 设为 0。

应当指出,PC/PPI 电缆的设置应与 PC 机的设置一致。

(4)设置 PLC 的通信口和通信参数

在 STEP7-Micro/WIN32-Project 窗口内单击通信(Communication)图标,进入通信链接(Communications Links)窗口。

双击窗口内(PC/PPIcable)图标进入 PG/PC 设置接口(Setting the PG/PC Interface)对话框。

选择 Select 项,进入通信接口的安装/删除(Install/Remove Interfaces)窗口。

在(Install/Remove Interfaces)对话框的左侧列表框中选择 PC/PPI cable 项,单击"Install"按钮,安装通信硬件。当完成安装通信硬件后,单击"Close"按钮,就出现设置 PG/PC 接口对话框。在已经采用的接口参数列表中可以看到刚才选择的硬件 PC/PPI cable。

进入 PG/PC 设置接口(Setting the PG/PC Interface)对话框。

选择(属性)Properties 项,进入通信接口参数选择和修改(Properties-PC/PPIcable)。根据 PLC 所选择的参数设置。

在 PPI 标签中选择：

站(Station Parameters)参数,选择本站地址号(Address＝2)和通信超时参数(Timeout＝1 s)。

网络(Network Parameters)参数选择单主站、通信传输速率选择 9 600、最高站地址选择 15。

在本机连接标示签(Local Connection)中选择：

通信口的选择 COM port＝1。

退回到 Communications Links 窗口。准备进行通信检查。

(5)通信检查

在 Communications Links 窗口中双击 Double-Click to Refresh 图标,如果硬件的连接没有错误,通信参数的设置也没有错误的话,应该返回该 PLC 的型号,否则的话应进行检查,确认无误时再进行通信检查,直至正确为止。

9.5　S7-200CPU 的 PROFIBUS-DP 通信

下面介绍 S7-200 和 S7-300 通过 PROFIBUS-DP 通信的步骤：

①硬件连接。一根 PROFIBUS 电缆(屏蔽双绞线),接头为 PROFIBUS 接头并带有终端电阻(在网络的终端点,需要将终端电阻设置为"ON",网络的中间站点需要将终端电阻开关设置为"OFF")；一个 S7-200CPUCN；一个 EM277 通信模块；一个 CPU315-2PN/DP 模块。

②新建一个项目"DP-EM277 示例"并进行硬件组态,如图 9.16 所示。

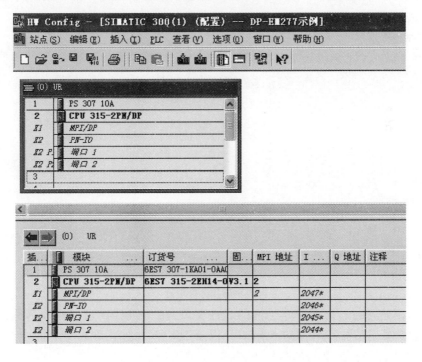

图 9.16　新建项目

③PROFIBUS-DP 主站网络设置。进入硬件组态画面,双击 CPU 的 DP 槽,进入 DP 属性界面,接口类型选择 PROFIBUS,如图 9.17 所示。

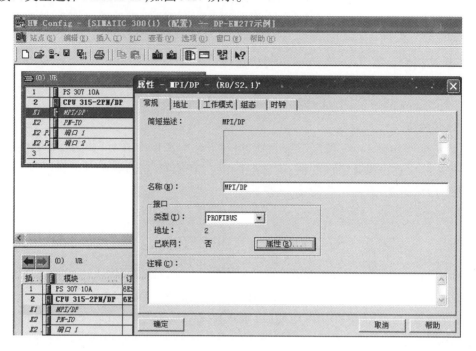

图 9.17　选择接口类型

④单击"属性"按钮,打开 PROFIBUS 接口属性界面,选择地址"2",子网内显示"未连网",如图 9.18 所示。

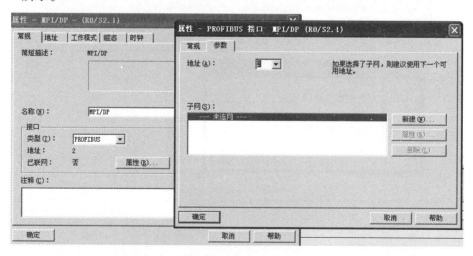

图 9.18　选择地址

⑤单击"新建"按钮,出现新建子网的属性窗口,在"常规"内可以修改名称,在"网络设置"里面可以选择通信波特率(187.5 kbit/s)以及 DP 配置,然后在各个界面中单击"确定","已联网"会从"否"变成"是",如图 9.19、图 9.20、图 9.21 所示。

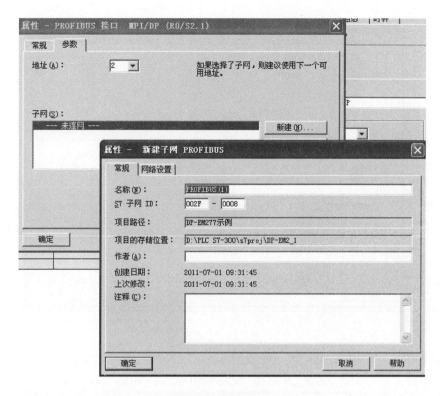

图 9.19   新建子网

图 9.20   网络设置

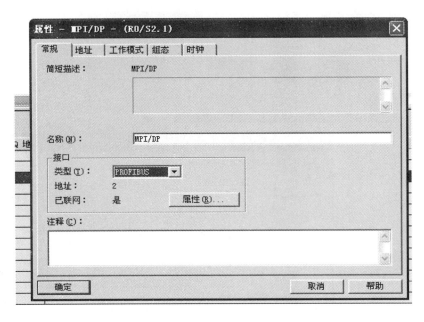

图 9.21　已联网

⑥PROFIBUS-DP 从站网络配置。若没有 EM277 的硬件,需要先安装"GSD"文件,下载并解压缩后,单击工具栏中的"选项"并选择"安装 GSD 文件",如图 9.22 所示。

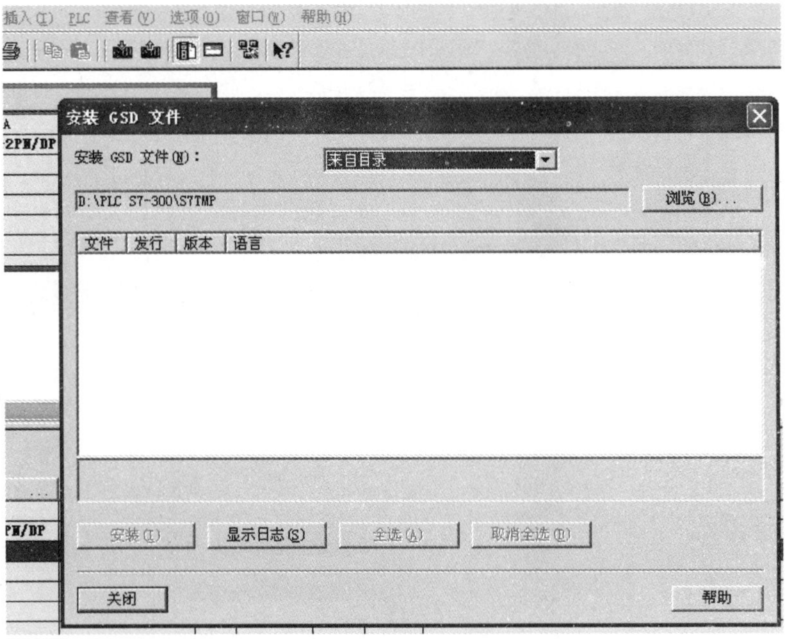

图 9.22　安装 GSD 文件

⑦安装完成后,在硬件目录里找到"EM277",然后把 EM277 拖拽到 PROFIBUS 网络总线上,在出现的界面中选择地址为"3"(这个站号与 EM277 上的拨码开关站号一致),如图 9.23 所示。

PROFIBUS(1): DP 主站系统 (1)

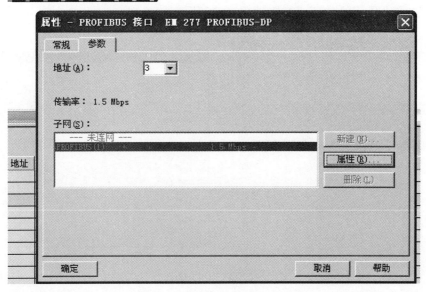

图 9.23　选择地址

⑧在 EM277 硬件目录下选择 I/O 大小, 并把需要挂在 EM277 上的 I/O 接口拖拽到 EM277 的插槽中, 如图 9.24 所示。

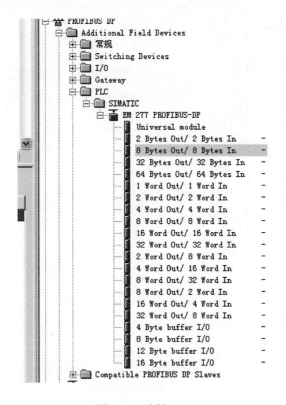

图 9.24　选择 I/O

⑨双击该插槽将弹出 DP 从站的地址/ID 属性设置界面,可定义输入/输出的开始地址,设置完成后单击各个界面的"确定"按钮,如图 9.25 所示。

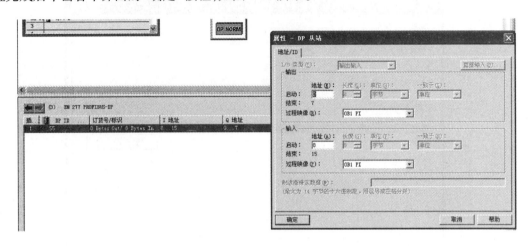

图 9.25　DP 从站

⑩在硬件组态界面双击 PROFIBUS 总线上的 EM277 图标,可以设置 S7-200CPU 的发送与接收地址偏移量,如图 9.26 所示。

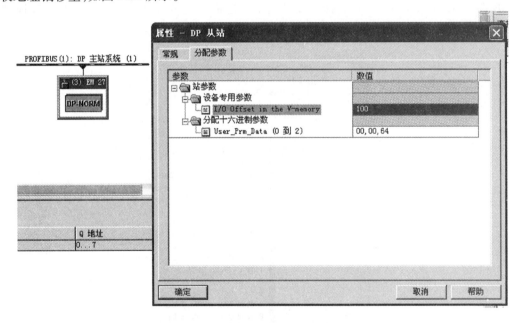

图 9.26　发送与接收地址偏移量

⑪保存并下载进 PLC 后可进行通信,右击"EM 277"的插槽,选择"监视/修改",可以监视 I/O 的变化,如图 9.27 所示。

⑫偏移量只针对从站,地址可设置,但不可冲突。假设偏移量为 0,分配给从站的地址为 8 字节输入/8 字节输出,则 200 中 V0 到 V7 是接收 300(PQB0.0-PQB7.7)给 200 的数据,V8 到 V15 是 200 给 300(PIB0.0-PIB7.7)的数据。当分配给从站的地址为 1W 输入/1W 输出,则 200 中 VW0 是接收 300(PQW256)的数据,VW2 是 200 给 300(PIW256)的数据。

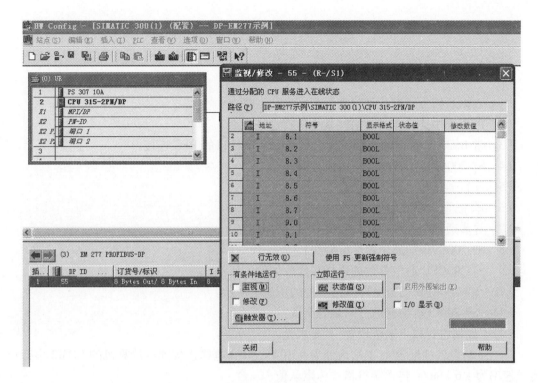

图 9.27　监视/修改

本章小结

要对 S7-200CPU 进行实际的编程和调试,需要在运行编程软件的计算机和 S7-200CPU 建立通信连接,S7-200 支持的通信协议有 PPI 方式、MPI 方式、PROFIBUS-DP 方式和自由口方式四种。

S7-200CPU 和计算机的通信可分为并行通信与串行通信;单工通信和双工通信;异步通信与同步通信。构成通信网络的部件主要有通信接口、网络连接器、网络电缆和网络中继器。

S7-200 系列 PLC 支持自由口通信协议。所谓自由口协议,是指通过用户程序控制 CPU 主机的通信端口的操作模式来进行通信。用这种自由口模式可以用自定义的通信协议连接多种智能设备。

S7-200CPU 的网络通信运行步骤包括通信接口的安装、通信参数的选择和修改,以及网络的测试。

S7-200CPU 中,CPU 222,CPU 224,CPU 226 都可以通过增加 EM277 PROFIBUS-DP 扩展模块的方法支持 DP 网络协议,通信步骤分多步。

习题与思考题

9.1 数据通信方式有几种？它们分别有什么特点？

9.2 PLC 采用什么方式通信？其通信特点是什么？

9.3 带 RS232C 接口的计算机怎么与带 RS485 接口的 PLC 连接？

9.4 S7-200CPU 支持的通信协议有哪些？

9.5 并行通信与串行通信的含义分别是？

9.6 单工通信与双工通信的含义分别是？

9.7 异步通信与同步通信的含义分别是？

9.8 S7-200CPU 的通信部件有哪些？

9.9 S7-200CPU 通信参数的选择和修改如何进行？

9.10 S7-200CPU 的自由口通信功能的用途有哪些？

9.11 S7-200CPU 如何进行网络的测试？

9.12 如何进行以下通信设置，其要求是：

从站设备地址为 4，主站地址为 0，用 PC/RRI 电缆连接到本计算机的 COM2 串行口，传送速率为 1.6 kbit/s，传送字符格式为默认值。

学习目标：

1.了解 PLC 控制系统设计的一般原则和设计步骤。

2.初步掌握 PLC 控制系统的设计方法。

10.1　PLC 控制系统设计原则与步骤

10.1.1　PLC 控制系统设计的基本原则

任何一种控制系统都是为了实现被控对象的工艺要求，提高生产效率和产品质量，因此，PLC 控制系统的设计应遵循以下原则：

①充分发挥 PLC 的功能，最大限度地满足被控对象的控制要求。设计前应深入现场进行调查研究，搜集资料，并与机械部分的设计人员和实际操作人员密切配合，共同拟定电气控制方案，协同解决设计中出现的各种问题。

②在满足控制要求的前提下，力求使控制系统简单、经济、使用及维护方便。

③保证控制系统安全可靠。

④考虑到生产的发展和工艺的改进，在选择 PLC 的容量时，应适当留有裕量，以满足今后生产的发展和工艺的改进。

当然，对不同的用户要求的侧重点有所不同，设计的原则也有所不同，如果以提高产品质量和安全为目标，则应将系统可靠性放在设计的重点，甚至考虑采用冗余控制系统；如果要求改善信息管理，则应该将系统通信能力和总线网络设计加以强化。

10.1.2　PLC 控制系统设计的步骤

PLC 控制系统的设计过程如图 10.1 所示。

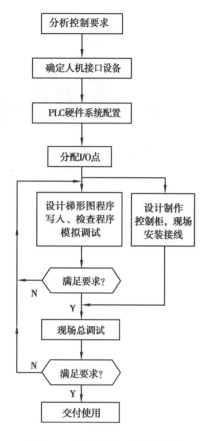

图 10.1 设计调试过程示意图

（1）根据生产工艺过程分析控制要求

这一步是系统设计的基础,设计前应熟悉图样资料,深入调查研究,与工艺、机械方面的技术人员和现场操作人员密切配合,共同讨论,以解决设计中出现的问题。应详细了解被控对象的工艺过程、工作特点、控制规律等,例如机械部件的动作顺序、动作条件、必要的保护与联锁,系统要求哪些工作方式(例如手动、自动、半自动等),设备内部机械、液压、气动、仪表、电气几大系统之间的关系,PLC 与其他智能设备(例如别的 PLC、计算机、变频器、工业电视、机器人)之间的关系,PLC 是否需要通信联网,需要显示哪些数据及显示的方式等。还应了解电源突然停电及紧急情况的处理,以及安全电路的设计。有时需要设置 PLC 之外的手动的或机电的联锁装置来防止危险的操作。

对于大型的复杂控制系统,需要考虑将系统分解为几个独立的部分,各部分分别用单独的 PLC 或其他控制装置来控制,并考虑它们之间的通信方式。

（2）选择和确定输入输出设备

I/O 设备用于操作人员与 PLC 之间的信息交换,使用单台 PLC 的小型开关量控制系统一般用指示灯、报警器、按钮和操作开关来作人机接口。PLC 本身的数字输入和数字显示功能较差,可以用 PLC 的开关量 I/O 点来实现数字的输入和显示,但是占用的 I/O 点多,还需要用户自制硬件。

（3）选择 PLC

根据被控对象对 PLC 控制系统的要求选定 PLC 的型号,从控制功能、I/O 点数、存储容量及执行速度等方面考虑。

（4）分配 PLC 的 I/O 点并设计 I/O 接线图

分配 PLC 的 I/O 点,画出 PLC 的 I/O 端子与输入输出设备的连接图和对应表,包括 I/O 编号、设备代号、设备名称和功能等。

（5）设计软件和硬件

进行 PLC 程序设计,同时进行控制台(柜)的设计和现场施工。

（6）联机统调

联机调试是将模拟调试好的程序进行现场调试,可以采用分段的形式,先进行局部调试,再进行带负载调试。待全部调试结束,可将程序固化在 EPROM 中。然后编制好技术文件,包括操作使用说明书、系统电气原理图以及应用程序等文件资料,最后交付使用。

10.2　PLC 机型选择

　　PLC 控制系统的结构包括 PLC 和输入、输出设备。完成系统的设计主要是指 PLC 的选型和程序设计。由于 PLC 应用在不同场合时，有不同的工艺流程，对控制功能也有不同的要求，而且程序的难易程度不定，因此很难有一种固定的机型选择标准。

　　PLC 选型的基本原则是：所选的 PLC 应能够满足控制系统的功能需要。一般从系统功能，PLC 的物理结构、指令和编程方式，PLC 的存储容量和响应时间，通信联网功能等方面进行综合考虑，在功能满足要求的情况下，保证系统可靠、维护使用方便以及最佳的性价比。

　　(1)PLC 结构的选择

　　在相同功能和相同 I/O 点数的情况下，整体式 PLC 比模块式 PLC 价格低。模块式具有功能扩展灵活、维修方便、容易判断故障等优点，用户应根据需要选择 PLC 的结构形式。

　　(2)PLC 输出方式的选择

　　不同的负载对 PLC 的输出方式有相应的要求。继电器输出型的 PLC 工作电压范围广，触点的导通压降小，承受瞬时过电压和瞬时过电流的能力较强，但是动作速度较慢，触点寿命(动作次数)有一定的限制。如果系统的输出信号变化不是很频繁，建议优先选用继电器输出型的 PLC。晶体管型与双向晶闸管型输出模块分别用于直流负载和交流负载。它们的可靠性高，反应速度快，不受动作次数的限制，但是过载能力稍差。例如，频繁通断的感性负载应选用晶体管或晶闸管输出型，而不应选用继电器输出型。

　　(3)I/O 响应时间的选择

　　PLC 的响应时间包括输入滤波时间、输出电路的延迟和扫描周期引起的时间延迟。PLC 的程序扫描方式决定了它不能可靠地接收持续时间小于扫描周期的输入信号。为此，需要选取扫描速度高的 PLC 来提高对输入信号接收的准确性。扫描速度是用执行指令所需要的时间来估算的，单位为 ms/千步，大多数 PLC 的性能指标中都给出了扫描速度的具体数据。PLC 的 I/O 响应时间一般都能满足实际工程控制的要求，可不必考虑 I/O 响应的时间问题。对于快速实时控制，如高速线材等速度控制可选择运行速度快的 CPU、功能强的大型 PLC 或高速网络来满足信息快速交换的要求。

　　(4)联网通信的选择

　　若 PLC 控制系统需要联入工厂自动化网络，则所选用的 PLC 需要有通信联网功能，即要求 PLC 应具有连接其他 PLC、上位计算机及 CRT 等接口的能力。大、中型机都有通信功能。

　　(5)PLC 电源的选择

　　电源是 PLC 干扰引入的主要途径之一，因此应选择优质电源以助于提高 PLC 控制系统的可靠性。一般可选用畸变较小的稳压器或带有隔离变压器的电源，使用直流电源时要选用桥式全波整流电源。对于供电不正常或电压波动较大的情况，可考虑采用不间断电源 UPS 或稳压电源供电。对于输入触点的供电，可使用 PLC 本身提供的电源，如果负载电流过大，也可采用外设电源供电。

　　(6)I/O 点数及 I/O 接口设备的选择

　　根据控制系统所需要的输入设备(如按钮、限位开关、转换开关等)、输出设备(如接触器、电磁阀、信号灯等)以及 A/D、D/A 转换的个数来确定 PLC 的 I/O 点数。再按实际所需总点数的 15% 留有一定的裕量,以满足今后生产的发展或工艺的改进。

数字量输入模块的输入电压一般为 DC24 V 或 AC220 V。直流输入电路的延迟时间较短,可以直接与接近开关。光电开关和编码器等电子输入装置连接。交流输入方式适合于在有油雾,粉尘的恶劣环境下使用。

进行 I/O 接口设备选择时应考虑负载电压的种类和大小、系统对延迟时间的要求、负载状态变化是否频繁等。例如相对于电阻负载,输出模块驱动电感性负载和白炽灯时的负载能力将会降低。

选择 I/O 接口设备时还需要考虑下面的问题:

①输入模块的输入电路应与外部传感器或电子设备(例如变频器)输出电路的类型相配合,最好能使二者直接相连。例如有的 PLC 的输入设备模块只能与 NPN 管集电极开路输出的传感器直接相连,如果选用 NPN 管发射极输出的传感器,需要在二者之间增加转换电路。

②选择模拟量模块时应考虑使用变送器,以及执行机构的量程是否能与 PLC 的模拟量输入/输出模块的量程匹配。模拟量模块的 A/D、D/A 转换器的位数反映了模块的分辨率,12 位的分辨率较高。模拟量模块的转换时间反映了模块的工作速度。

③使用旋转编码器时,应考虑 PLC 的高速计数器的功能和工作频率是否能满足要求。

(7)存储容量的选择

PLC 程序存储器的容量通常以字或步为单位,用户程序存储器的容量可以作粗略的估算。一般情况下,用户程序所需的存储器容量可按照如下经验公式计算:

$$程序容量 = K \times 总输入点数 / 总输出点数$$

对于简单的控制系统,$K=6$;若为普通系统,$K=8$;若为较复杂系统,$K=10$;若为复杂系统,则 $K=12$。

在选择内存容量时同样应留有裕量,一般是运行程序的 25%。不应单纯追求大容量,在大多数情况下,满足 I/O 点数的 PLC,其内存容量也能满足。此外,应提高编程技巧,合理使用基本的功能、控制、比较指令以及某些高级指令,从而大大缩短语句,节省内存空间。

一个企业应尽量选用同一类 PLC 机型,其好处有:同一机型 PLC 的模块可互为备用,便于备品、备件的采购管理;同一机型 PLC 的功能、编程方法相同,有利于技术人员的培训和技术水平的提高;同一机型 PLC,其外围设备通用,资源共享,易于联网通信。

随着 PLC 功能的日益完善,很多小型机已具有中、大型机的功能。对于 PLC 的功能选择,一般只要满足 I/O 点数,大多数机型也能满足其他功能。目前大多数 PLC 都具有扩展模块、A/D 和 D/A 转换模块以及高级指令、中断能力及与外设通信的能力。

10.3 PLC 控制系统的抗干扰设计

PLC 是专门为工业环境设计的控制装置,一般不需要采取什么特殊措施就可以直接在工业环境中使用。但是如果环境过于恶劣,电磁干扰特别强烈,或安装使用不当,都不能保证系统的正常安全运行。干扰可能使 PLC 接收到错误的信号,造成误动作,或使 PLC 内部的数据丢失,严重时甚至会使系统失控。在系统设计时,应采取相应的可靠性措施,以消除或减少干扰的影响,保证系统的正常运行。

10.3.1　电源的抗干扰措施

电源是干扰进入 PLC 的主要途径之一。电源干扰主要是通过供电线路的阻抗耦合产生的,各种大功率用电设备是主要的干扰源。

在干扰较强或对可行性要求较高的场合,可以在 PLC 的交流电源输入端加接带屏蔽层的隔离变压器和低通滤波器,如图 10.2 所示。隔离变压器可以抑制从电源线窜入的外来干扰,提高抗高频共模干扰能力,屏蔽层应可靠接地。

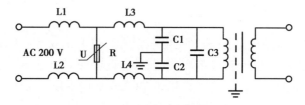

图 10.2　隔离变压器和低通滤波器

低通滤波器可以吸收掉电源中的大部分"毛刺"。图 10.2 中的 L1 和 L2 用来抑制高频差模电压,L3 和 L4 是用等长的导线反向绕在同一磁环上制成的,所以 50 Hz 的工频电流在磁环中产生的磁通互相抵消,磁环不会饱和。两根线中的共模干扰电流在磁环中产生的磁通是叠加的,因此共模干扰被 L3 和 L4 阻挡。C1 和 C2 用来滤除共模干扰电压,C3 用来滤除差模干扰电压。R 是压敏电阻,其击穿电压应略高于交流电源的最高工频峰值电压,平常相当于开路。遇尖峰干扰脉冲时它被击穿,干扰电压被压敏电阻钳位,这时压敏电阻的端电压等于击穿电压,尖峰脉冲消失后压敏电阻可以恢复正常状态。

高频干扰信号不是通过变压器绕组耦合,而是通过初级、次级绕组间的分布电容传递的。在初级、次级绕组之间加屏蔽层,并将它和铁芯一起接地,可以减少绕组间的分布电容,提高抗高频干扰的能力。也可以选用电源滤波器或其他净化电源的产品。

动力部分、控制部分、PLC、I/O 电源应分别配线,隔离变压器与 PLC 和 I/O 电源之间应采用双绞线连接。系统的动力线应足够粗,以降低大容量异步电动机启动时的线路压降。如果有条件,可以对 PLC 采用单独的供电回路,以避免大容量设备启停时对 PLC 产生干扰。

10.3.2　控制系统接地

良好的接地是保证 PLC 可靠工作的重要条件,可以减少 PLC 和控制柜与大地之间由于电位差引起的干扰电流,减少经过电源和输入输出信号线混入的干扰信号,防止漏电流产生的感应电压等,有效地防止各种误动作。

PLC 的接地线应与机器的接地端相接,接地线的截面积应不小于 2 mm^2,而接地电阻应小于 100 Ω。如果要用扩展单元,其接地点应与基本单元的接地点接在一起。为了抑制加在电源及输入端和输出端的干扰,应给 PLC 接上专用地线,且其接地点应与动力设备(如电动机)的接地点分开,如图 10.3(a)所示,若达不到这种要求,也必须做到与其他设备公共接地,如图 10.3(b)所示。禁止如图 10.3(c)所示那样与其他设备串联接地,接地点应尽可能靠近 PLC。

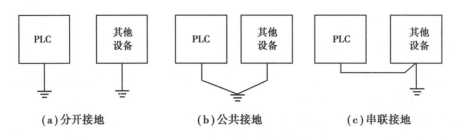

(a)分开接地　　　　　(b)公共接地　　　　　(c)串联接地

图 10.3　PLC 接地处理

10.3.3　PLC 输入输出的抗干扰措施

如果用 PLC 驱动交流接触器,应将额定电压为 AC380 V 的交流接触器的线圈换成 220 V 的。在负载要求的输出功率超过 PLC 的允许值时,应设置外部继电器。PLC 输出模块内的小型继电器的触点小,断弧能力差,不能直接用于 DC220 V 的电路,必须用 PLC 驱动外部继电器,然后再用外部继电器的触点驱动 DC220 V 的负载。

若 PLC 的输入端或输出端接有感性元件,对于直流电路,应在它们两端并联续流二极管,如图 10.4(a)所示,以抑制电路断开时产生的电弧对 PLC 的影响。对于交流电路,感性负载的两端应并联阻容吸收电路,如图 10.4(b)所示。一般电容可取 0.1~0.47 μF,电容的额定电压应大于电源峰值电压,电阻可取 51~120 Ω,二极管可取 1 A 的管子,但其额定电压应大于电源电压的峰值。

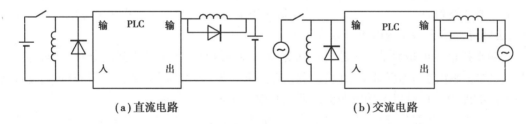

(a)直流电路　　　　　　　　　　　(b)交流电路

图 10.4　输入输出电路的抗干扰处理

10.3.4　布线措施

数字量信号一般对信号电缆无严格的要求,可以选用一般电缆;信号传输距离较远时,可以选用屏蔽电缆;对于模拟信号和高速信号(例如模拟量变送器和旋转编码器等提供的信号),应选择屏蔽电缆。通信电缆对可靠性的要求较高,有的通信电缆信号频率很高(例如10 MHz),因此一般应选用专用的电缆。在要求不高或信号频率较低时,也可以选用带屏蔽的多芯电缆或双绞线电缆。

PLC 应远离强干扰源,例如大功率晶闸管装置、变频器、高频焊机和大型动力设备等。PLC 不能与高压电器安装在同一个开关柜内,在柜内 PLC 应远离动力线(二者之间的距离应大于 200 mm),与 PLC 装在同一个开关柜内的电感性元件,例如继电器、接触器的线圈,应并联 RC 消弧电路,如图 10.4(b)所示。

信号线与动力线应分开走线,电力电缆应单独走线,不同类型的线应分别装入不同的电缆管或电缆槽中,并使其有尽可能大的空间距离,信号线应尽量靠近地线或接地的金属导体。当数字量输入、输出线不能与动力线分开布线,且距离较远时,可以用继电器来隔离输入/输出线上的干扰。

I/O 线与电源线应分开走线,并保持一定的距离,若迫不得已要在同一线槽中布线,应使用屏蔽电缆。交流线与直流线应分别使用不同的电缆,如果 I/O 线的长度超过 300 m,那么输入线与输出线也应分别使用不同的电缆。数字量和模拟量的 I/O 线应分开敷设,且后者应采用屏蔽线。若模拟量输入/输出信号距离 PLC 较远,应采用 4~20 mA 的电流传输方式,而不用易受干扰的电压传输方式。

传送模拟信号的屏蔽线应一端接地,以泄放高频干扰。数字信号线的屏蔽层应并联电位均衡线,其电阻应小于屏蔽层电阻的 1/10,还应将屏蔽层两端接地。如果无法设置电位均衡线,或只考虑抑制低频干扰时,也可以一端接地。不同的信号线最好不用同一个插接件转接,如果必须用同一个插接件,要用备用端子或地线端子将它们分隔开,以减少相互干扰。

10.3.5　故障检测与诊断

PLC 的可靠性很高,本身有很完善的自诊断功能,如果出现故障,借助自诊断程序即可方便地找到出现故障的部件,将其更换后就可以恢复正常工作。

大量的工程实践表明,PLC 外部的输入、输出元件,例如限位开关、电磁阀、接触器等的故障率远远大于 PLC 本身的故障率,而这些元件出现故障后,PLC 一般不能觉察出来,不会自动停机,可能使故障扩大,直至强电保护装置动作后才停机,有时甚至还会造成设备和人身事故。停机后,查找故障也要花费很多时间。为了及时发现故障,在没有酿成事故之前自动停机和报警,也为了方便查找故障,提高维修效率,可以用梯形图程序实现故障的自诊断和自处理。

现代的 PLC 拥有大量的软件资源,CPU 一般都有几百点存储器位,定时器和计数器也有相当大的裕量,可以把这些资源利用起来,用于故障检测。

（1）超时检测

机械设备各步动作所需的时间一般是不变的。即使变化也不会太大,因此可以以这些时间为参考,在 PLC 发出输出信号使相应的外部执行机构开始动作时启动一个定时器,且定时器的设定值比正常情况下该动作持续时间长 20% 左右。例如某执行机构在正常情况下运行 10 s 后,它驱动的部件使限位开关动作并发出动作结束信号。在该执行机构开始动作时启动设定值为 12 s 的定时器,若 12 s 后还没有接收到动作结束信号,可由定时器的常开触点发出故障信号。该信号停止正常的程序,启动报警和故障显示程序,从而使操作和维修人员能迅速判别故障的种类,及时采取排除故障的措施。

（2）逻辑错误检测

在系统正常运行时,PLC 的输入、输出信号和内部信号(例如存储器位的状态)之间存在着确定的关系,如果出现异常的逻辑信号,则说明出现了故障。因此,可以编制一些常见故障的异常逻辑关系,一旦异常逻辑关系为 ON 状态,就应按故障处理。例如某机械运动过程中先后有两个限位开关动作,这两个信号不会同时为 ON。若它们同时为 ON,说明至少有一个限位开关被卡死,应停机进行处理。在梯形图中,应将这两个限位开关对应的输入继电器的常开触点串联,从而驱动一个表示限位开关故障的辅助继电器。

10.4 节省 PLC 输入输出点数的方法

随着电子业的发展,PLC 的 I/O 点的价格会有所下降,但每个 I/O 点的价格仍达到数十元左右,因此应该合理选用 PLC 的 I/O 点的数量,在满足控制要求的前提下力争使用的 I/O 点最少,但必须留有一定的裕量。I/O 点数通常是根据被控对象的输入、输出信号的实际需要,再加上 10%~15%的裕量来确定的。

10.4.1 减少输入点数的方法

(1)分时分组输入

自动程序和手动程序不会同时执行,自动和手动这两种工作方式分别使用的输入量可以分成两组输入,共用同一个端子,如图 10.5 所示。0 用来输入自动/手动命令信号,供自动程序和手动程序转换用。图中的二极管用来防范寄生电路。K1、K2、…、K7 闭合时,选择手动输入,K3、K4、…、K8 闭合时,选择自动输入。各开关串联二极管后避免了错误输入的产生。

(2)输入触点的合并

如果某些外部输入信号总是以某种"与或非"组合的整体形式出现在梯形图中,可以将它们对应的触点在 PLC 外部串、并联后作为一个整体接到 PLC 的输入端子上,只占 PLC 的一个输入点。

例如某负载可以在 3 处启动/停止,可以将 3 个启动信号并联,将 3 个停止信号串联,分别送给 PLC 的两个输入点,如图 10.6 所示。与每一个启动信号和停止信号占用一个输入点的方法相比不仅节约了输入点,还简化了梯形图电路。

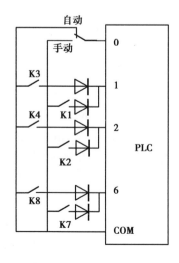

图 10.5 分时分组输入

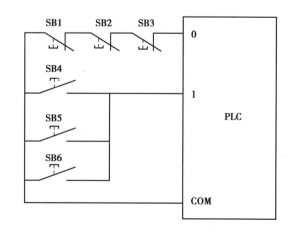

图 10.6 输入触点的合并

（3）将信号设置在 PLC 之外

系统的某些输入信号，例如手动操作按钮、保护动作后要手动复位的电动机热继电器 FR 的常闭触点提供的信号，可以设置在 PLC 外部的硬件电路中，如图10.7所示。某些手动按钮要串接一些安全联锁触点，如果外部硬件联锁电路过于复杂，则应考虑仍将有关信号送入 PLC，用梯形图实现联锁。

10.4.2　减少输出点数的方法

（1）减少所需数字量输出点数的方法

在 PLC 的输出功率允许下，通/断状态完全相同的多个负载并联后，可以共用一个输出点，通过外部的或 PLC 控制的转换开关来切换，一个输出点可以控制两个或多个不同时工作的负载。与外部元件的触点配合，可以用一个输出点控制两个或多个有不同要求的负载。用一个输出点控制指示灯常亮或闪烁，可以显示两种不同的信息。

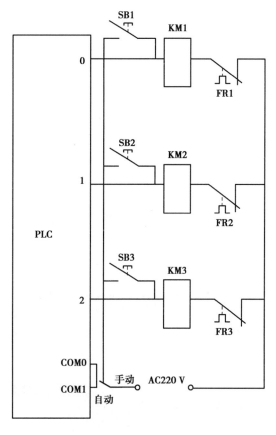

图 10.7　将信号设在 PLC 之外

在需要用指示灯显示 PLC 驱动负载的状态时，可以将指示灯与负载并联，并联时指示灯与负载的额定电压相同，总电流不应超过允许的值，可以选用电流小、工作可靠的 LED 指示灯。

可以用接触器的辅助触点来实现 PLC 外部的硬件联锁。

系统中某些相对独立或比较简单的部分，可以不进 PLC，用继电器电路来控制，这样可以减少所需的 PLC 的输入、输出点数。

（2）减少数字显示所需输出点数的方法

如果用数字量输出点来控制多位 LED 七段显示器，所需的输出点是很多的。在图10.8 所示电路中，用具有锁存译码驱动功能的芯片 CD4513 驱动共阴极 LED 七段显示器，两只 CD4513 的数据输入端 A~D 共用 PLC 的 4 个输出端，其中 A 为最低位，D 为最高位。LE 是锁存器使能端，在 LE 信号的上升沿将数据输入端输入的 BCD 数锁存在片内的寄存器中，并将该数译码后显示出来。

如果使用继电器输出模块，应在与 CD4513 相连的 PLC 各输出端与"地"之间分别接一个几千欧的电阻，以避免在输出继电器的触点断开时使 CD4513 的输入端悬空。输出继电器的状态变化时，其触点可能抖动，因此应先送数据输出信号，待该信号稳定后，再用 LE 信号的上升沿将数据锁存进 CD4513。

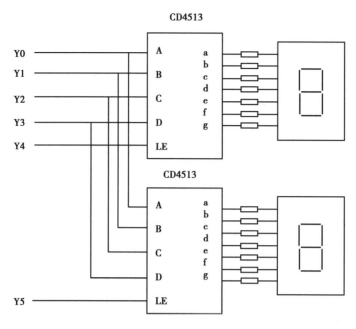

图 10.8　PLC 的数字显示电路

10.5　PLC 的安装

PLC 可靠性高,能承受恶劣的工业环境,并且有很强的抗干扰能力。但是在过于恶劣的环境条件下(如过强的电磁场、超高温、超低温、超高压等)下,或安装不当等,都有可能引起 PLC 内部信息的破坏而导致控制混乱,甚至造成内部器件损坏。为了能够充分发挥、利用 PLC 的特点,提高 PLC 系统运行的可靠性,使用、安装 PLC 有一些要求:

(1)安装位置要求

PLC 上必须安装符合国家电气标准的可编程序控制器外罩,为避免附近控制屏或电气装置产生的干扰,安装时应满足下列要求:

①采用封闭的防尘罩;

②与高频设备安装在一起时,其外罩必须接地;

③不要把 PLC 与高压设备安装在同一罩壳内;

④尽可能地远离高压线和动力线路,PLC 不能在高压电器和高压电源附近安装,更不能与高压电器安装在同一电器柜内。

⑤垂直安装 PLC,保证空气能最大限度流动,同时防止脏物从通风道掉入机内。

(2)安装环境要求

各生产厂家对 PLC 的环境温度都有一定的规定。PLC 允许的环境温度通常为 0~55 ℃。要采取措施保证环境温度不能太高。

①环境温度要求。操作:0~45 ℃　　储存:20~65 ℃。

②湿度要求。相对湿度 35%~85%(无凝固)。

③注意环境污染,避免受腐蚀性气体侵蚀;温度突变;阳光直射;聚集的灰尘、盐和金属微粒;溅上水、油和其他化学物质。

④远离振动和冲击源:安装 PLC 的控制柜应避免强烈的振动和冲击,尤其是连续、频繁的振动,以免造成接线或插件的松动。

(3)通风冷却要求

如果要将 PLC 安装在一个控制柜中,为了便于维修和通风,要给 PLC 足够的空间,避免将 PLC 装在热源的上方,必要时在柜中装一通风扇。

(4)提高抗干扰措施

为了提高 PLC 抗干扰能力,安装时要注意以下几点:

①连接不同部件的电缆每根至少要 2 mm 粗。

②PLC 与高压电器或高压电源线之间至少应有 200 mm 以上的距离。

③如有可能,将 PLC 的 I/O 线放在金属槽内,但电源线不能与它们放在同一槽内。金属槽要接地;输入/输出线绝对不准与动力线捆在一起敷设。

④当控制系统要求 400 V、10 A 或 220 V、20 A 的电源容量时,I/O 线与电源线的间距不能小于 300 mm。若在设备连接点外,I/O 线与电源线不可避免地放在同一走线槽内,这时必须用一接地的金属板将其隔开,走线金属槽要接地。

⑤基本单元与扩展单元的安装

在实际应用中,如果 PLC 的主机(CPU)输入、输出点不够,可加装扩展单元。在安装 CPU 和扩展单元时,若两者水平安装,CPU 必须在 I/O 扩展单元的左边;若两者垂直安装,CPU 必须安装在 I/O 扩展单元的上边。走线槽不应从二者之间走过。CPU 机架和扩展机架之间及各扩展机架之间要留有 70~120 mm 的距离,便于走线及冷却空间。

本章小结

随着工业控制自动水平的不断提高,PLC 应用愈加广泛,但不是所有的控制都必须使用 PLC。本章从应用的角度出发介绍了采用 PLC 作为控制的条件,这些正是 PLC 的优势所在。PLC 选型的基本原则,只能作为一种参考。考虑到控制形式的不同以及控制对象的特殊性等,应该根据需要进行选型。

PLC 主控单元与扩展单元,无论是水平安装还是垂直安装,都应满足产品说明书(或用户手册)所给定的指导数据,不得随意改变,以免发生事故或引起 PLC 工作不正常。

PLC 在实际使用中,特别要注意它的电源与接地的接线方式;为防止干扰经电源或输入接口窜入 PLC 内部,PLC 与其他设备必须分别接地,而不能共同接在一起后接地;输入端接线,应注意外部设备所使用的电源电压与 PLC 机型和输入端电压等级一致;输出端接线,考虑感性负载,并联保护二极管,防止交流电源供电产生的噪声,并联 RC 滤波器等措施。

对晶体管和晶闸管输出型的 PLC,因有较大的漏电流,需在负载两端并联一个旁路电阻,以防止输出设备误动作。

习 题 与 思 考 题

10.1 简述 PLC 控制系统设计调试的步骤。与传统的继电器系统设计过程相比,有何特点?

10.2 在强烈干扰的工作环境下可以采用什么可靠性措施?

10.3 PLC 控制系统中接地应注意什么问题?

10.4 PLC 应用控制系统的硬件和软件的设计原则和内容是什么?

10.5 开关量交流输入单元与直流输入单元各有什么特点? 它们分别适用于什么场合?

10.6 PLC 输入/输出有哪几种接线方式? 为什么?

10.7 频繁通断的负载应选用什么机型的 PLC? 并说明原因。

10.8 如果 PLC 必须与某高频设备安装在一起,应采用哪些抗干扰措施?

10.9 简述节省 PLC 的 I/O 点数的方法。

10.10 PLC 系统安装时应注意哪些问题?

第 **11** 章

PLC 的程序设计及应用举例

学习目标：

1.了解 PLC 程序设计的一般步骤及方法。

2.熟练掌握 PLC 的基本编程技巧,通过 PLC 的几个典型应用事例,加深对 PLC 指令的理解和运用,为从事 PLC 控制工作打下坚实的基础。

11.1 PLC 程序设计步骤及编程技巧

11.1.1 PLC 程序设计的一般步骤

编制一个 PLC 控制程序的基本步骤如下:

①详细了解生产工艺和设备对控制系统的要求,必要时应画出系统的工作循环图或流程图及有关信号的时序图。

②根据生产设备现场的需要,将所有输入信号(按钮、行程开关、速度及时间传感器),输出信号(接触器、电磁阀、信号灯等)及其他信号分别列表,并按 PLC 内部软继电器的编号范围,给每个信号分配一个确定的 I/O 地址,即编制现场信号与 PLC 软继电器 I/O 地址对照表。每一个输入信号占用一个输入地址,每一个输出地址驱动一个外部负载。

③根据控制要求设计程序。设计时可以用梯形图语言,也可以用助记符语言。对于较复杂的控制系统,应参照流程图进行程序设计,图上的文字符号与 PLC 软继电器地址要一一对应。

④通过编程器或编程软件把编好的程序传送到 PLC 中。

⑤对程序进行模拟调试和修改,直至满意为止。调试时可采用分段调试,并利用计算机或编程器进行监控。

⑥程序设计完成后,应进行在线统调。开始时先带上输出设备(如接触器、信号指示灯等),不带负载进行调试。调试正常后,再带上负载运行。全部调试完毕,交付试运行,如果运行正常,可将程序固化到 EPROM 中,以防程序丢失。

11.1.2 PLC 程序设计小技巧

在编程时利用一些小技巧,对程序稍加处理,可使程序变得结构简单、直观易懂,有时还能节省内存、避免错误。

(1)利用"左重右轻""上重下轻"的原则

将串联触点较多的支路放在梯形图的上方,将并联较多的支路放在梯形图的左边,如图11.1所示。

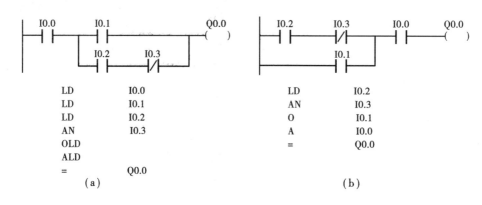

图 11.1 梯形图的"左重右轻""上重下轻"原则

(2)尽量避免出现分支点梯形图

如图 11.2 所示,将定时器与输出继电器并联的上下位置互换,可减少指令条数。

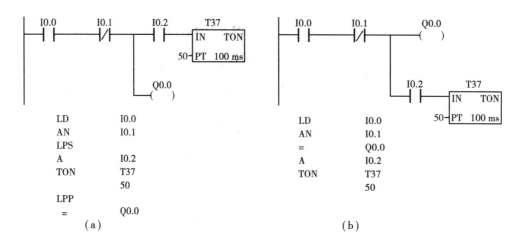

图 11.2 避免出现分支

(3)将多层控制转化为多分支控制

将图 11.3(a) 转化为图 11.3(b),虽然指令条数增加了,但控制关系更清晰易懂,指令结构更简洁,使用 ALD 和 OLD 指令使程序更容易读。

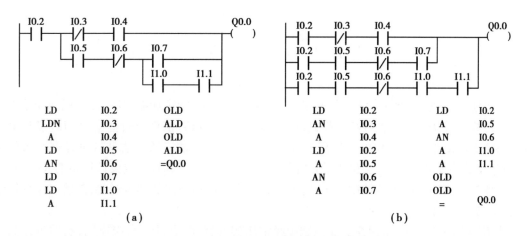

图 11.3　将多层控制转化为多分支控制

（4）桥式电路无法进行直接编程

触点垂直跨接在分支路上的梯形图，称为桥式电路，如图 11.4（a）所示。PLC 对此无法进行编程，需改成图 11.4（b）。

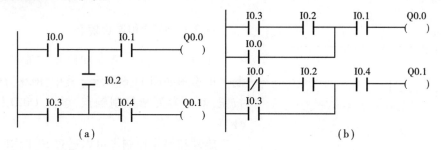

图 11.4　桥式电路的转换

（5）避免输入对输出响应的滞后

由于 PLC 采用循环扫描的工作方式，图 11.5（a）将出现输出对输入响应的滞后现象。当第一次扫描时，尽管 I0.0 已经闭合，由于第一次扫描时是触点 Q0.0，因此，输出继电器 Q0.1 不会接通。只有等待第二次扫描时，Q0.1 才会接通。改成图 11.5（b）后，如果 I0.0 闭合，在第一次扫描周期后，输出继电器 Q0.0、Q0.1 都可以接通。

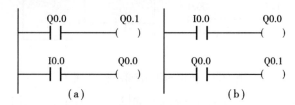

图 11.5　避免输入对输出响应的滞后

11.2　基本应用程序

　　一般地,PLC 程序设计方法有经验设计法、逻辑设计法、顺序功能图法、计算机辅助编程设计法。经验设计法是利用各种典型控制环节和基本控制电路,依靠经验直接用 PLC 设计电气控制系统来满足生产机械和工艺过程的控制要求的设计方法。该方法具有设计速度快的优点,但是在设计复杂程序时,会出现设计漏洞,因此它更适合于具有一定设计经验的人员使用。经验设计法主要用于简单的控制系统,它要求设计人员具有一定的实践经验,熟悉工业现场常用的基本控制程序。

　　所谓基本应用程序,是指在工业控制中经常用到的程序,有的可直接应用,有的可作为应用程序的一部分。它们很多是从继电器-接触器控制系统转换而来的,并且与继电-接触线路图的画法十分相似,信号输入、输出方式及控制功能也大致相同。对于熟悉继电器-接触器控制系统设计原理的工程技术人员来说,掌握基本应用程序的梯形图语言设计无疑是十分方便和快捷的。

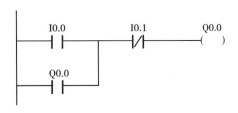

图 11.6　启动和停止控制

11.2.1　启动和停止控制

　　在自动控制中,启动和停止控制是常用的控制。梯形图如图 11.6 所示。其中,I0.0 为启动控制按钮,I0.1 为关断控制触点,触点 Q0.0 构成自锁环节。

　　启动和停止控制也可以通过 SET、RESET 指令和 SR 指令实现,如图 11.7 所示。图 11.7(a)使用 SET 和 RESET 指令,图 11.7(b)使用 SR 指令,都可以实现启动和停止控制。

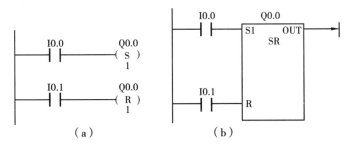

图 11.7　使用 SET、RESET 和 SR 指令

　　使用单按钮也可控制启动、保持、停止控制,如图 11.8 所示。在图 11.8(a)中,当按钮第一次按下时,I0.0 导通,Q0.0 接通。当按钮抬起时,I0.0 断开,M0.0 接通,Q0.0 仍接通。当按钮第二次按下时,Q0.0 关断,M0.0 仍然导通。当 I0.0 再次抬起时,M0.0 关断。这样用一个按钮(I0.0)的两次接通实现了对输出的控制。

　　图 11.8(b)是利用求反指令,I0.0 每接通一次,Q0.0 的状态就发生一次改变,实现对 Q0.0 的通、断控制。

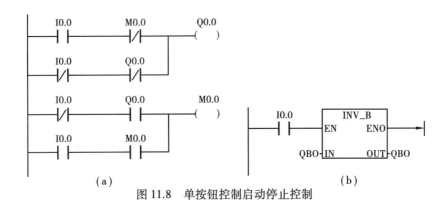

图 11.8　单按钮控制启动停止控制

11.2.2　互锁控制和互控控制

（1）互锁控制

图 11.9 是使用 PLC 互锁控制的典型梯形图。图中，输出继电器 Q0.0、Q0.1 不能同时接通，只要一个接通，另一个就不能再启动。只有按下停止按钮 I0.2 后，才能再启动。互锁控制适用于电动机的正反转。

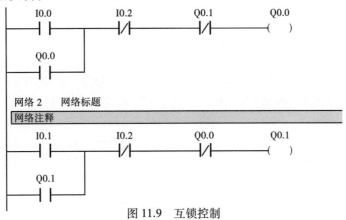

图 11.9　互锁控制

（2）互控控制

图 11.10（a）中，可以任意启动一个输出继电器。如果需要启动另一个时，无需按下停止按钮 I0.2，可直接启动，同时原已启动的输出将自行关断。如果按钮 I0.0 和 I0.1 同时按下闭合，两个输出均不能启动。这种控制可用于当前状态下任意改变控制对象。

图 11.10（b）中，启动时，只有当线圈 Q0.0 接通，Q0.1 才能接通。切断时，只有当线圈 Q0.1 断开，线圈 Q0.0 才能断开。

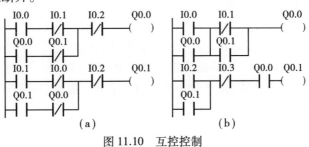

图 11.10　互控控制

11.2.3　时间控制

在 PLC 的实际应用中,定时器、计数器使用很多,而且非常灵活、方便。下面介绍它们的一些实用的梯形图设计。

(1)定时器的串联、并联

定时器的串联、并联如图 11.11 所示。图 11.11(a)中使用两个定时器,利用 T37 的常开触点控制 T38 定时器的启动,线圈 Q0.0 启动时间由两个定时器的设定值决定,实现长延时。图 11.11(b)中,定时器 T37 和定时器 T38 并联连接,当触点 I0.0 接通时,定时器 T37 和 T38 同时启动,T37 常开触点启动线圈 Q0.0,T38 常开触点启动线圈 Q0.1。定时器使多个输出在不同的时刻接通。

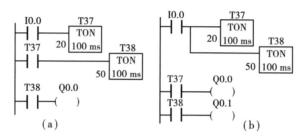

图 11.11　定时器的串联、并联的使用

(2)单脉冲发生梯形图

单脉冲发生梯形图如图 11.12 所示。控制触点 I0.0 每接通一次,产生一个定时的单脉冲。无论 I0.0 接通时间的长短,输出 Q0.0 的脉宽都等于定时器设定的时间。

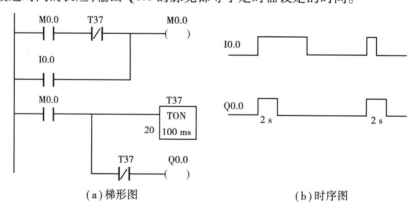

图 11.12　单脉冲发生器

(3)占空比可调的脉冲发生电路

当控制触点 I0.0 接通时,定时器 T37 开始定时,2 s 后其常开触点 T37 接通,在启动定时器 T38 的同时使输出继电器 Q0.0 导通。3 s 后,T38 常闭触点断开,使定时器 T37 复位。随着其常开触点 T37 的断开,使 Q0.0 断电同时定时器 T38 复位。T38 常闭触点的再次闭合使定时器 T37 又重新开始定时。如此循环,直至 I0.1 常闭触点断开。显然,只要改变定时时间就可以改变脉冲周期的占空比。

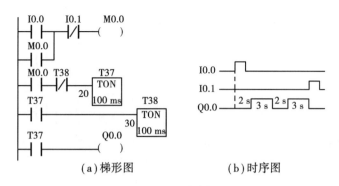

图 11.13　占空比可调的脉冲发生电路

11.3　PLC 控制电机

用 PLC 控制的系统或设备,功能完善、可靠性高,PLC 控制取代继电器控制已是大势所趋。有些继电器控制系统或设备,经过多年的运行实践证明其设计是成功的。若改用 PLC 控制,在原继电器控制电路的基础上,经过合理地转换,可以设计出具有相同功能的 PLC 控制程序。

PLC 输入端、输出端与外部连接电路称为 I/O 配线图。配合梯形图或程序清单,就可以组成 PLC 控制系统。

11.3.1　电动机正、反转控制

(1)控制要求

电动机可以正向旋转,也可以反向旋转。为避免改变旋转方向时,由于换相造成电源短路,要求电动机在正、反转状态转换前先停转,然后再换向启动。电动机正、反转继电器接触器控制系统主电路及控制电路请参考电气控制技术相关内容。

(2)I/O 分配

从图 11.14 可见为满足控制要求,需要有 3 个按钮:正转启动按钮、反转启动按钮、停止按钮。此外还需要控制电动机正、反转的两个交流接触器。一个热继电器作为过载保护。共需 5 个 I/O 点,其中 3 个输入,2 个输出。

　　输入信号:正转启动按钮 SB1—I0.0;
　　　　　　　反转启动按钮 SB2—I0.1;
　　　　　　　停止按钮 SB3—I0.2。
　　输出信号:正转交流接触器 KM1—I0.0;
　　　　　　　反转交流接触器 KM2—I0.1。

(3)实际接线图

在图 11.14 所示的实际接线图中,COM 为公共端。根据 PLC 型号不同,I/O 点数不同,输入、输出端子有不同数量的 COM 端。各 COM 端彼此独立,可以单独使用。如果电源相同时,可以共用一个 COM 端,但要考虑累积通过的点;电流值应小于通过的数值。

梯形图程序设计如图 11.15 所示。

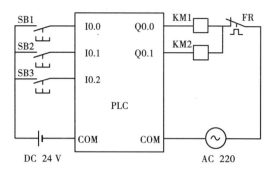

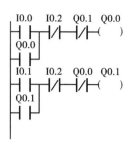

图 11.14　电动机正、反转 PLC 控制
实际接线图　　　　　　图 11.15　梯形图

（4）继电器控制系统到 PLC 控制的转换处理

继电器控制系统转换为 PLC 控制，要注意转换方法，以确保转换后系统的功能不变。

1）对各种继电器、电磁阀等的处理

在继电器控制系统中，大量使用各种控制电器，例如交、直流继电器以及电磁阀、中间继电器等。交、直流继电器和电磁阀的线圈是执行元件，要为它们分配相应的 PLC 输出继电器号。中间继电器可以用 PLC 内部的辅助继电器来代替。

2）对常开、常闭按钮的处理

在继电器控制系统中，一般启动使用常开按钮，停车用常闭按钮。用 PLC 控制时，启动和停车一般都用常开按钮。尽管使用哪种按钮都可以，但画出的 PLC 梯形图却不同。

3）对热继电器的处理

若 PLC 的输入点较富裕，热继电器的常闭触点可占用 PLC 的输入点；若输入点较紧张，热继电器的信号可不输入 PLC 中，而直接接在 PLC 外部的控制电路中。

11.3.2　电动机顺序控制

（1）控制要求

某控制系统有 3 台电机，当按下启动按钮 SB1 时，润滑电机启动；运行 10 s 后，主电机启动；运行 20 s 后，冷却泵电机启动。当按下停止按钮 SB2 时，主电机立即停止；主电机停 5 s 后，冷却泵电机停；冷却泵电机停 5 s 后，润滑电机停。当任一电机过载时，3 台电机全停。

（2）I/O 分配

通过分析控制要求知，该控制系统有以下输入和输出信号。

输入信号：启动 SB1——I0.0；

　　　　　停止 SB2——I0.1；

　　　　　第一台电机的过载保护 FR1——I0.2（接常闭触点）；

　　　　　第二台电机的过载保护 FR2——I0.3（接常闭触点）；

　　　　　第三台电机的过载保护 FR3——I0.4（接常闭触点）。

输出信号：润滑电机 KM1 控制——Q0.0；

　　　　　主电机 KM2 控制——Q0.1；

　　　　　冷却泵电机 KM3 控制——Q0.2。

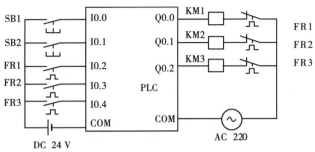

图 11.16　三台电动机顺序控制 PLC 接线图

（3）程序设计

　　该控制系统是典型的顺序启动、逆序停止控制。其程序如图 11.17 所示，按下启动按钮 I0.0，润滑电机 Q0.0 启动，同时定时器 T37 和 T38 的线圈为 ON，开始定时。定时器 T37 的线圈接通 10s 后，延时时间到，其常开触点闭合，主电机 Q0.1 启动；定时器 T38 的线圈接通 30 s 后，延时时间到，其常开触点闭合，冷却泵电机 Q0.2 启动。停止时，按下停止按钮 I0.1，辅助继电器 M0.0 为 ON 并自锁，M0.1 的常闭触点断开，立即将主电机 Q0.1 停止，同时接通定时器 T40 和 T41，开始定时。延时 5 s 后，T40 的常闭触点断开，冷却泵电机 Q0.2 停止，再延时5 s 后，T41 的常闭触点断开，润滑电机 Q0.0 停止，同时 T37、T38、T40、T41 定时器复位，为下次启动作准备。三台电机的过载信号 I0.2、I0.3、I0.4 接通辅助继电器 M0.0，一旦其中一台过载，该常闭触点闭合，M0.0 为 ON，则分别串联在 Q0.0、Q0.1、Q0.2 线圈中的常闭触点断开，三台电机全停。

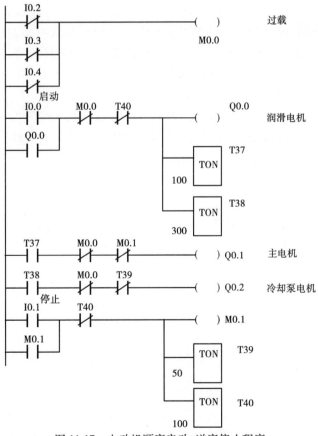

图 11.17　电动机顺序启动、逆序停止程序

263

11.3.3　送料小车控制

（1）控制要求

如图 11.18 所示，有一送料车自动循环运料。小车处于起始位置时，SQ0 闭合；系统启动后，小车在起始位置装料，20 s 后向右，到 SQ1 位置时，SQ1 闭合，小车下料 15 s；小车下料后返回起始位置，再用 20 s 的时间装料，其后向右运动到 SQ2 位置，此时 SQ2 闭合，小车下料 15 s 后返回到起始位置。以后重复上述过程，直至有停车复位信号为止。

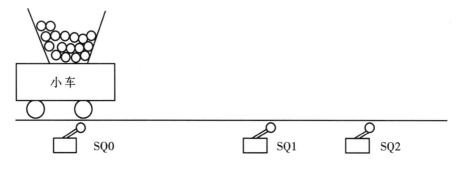

图 11.18　送料车自动循环运料

小车的工作循环过程如下：

启动 → 装料20 s → 第一次右行 → 到达SQ1，下料15 s → 第一次返回 → 装料20 s
↑第二次返回 ← 下料 15 s ← 到达SQ2 ← 第二次右行 ←

根据小车的工作循环过程可知，当小车第一次到达 SQ1 位置时要改变运动方向，而第二次和第三次到达 SQ1 时，小车不改变运动方向。可以用计数器的计数功能来决定到达 SQ1 时是否要改变方向，定时器用来记录装料和下料的时间。

（2）I/O 分配

由上面的分析可知，为满足控制要求，需要 2 个按钮：启动和停止按钮；3 个限位开关：SQ1、SQ2 和 SQ0；两个定时器和一个计数器；此外，还需要小车右行和返回的两个交流接触器。共需要 7 个 I/O 点，其中 5 个输入，2 个输出。

输入信号：停止按钮 SB1——I0.0

启动按钮 SB2——I0.1

限位开关 SQ0——I0.2

SQ1——I0.3

SQ2——I0.4

输出信号：右行交流接触器 KM1——Q0.0

返回交流接触器 KM2——Q0.1

（3）实际接线图

根据 I/O 地址分配，可画出 PLC 的实际接线图，如图 11.19 所示。

（4）梯形图程序设计

程序梯形图如图 11.20 所示。说明如下：

①中间辅助继电器 M0.0 作为系统工作允许继电器。启动按钮 I0.1 使 M0.0 置"ON"，复位按钮 I0.0 使 M0.0 置"OFF"。只有当 M0.0 为"ON"时，运料小车才能循环工作；当 M0.0 为

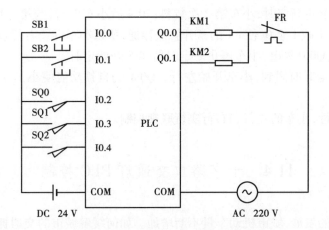

图 11.19　送料车 PLC 实际接线图

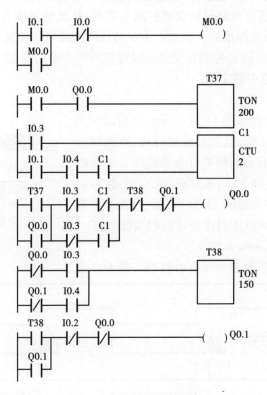

图 11.20　运料小车梯形图

"OFF"时,小车回到起始位置后停止工作。

②小车位于 SQ0 时,开始定时装料,20 s 后定时器 T37 接通,Q0.0 得电,小车右行。当小车离开 SQ0 时,定时器 T37 复位,但 Q0.0 的自锁功能使之仍得电使小车继续右行。

③小车行至 SQ1 时,计数器 C1 减 1,由于 SQ1 的常闭触点断开,使 Q0.0 失电,小车停止,定时器 T37 开始定时。

④T37 定时时间到后,其常开触点接通,运料小车左行。Q0.1 的自锁功能使小车左行到达 SQ0 位置。

⑤定时器 T37 又重新定时,小车第 2 次装料,20 s 后小车右行,与第一次相同。但小车到达 SQ1 时,计数器 C1 减 1 至 0,使 C1 的常开触点接通,所以小车继续右行直至到达 SQ2 位置,SQ2 常闭触点断开,Q0.0 失电,小车停止。定时器 T38 开始定时。

⑥定时器 T38 定时时间到,小车开始左行。Q0.1 的自锁功能使小车左行到达 SQ0 位置,进入下一个循环。

⑦为增加可靠性,小车的左行和右行实行联锁控制。

11.4 十字路口交通灯 PLC 控制

随着社会经济的发展,城市机动车量不断增加。如何缓解城市的交通拥堵状况,越来越成为交通运输管理和城市规划部门亟待解决的主要问题。城市交通信号控制系统通过有规律的控制和运用交通信号,对城市道路进行交通控制与管理,使机动车辆有秩序地驶离冲突区域,对城市道路的交通流畅通发挥重要的作用。十字路口的交通信号控制系统是城市交通信号控制系统的基本组成部分,是 PLC 控制在交通运输管理的一个最为典型工程技术应用的工作任务。下面介绍 PLC 在交通中的应用。

(1)控制要求

十字路口交通灯的布置如图 11.21 所示。当启动开关接通时,信号灯系统开始工作,且先南北红灯亮,东西绿灯亮。当启动开关断开时,所有的信号灯全部熄灭。工作时绿灯亮 25 s,并闪烁 3 次(即 3 s),黄灯亮 2 s,红灯亮 30 s。各方向三色灯的工作时序图如图 11.22 所示。这是一个典型的时序控制系统,因此可以用时序设计法的编程思路。

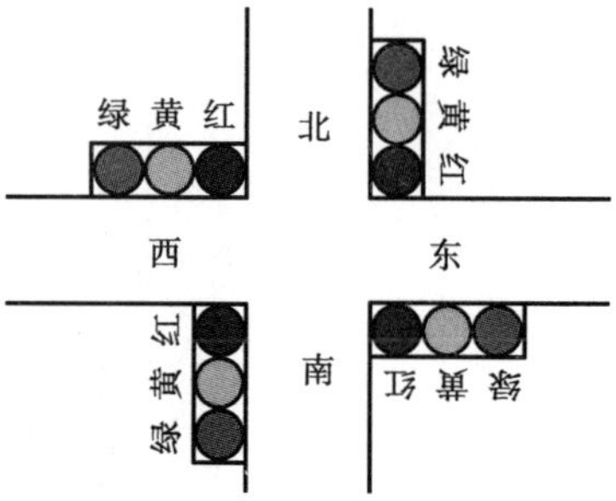

(2)分析 PLC 的输入和输出信号

为满足控制要求,应尽量减少所占用的 PLC 的 I/O 点

图 11.21 十字路口交通灯的布置

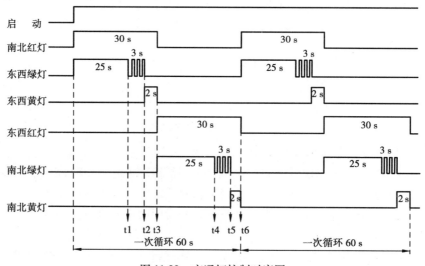

图 11.22 交通灯控制时序图

数。由控制要求可知,控制开关的启、停信号是输入信号,PLC 的输出信号控制各指示灯的亮、灭。在图 11.21 中,南北方向的三色灯共 6 盏,同颜色的灯同一时间亮、灭,所以可将同色灯进行并联,用同一输出信号控制,东西方向的三色灯也同样处理。

根据控制要求,PLC 的 I/O 地址分配见表 11.1,PLC 的 I/O 接线图如图 11.23 所示。

表 11.1　交通灯 I/O 分配

输　入	输　　　出					
控制开关	南北绿灯	南北黄灯	南北红灯	东西绿灯	东西黄灯	东西红灯
I0.0	Q0.0	Q0.1	Q0.2	Q0.3	Q0.4	Q0.5

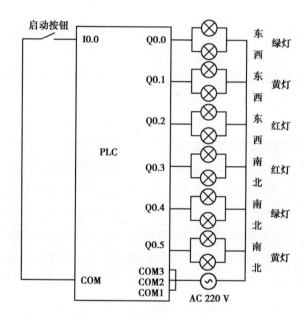

图 11.23　交通灯的 I/O 接线图

(3)由时序图分析各输出信号之间的时间关系

在图 11.22 中,东西方向放行时间可分为 3 个时间段:东西方向的绿灯和南北方向的红灯亮,换行前东西方向的绿灯闪烁 3 s,然后东西方向的黄灯亮 2 s;南北方向放行时间也分为 3 个时间段:南北方向的绿灯与东西方向的红灯亮,换行前南北方向的绿灯闪烁 3 s,最后南北方向黄灯亮 2 s。一个循环共需要 60 s,它分为 6 个时间段,这 6 个时间区段对应着 6 个分界点:t1、t2、t3、t4、t5、t6。在这 6 个分界点处,信号灯的状态将发生变化,程序设计中这 6 个时间段必须使用 6 个定时器来控制。

为了明确各定时器的作用,以便于理解各个灯的状态转换的准确时间,列出了各定时器的功能,见表 11.2。

表 11.2　各定时器的功能

定时器	定时时间	功　能
T37	25 s	东西绿灯定时 25 s,同时启动东西绿灯开始闪烁
T38	28 s	东西绿灯闪烁定时 3 s,同时启动东西黄灯亮
T39	30 s	南北红灯定时 30 s,同时启动南北绿灯和东西红灯亮
T40	55 s	南北绿灯定时 25 s,同时启动南北绿灯开始闪烁
T41	58 s	南北绿灯闪烁定时 3 s,同时启动南北黄灯亮
T42	60 s	东西红灯定时 30 s,同时启动东西绿灯和南北红灯亮

(4)梯形图程序设计

根据红绿灯的控制要求,参考实验设备电脑上的示例程序设计梯形图程序。

程序设计可分为三个部分:

第一部分是用来产生绿灯闪烁信号的方波电路,由定时器 T38 和定时器 T41 构成一个周期为 1 s 的振荡电路。

第二部分是定时电路,根据上面对图 11.22 时序波形图的分析,需要 6 个定时器分别对南北方向和东西方向信号灯的状态变化进行定时。

第三部分是指示电路,用来对两个方向信号灯的变化进行控制。南北方向和东西方向的绿灯分亮 25 s 和闪绿 3 s 两个时段,因此 Y1(东西绿灯)和 Y5(南北绿灯)线圈分别由两条支路控制,一条支路用 T37(东西绿灯定时)或 T40(南北绿灯定时)的常闭触点控制绿灯亮 25 s;另一条是闪绿控制,将产生方波的 T380 的常开触点、启动闪绿的 T37 或 T40 的常开触点和控制闪绿时间的 T38(东西方向)或 T41(南北方向)的常闭触点串联在一起。东西方向红灯 Y3 和南北方向红灯 Y4 也由两路信号控制,用东西绿灯 Y1 或南北绿灯 Y5 的常开触点控制两个方向的红灯先亮 25 s,接着再由 T37 或 T40 的常开触点继续点亮两个方向的红灯,最后由 T37 或 T42 的常闭触点控制红灯亮 30 s。两个方向黄灯的控制很简单,分别由黄灯启动信号 T38 或 T41 的常开触点控制其点亮,由 T37 或 T42 的常闭触点控制点亮时间。最后在定时器的线圈电路中串联一个 T42 的常闭触点,其作用是当 T42 定时时间到,其常闭触点断开时,使所有的定时器复位,以便开始下一个循环过程。

11.5　PLC 控制机械手

机械手是近几十年发展起来的一种高科技自动化生产设备,是机器人的一个重要分支。机械手技术涉及力学、机械学、电气液压技术、自动控制技术、传感器技术和计算机技术等科学领域,是一门跨学科综合技术。它的特点是可通过编程来完成各种预期的作业任务,在构造和性能上兼有人和机器各自的优点,尤其体现了人的智能和适应性。机械手作业的准确性和各种环境中完成作业的能力,在国民经济各领域有着广阔的发展前景。机械手主要由手部机构和运动机构组成。手部机构随使用场合和操作对象而不同,常见的有夹持、托持和吸附等类型。运动机构一般由液压、气动、电气装置驱动。机械手能模仿人手和臂的某些动作功能,用以按固定程序抓取、搬运物件或操作工具的自动操作装置。它可代替人的繁重劳动以实现生产的机械化保护人身安全。

机械手是 PLC 控制技术在工业控制中最典型的综合控制应用。

(1)机械手的控制要求

图 11.24 表示为某生产车间采用气缸控制的搬运机械手。其任务是将左工位的工件搬运到右工作台。机械手的工作方式分为手动、单步、单周期和连续四种。

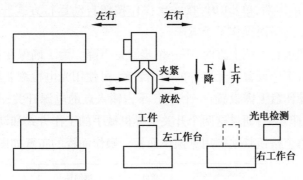

图 11.24　自动化搬运机械手

(2)机械手的工作方式

1)单周期的工作方式

机械手在原位压限位开关和上限位开关。按一次操作按钮,机械手开始下降,下降到左工作位下限位开关后自停;接着机械手夹紧工件后开始上升,上升到原位压动上限位开关后自停;接着机械手开始右行直至压动右限位开关后自停;接着机械手开始下降,下降到右工位压动下限位开关(两个工位用一个下限位开关)后自停;接着机械手开始左行直至压动左限位开关后自停。至此一个周期的动作结束。再按一次操作按钮开始下一个周期运行。

2)连续方式

启动后,机械手反复运行上述每个周期的动作过程,即周期性连续运行。

3)单步方式

每按一次操作按钮,机械手完成一个工作步。

以上三种工作方式属于自动控制方式。

4)手动方式

按下按钮则机械手开始一个动作,松开按钮则停止动作。

(3)对机械手每个工作步的控制要求

1)上升和下降

机械手上升或下降的动作都要到位,否则不能进行下一个工作步。上升/下降的动作用一个双线圈的电磁阀控制。

2）夹紧和放松

机械手夹紧和放松的动作必须在两个工位处进行，且夹紧和放松的动作都要到位。

为了确保夹紧和放松动作可靠，需对夹紧和放松动作进行定时，并设置夹紧和放松指示。夹紧和放松动作由单线圈的电磁阀控制。电磁阀线圈得电为夹紧，失电为放松。

3）左行和右行

自动方式时，机械手的左、右运动必须在压动上限位开关后才能进行；机械手的左/右运动都必须到位，以确保在左工位取到工件并在右工位放下工件。使用上限位开关、左限位开关和右限位开关进行控制。左/右行的动作由双线圈控制。

（4）自动方式下误操作的禁止

自动方式（连续、单周期、单步）时，按一次操作按钮自动运行方式开始后，此后再按操作按钮属错误操作，程序对错误操作不予响应。

另外，当机械手到达右工位上方时，下一个步骤是下降。为了确保在右工位没有工件时才开始下降，所以应在右工位设置有无工件的检测装置，可使用光电检测装置。

根据上述要求，操作盘上需设置：一个 PLC 不占输入点的电源开关；一个工作方式选择开关和一个动作方式选择开关，通过这两个开关选择机械手的工作方式和动作方式；操作按钮和停车按钮各一个，这两个按钮其他作用见操作面板。操作面板的布置如图 11.25 所示。

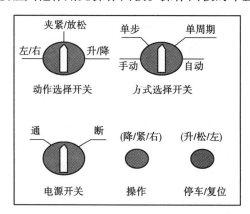

图 11.25　机械手操作盘示意图

（5）I/O 分配

根据控制要求，需要 14 个输入点、8 个输出点。选用 CPM2A 时，I/O 分配见表 11.3。

表 11.3　I/O 分配

输　　入				输　　出	
操作按钮	I0.0	升/降选择	I0.3	下降电磁阀线圈	Q0.0
停车按钮	I0.1	紧/松选择	I0.4	上升电磁阀线圈	Q0.1
下降限位	I0.3	左/右选择	I0.5	紧/松电磁阀线圈	Q0.2

续表

输　入			输　出	
上升限位	I0.4	手动方式	00103	右行电磁阀线圈	Q0.3
右行限位	I0.5	单步方式	00104	左行电磁阀线圈	Q0.4
左行限位	I0.6	单周方式	00105	原位指示灯	Q0.5
光电开关	I0.7	连续方式	00106	夹紧指示灯	Q0.6
				放松指示灯	Q0.7

（6）梯形图程序设计流程图

在进行程序设计之前,先画出机械手的动作流程图,如图 11.26 所示。流程图中,能清楚地看到机械手每一步的动作内容及步间转换关系。

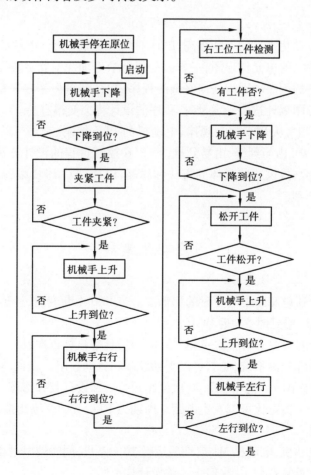

图 11.26　机械手自动运行流程图

根据流程图,设计出应用程序的总体方案如图 11.27 所示。图中,整个程序分为两大部分,即手动和自动两部分。当选择开关拨在手动方式时,输入点 00103 为 ON,其常开触点接通,开始执行手动程序;当选择开关拨在单步、单周期或连续方式时,输入点 00103 为 OFF,其常闭触点闭合,开始执行自动程序。至于执行自动方式的哪一种,取决于方式选择开关是拨在单步、单周期还是连续的位置上。

机械手手动控制梯形图参考实验设备电脑中的程序示例。

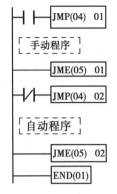

图 11.27   程序总体方案

本章小结

随着工业控制自动化水平的不断提高,PLC 的应用愈加广泛。本章从应用的角度出发,介绍了较多具有实际意义的单元梯形图,一方面是帮助学生加深对指令的了解、运用;另一方面提供一些有参考价值的程序。因为任何复杂的程序,往往都是由一些典型单元梯形图组合而成。当各种单元梯形图累计达到一定量时,程序的设计将会变得容易。

在应用程序举例中,从 PLC 控制规律、电动机的 PLC 控制、交通灯的 PLC 控制到机械手的 PLC 控制,一步一步,由简到繁,由易到难,对 PLC 控制过程的设计方法力求做到尽可能接近实际,突出设计过程,提供一些具体的方法和思路,以达到对 PLC 编程的认识和理解,为分析和设计程序奠定基础。

习题与思考题

11.1   设计一个通电和断电均延时的梯形图。当 I0.0 由断变通,经延时 10 s 后 Q0.0 再得电。当 I0.0 由通变断,经延时 5 s 后 Q0.0 再断电。

11.2   设计一个有 4 只彩灯依次点亮,循环往复,且每只灯每次只亮 1 s 的彩灯循环系统。

11.3   有一个升降控制系统,要求可以手动控制和自动控制。在自动控制时,要求上升 10 s,停 5 s;下降 10 s,停 10 s。循环往返 10 次停止运行。试设计其梯形图。

11.4   试设计一个占空比可调发生电路。周期为 10 s,其中使输出接通时间为 6 s,关断时间为 4 s,设计梯形图。

11.5   有 2 台电动机,电动机 M1 启动后运行 20 s 停止,同时使电动机 M2 启动,运行 15 s 停止,再使 M1 启动,重复执行 10 次停止。试设计梯形图。

11.6   设计一个可用于 4 支比赛队伍的抢答器。系统至少需要 4 个抢答按钮、1 个复位按钮和 4 个指示灯。试画出 PLC 的 I/O 接线图,并设计出梯形图。

11.7　洗手间小便池在有人使用时光电开关使 X0 为 ON,冲水控制系统在使用者使用 3 s 后令 Y0 为 ON 并冲水 2 s,使用者离开后冲水 3 s。试设计出符合上述要求的梯形图程序。

11.8　有 3 个通风机,设计一个监视系统,监视通风机的运转。如果 2 个或 2 个以上在运转,信号灯持续发亮。如果只有一个通风机运转,信号灯就以 2 s 的时间间隔闪烁。如果 3 个通风机都停转,信号灯就以 0.5 s 的时间间隔闪烁。设计梯形图。

11.9　自动门的 PLC 控制系统设计。

自动门控制装置的硬件组成:自动门控制装置由门内光电探测开关 K1、门外光电探测开关 K2、开门到位限位开关 K3、关门到限位开关 K4、开门执行机构 KM1(使直流电动机正转)、关门执行机构 KM2(使直流电动机反转)等部件组成。

(1)当按下启动按钮 SB1 后,自动门系统开始工作;当按下停止按钮 SB2 后,整个控制系统停止。

(2)当有人由内到外或由外到内通过光电检测开关 K1 或 K2 时,开门执行机构 KM1 动作,电动机正转,到达开门限位开关 K3 位置时,电机停止运行。

(3)自动门在开门位置停留 8 s 后,自动进入关门过程,关门执行机构 KM2 启动,电动机反转,当门移动到关门限位开关 K4 位置时,电机停止运行。

(4)在关门过程中,当有人员由外到内或由内到外通过光电检测开关 K2 或 K1 时,应立即停止关门,并自动进入开门程序。在门打开后的 8 s 等待时间内,若有人员由外至内或由内至外通过光电检测开关 K2 或 K1 时,必须重新开始等待 8 s 后,再自动进入关门过程,以保证人员安全通过。

11.10　汽车自动清洗装置 PLC 控制系统设计

如图 11.28 所示,按下启动按钮 SB1,进入清洗阶段。清洗机接触器闭合,清洗机开始工作,同时进水阀门打开。2 min 后进入刷洗阶段,刷洗接触器闭合。10 min 后刷洗结束,停止刷洗并进入待机阶段,同时关闭清洗接触器和进水阀门。按下停止按钮 SB2,整个控制系统都停止。

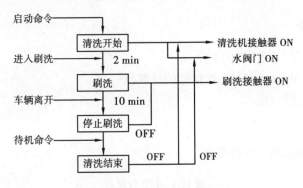

图 11.28　自动清洗装置流程图

第 **12** 章

PLC 控制的技能训练

12.1　PLC 的基本指令编程练习

12.1.1　实验目的

①熟悉西门子 PLC 实验装置。

②掌握 S7-200 型 PLC 的输入输出配置及外围设备的连接方法。

③练习掌握 STEP7 Micro WIN V6.0 编程软件的使用方法。

④掌握梯形图、指令表等编程语言的转换。

⑤掌握与、或、非基本逻辑指令及定时器、计数器的使用。

12.1.2　实验设备

①PLC 实验台(西门子 S7-200)1 台。

②安装了 STEP7 Micro WIN V6.0 软件的计算机一台。

③PC/PPI 编程电缆一根。

④导线若干。

12.1.3　实验接线图和 I/O 分配表

表 12.1　I/O 分配表

编　号	地　址	说　明	功　能
1	I0.0	按钮 1	系统启动
2	I0.1	按钮 2	系统停止
3	I0.2	按钮 3	
4	I0.3	按钮 4	

续表

编　号	地　址	说　明	功　能
5	Q0.0	灯 1	指示灯
6	Q0.1	灯 2	指示灯
7	Q0.2	接触器 1	控制电动机
8	Q0.3	接触器 2	控制电动机

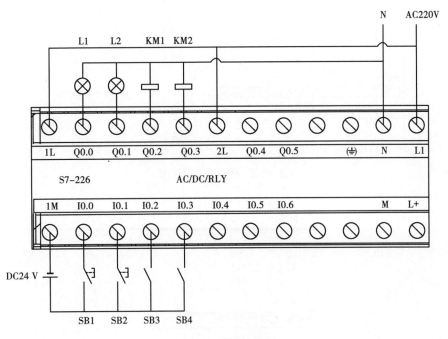

图 12.1　实验接线图

12.1.4　实验步骤

①电源断电,按图接线将 AC220V 电源通过单极空气开关接至 PLC 主机电源,按钮 SB1、SB2、SB3、SB4 分别接至 PLC 输入点 I0.0、I0.1、I0.2,I0.3 指示灯 L1、L2、KM1、KM2 分别接至 Q0.0、Q0.1、Q0.2、Q0.3。用编程电缆连接 PLC 的 PORT1 和计算机的 COM 端。

②接通电源,打开计算机,进入 PLC 编程界面,检查计算机与 PLC 主机通信是否正常。

③新建文件,保存,将程序逐条输入,检查无误后,将 PLC 设为停止状态,STOP 指示灯亮,将程序下载至 PLC 后,再将 PLC 设为运行状态,RUN 指示灯亮。

④按下按钮 SB1、SB2、SB3 或 SB4,观察输出指示灯的状态是否符合程序的运行结果。

12.1.5　基本指令练习程序

(1)与、或、非逻辑功能实验

通过程序判断 Q0.0、Q0.1、Q0.2 的输出状态,然后输入并运行程序加以验证。参考程序:

1）梯形图及时序图

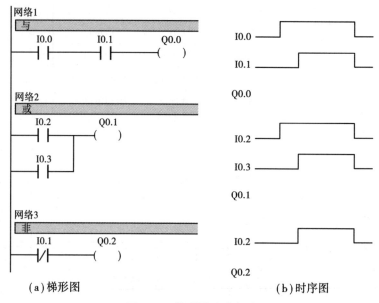

(a) 梯形图   (b) 时序图

图 12.2　梯形图及时序图

2）语句表

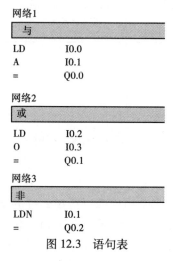

图 12.3　语句表

（2）电动机启动、保持、停止的控制程序

1）梯形图及时序图

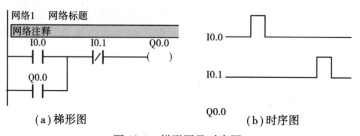

(a) 梯形图   (b) 时序图

图 12.4　梯形图及时序图

2）语句表

LD　　　　I0.0
O　　　　　Q0.0
AN　　　　I0.1
=　　　　　Q0.0

（3）置位、复位指令练习

1）梯形图

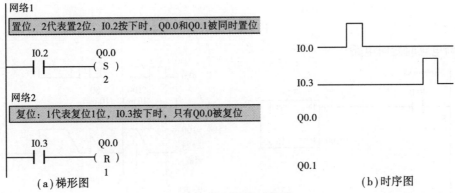

图 12.5　梯形图及时序图

2）语句表

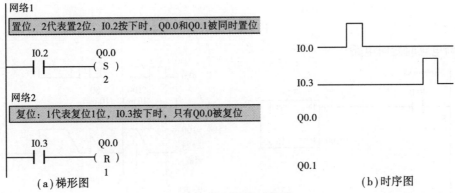

图 12.6　语句表

（4）定时器功能实验

1）得电延时定时电路

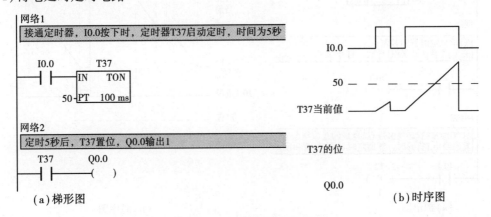

图 12.7　梯形图及时序图

语句表：

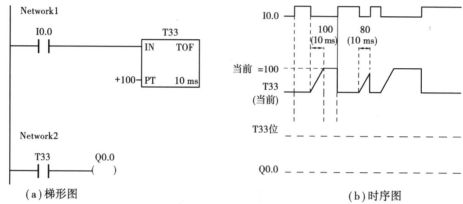

图 12.8　语句表

2）断电延时定时电路

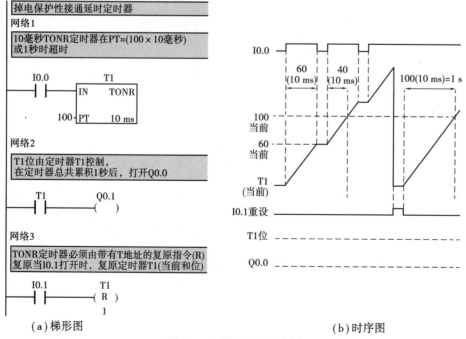

图 12.9　梯形图及时序图

3）掉电保护性接通延时定时器（保持定时器）电路

图 12.10　梯形图及时序图

注意:PLC 的定时器有一定的定时范围。如果需要的设定值超过机器范围,可通过几个定时器串联起来扩大定时器设定值的范围。

(5)计数器认识实验

1)加计数器(向上计数器)

①梯形图:

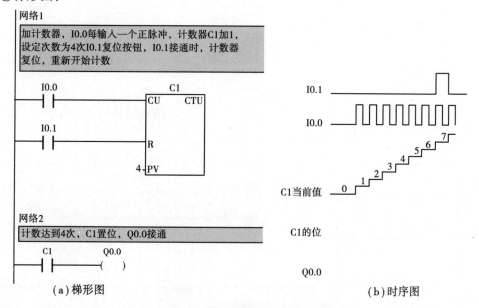

图 12.11   梯形图及时序图

②语句表:

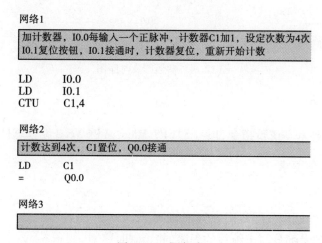

图 12.12   语句表

2)减计数器(向下计数器)

3)加减计数器(向上/向下计数器)

注意:PLC 的计数器有一定的计数范围。如果需要的计数值超过机器范围,可通过几个计数器串联起来扩大计数器设定值的范围。

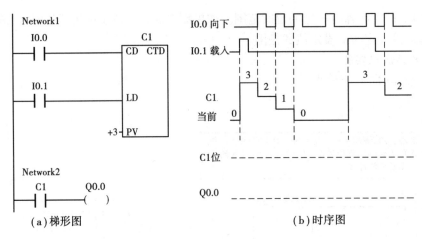

图 12.13 梯形图及时序图

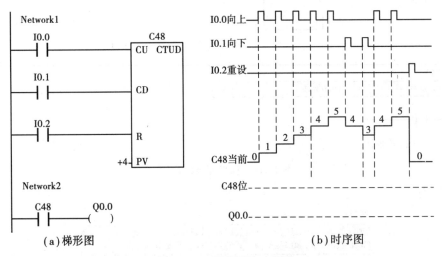

图 12.14 梯形图及时序图

12.1.6 预习要求

预习 PLC 的各种基本逻辑指令,预习 STEP7 Micro WIN V6.0 编程软件的使用。

12.1.7 实验报告要求

①写清楚实验目的。
②实验原理图,绘制电气接线图、I/O 分配表。
③在实验数据记录部分写出编写的程序,并绘制时序图。
④在实验结果分析部分写出实验过程中遇到的问题和解决的方法。

12.1.8 思考题

①通过实验体会 PLC 与继电器的区别。
②如何利用定时器和计数器模拟时钟?试编制程序。

12.2　三相异步电动机的 PLC 控制

12.2.1　实验目的

①学习西门子 s7-200 PLC 与外部设备的连接。

②学习编程软件 STEP7-Micro/WIN32 的操作。

③根据三相交流异步电机的原理图,学习用 PLC 来控制电机的正反转的方法。

④掌握 PLC 外围直流控制及交流负载线路的接法及注意事项。

12.2.2　实训设备

表 12.2　实训设备

序　号	名　称	型号与规格	数　量	备　注
1	可编程控制器实训装置	THPFSM-1/2	1	
2	电机实操单元	B20	1	
3	实训导线	3 号或 4 号	若干	
4	PC/PPI 通信电缆		1	西门子
5	计算机		1	自备

12.2.3　面板图

面板图如图 12.15 所示。

12.2.4　控制要求

(1)点动控制

每按动启动按钮 SB1 一次,电动机作星形连接运转一次。

(2)自锁控制

按启动按钮 SB1,电动机作星形连接启动,只有按下停止按钮 SB2 时电机才停止运转。

(3)联锁正反转控制

按启动按钮 SB1,电动机作星形连接启动,电机正转;按启动按钮 SB2,电动机作星形连接启动,电机反转;在电机正转时,反转按钮 SB2 被屏蔽,在电机反转时,反转按钮 SB1 被屏蔽;如需正反转切换,应首先按下停止按钮 SB3,使电机处于停止工作状态,方可对其作旋转方向切换。

(4)延时正反转控制

按启动按钮 SB1,电动机作星形连接启动,电机正转,延时 10 s 后,电机反转;按启动按钮 SB2,电动机作星形连接启动,电机反转,延时 10 s 后,电机正转;电机正转期间,反转启动按钮无效,电机反转期间,正转启动按钮无效;按停止按钮 SB3,电机停止运转。

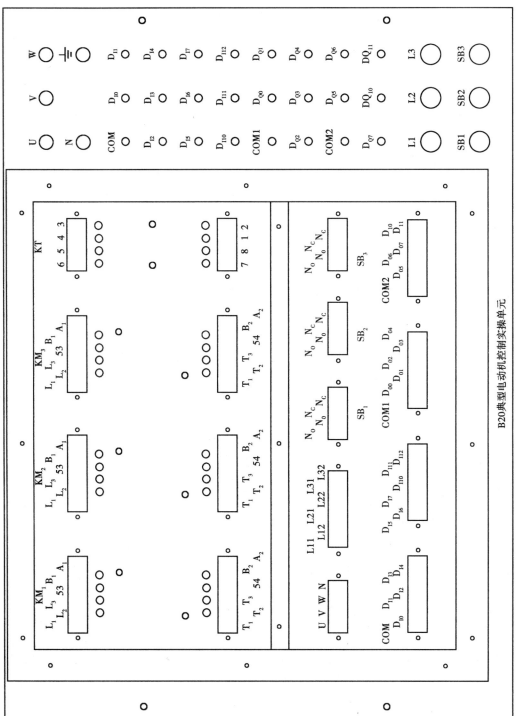

图12.15 面板图

B20典型电动机控制实操单元

（5）星/三角换接启动控制

按启动按钮 SB1,电动机作星形连接启动;6 s 后,电机转为三角形方式运行;按下停止按钮 SB3,电机停止运行。

12.2.5　I/O 端口分配

表 12.3　I/O 端口分配功能表

序　　号	PLC 地址(PLC 端子)	电气符号(面板端子)	功能说明
1.	I0.0	SB1	正转启动
2.	I0.1	SB2	反转启动
3.	I0.2	SB3	停止
4.	Q0.0	KM1	继电器 01
5.	Q0.1	KM2	继电器 02
6.	Q0.2	KM3	继电器 03
7.	Q0.3	KM4	继电器 04
8.	主机输入端 1M、面板开关公共端 COM 接电源+24 V		输入规格
9.	主机输出端 1L、2L、3L、接交流电源 L		输出规格

12.2.6　操作步骤

①按控制接线图连接控制回路与主回路。
②将编译无误的控制程序下载至 PLC 中,并将模式选择开关拨至 RUN 状态。
③分别拨动 SB1~SB3,观察并记录电机运行状态。
④尝试编译新的控制程序,实现不同于示例程序的控制效果。

12.2.7　实训总结

①尝试从控制接线图分析电机控制电路的工作原理。
②尝试设计两地控制或自动往返控制的控制程序。
③尝试利用定时器设计两台电机的顺序控制程序。

12.2.8　实验报告要求

①写清楚实验目的。
②在实验原理图部分绘制电气接线图、I/O 分配表。
③在实验数据记录部分写出程序,并绘制时序图。
④在实验结果分析部分写出实验过程中遇到的问题和解决的方法。

12.2.9　参考程序

（1）点动和长动的程序

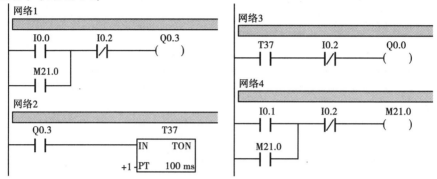

图 12.16　点动及长动程序

（2）联锁正反转控制

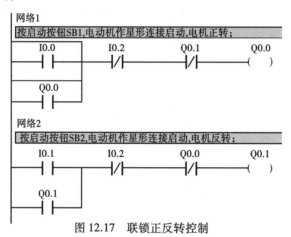

图 12.17　联锁正反转控制

（3）延时正反转控制

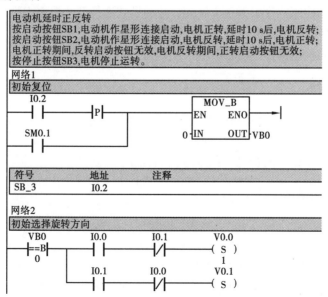

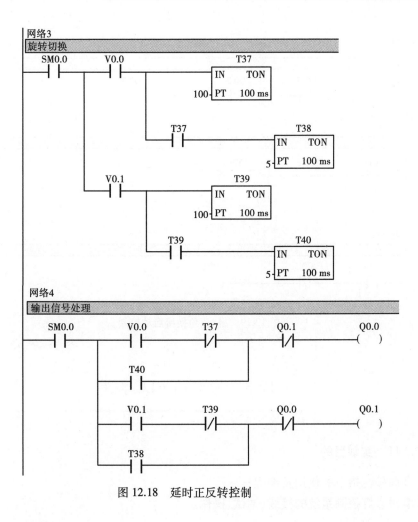

图 12.18　延时正反转控制

(4)星/三角换接启动控制

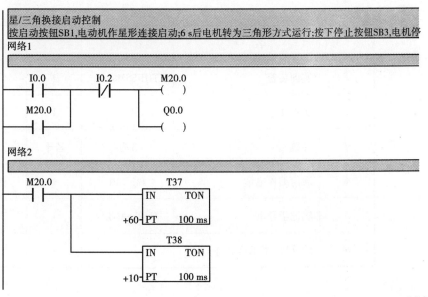

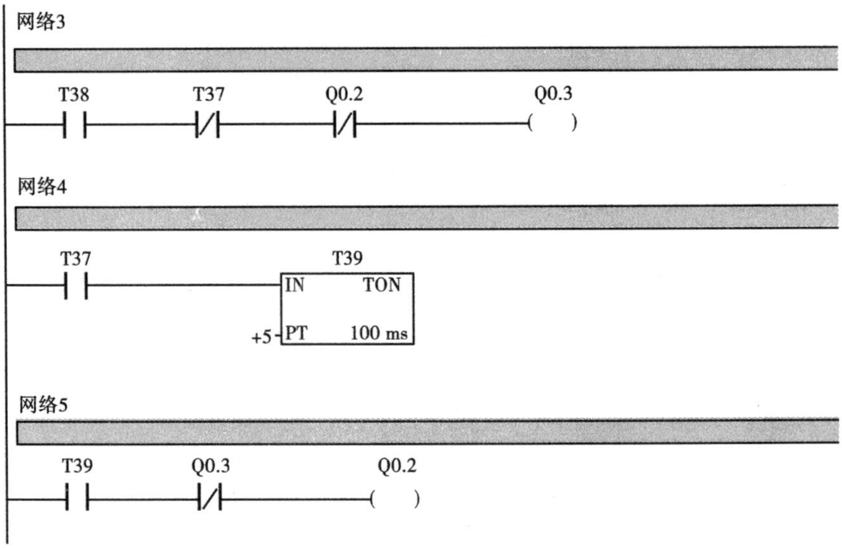

网络3

T38	T37	Q0.2	Q0.3

网络4

T37	T39

IN   TON

+5 - PT   100 ms

网络5

T39	Q0.3	Q0.2

图 12.19 星/三角换接启动控制

12.3 彩灯的 PLC 控制

12.3.11 实训目的

①掌握移位指令的使用及编程；
②掌握彩灯控制系统的接线、调试、操作。

12.3.2 实训设备

表 12.4 实训设备

序　号	名　　称	型号与规格	数　量	备　注
1	实训装置	THPFSM-1/2	1	
2	实训挂箱	A12	1	
3	导线	3 号	若干	
4	通信编程电缆	PC/PPI	1	西门子
5	实训指导书	THPFSM-1/2	1	
6	计算机(带编程软件)		1	自备

12.3.3　面板图

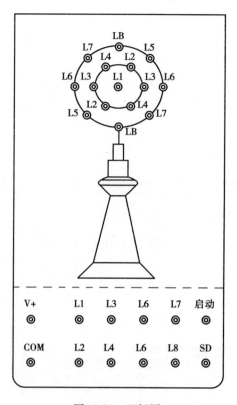

图 12.20　面板图

12.3.4　控制要求

①依据实际生活中对彩灯的运行控制要求,运用可编程控制器的强大功能,实现模拟控制。

②闭合"启动"开关,指示灯按以下规律循环显示:L1→L2→L3→L4→L5→L6→L7→L8→L1→L2、L3、L4→L5、L6、L7、L8→L1→L2、L3、L4→L5、L6、L7、L8→L1→L2、L3、L4→L5、L6、L7、L8→L1→L1、L2→L1、L3→L1、L4→L1、L8→L1、L7→L1、L6→L1、L5→L1、L2、L3、L4→L1、L5、L6、L7、L8、→L1、L2、L3、L4、L5、L6、L7、L8→L1。

③关闭"启动"开关,彩灯控制系统停止运行。

12.3.5　程序流程图及参考程序

(1)程序流程图

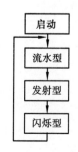

图 12.21　流程图

（2）参考程序

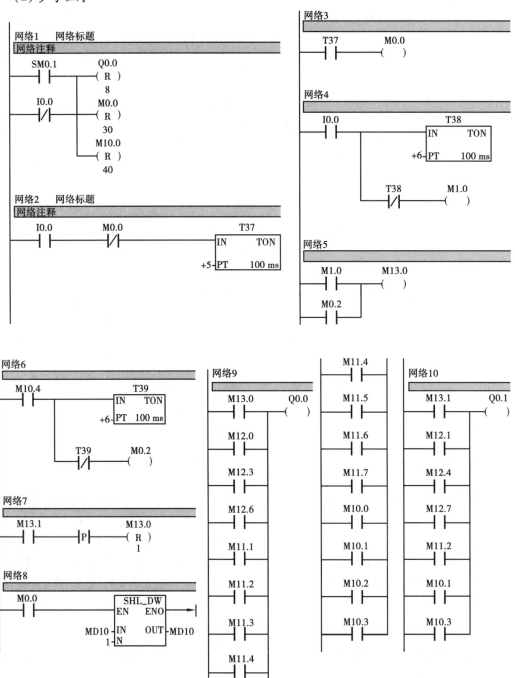

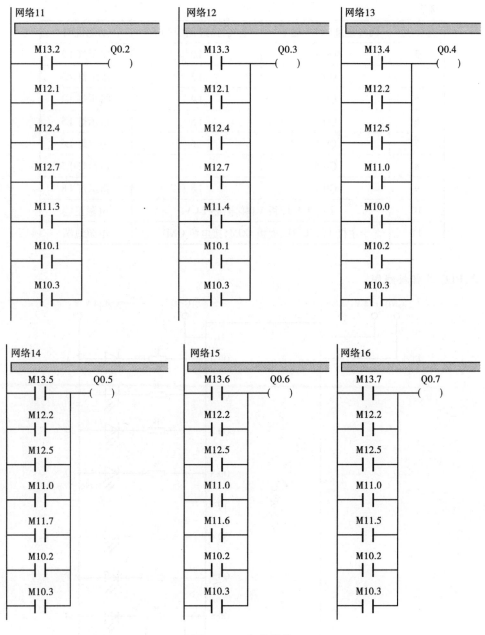

图 12.22　参考程序

12.3.6　端口分配及接线图

(1) 端口分配及功能表

表 12.5　端口分配及功能表

序　号	PLC 地址 (PLC 端子)	电气符号 (面板端子)	功能说明
1	I0.0	SD	启动 (SD)
2	Q0.0	L1	指示灯 L1

续表

序　号	PLC 地址(PLC 端子)	电气符号(面板端子)	功能说明
3	Q0.1	L2	指示灯 L2
4	Q0.2	L3	指示灯 L3
5	Q0.3	L4	指示灯 L4
6	Q0.4	L5	指示灯 L5
7	Q0.5	L6	指示灯 L6
8	Q0.6	L7	指示灯 L7
9	Q0.7	L8	指示灯 L8
10	主机 1M、面板 V+接电源+24 V		电源正端
11	主机 1L、2L、3L、面板 COM，接电源 GND		电源地端

（2）PLC 外部接线图

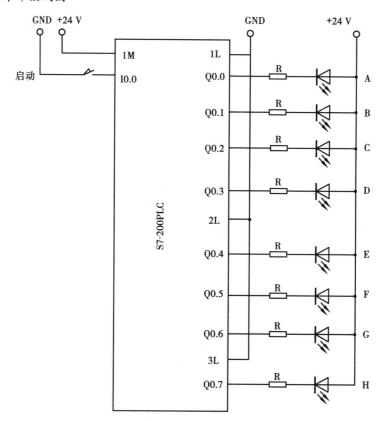

图 12.23　PLC 外部接线图

12.3.7　操作步骤

①检查实训设备中器材及调试程序。

②按照 I/O 端口分配表或接线图完成 PLC 与实训模块之间的接线,认真检查,确保正确无误。

③打开示例程序或用户自己编写的控制程序,进行编译,有错误时根据提示信息修改,直至无误。用 PC/PPI 通信编程电缆连接计算机串口与 PLC 通信口,打开 PLC 主机电源开关,下载程序至 PLC 中,下载完毕后将 PLC 的"RUN/STOP"开关拨至"RUN"状态。

④打开"启动"开关,系统进入自动运行状态,调试彩灯控制程序并观察工作状态。

⑤关闭"启动"开关,系统停止运行。

12.3.8　实训总结

①总结移位指令的使用方法。

②总结记录 PLC 与外部设备的接线过程及注意事项。

12.4　抢答器设计

12.4.1　实训目的

①掌握置位复位指令的使用及编程方法;

②掌握抢答器控制系统的接线、调试、操作方法。

12.4.2　实训设备

表 12.6　实训设备

序　号	名　　称	型号与规格	数　量	备　注
1	可编程控制器实训装置	THPFSM-1/2	1	
2	实训挂箱	A10	1	
3	实训导线	3 号	若干	
4	PC/PPI 通信电缆		1	西门子
5	计算机		1	自备

12.4.3　面板图

面板图如图 12.24 所示。

12.4.4　控制要求

①系统初始上电后,主控人员在总控制台上按下"开始"按键后,允许各队人员开始抢答,即各队抢答按键有效。

②抢答过程中,1~4 队中的任何一队抢先按下各自的抢答按键(S1、S2、S3、S4)后,该队指示灯(L1、L2、L3、L4)点亮,LED 数码显示系统显示当前的队号,并且其他队的人员继续抢答无效。

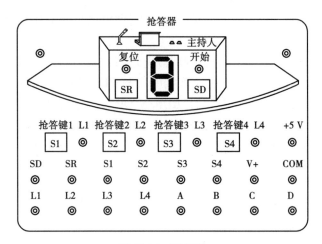

图 12.24　面板图

③主控人员对抢答状态确认后,按下"复位"按键,系统又继续允许各队人员开始抢答;直至又有一队抢先按下各自的抢答按键。

12.4.5　程序流程图及参考程序

(1)程序流程图

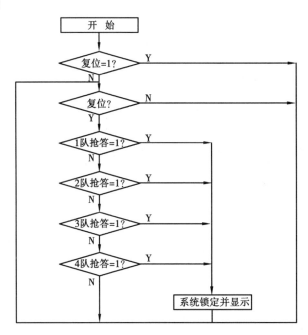

图 12.25　流程图

（2）参考程序

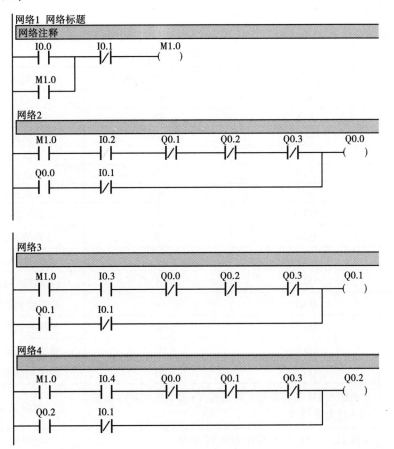

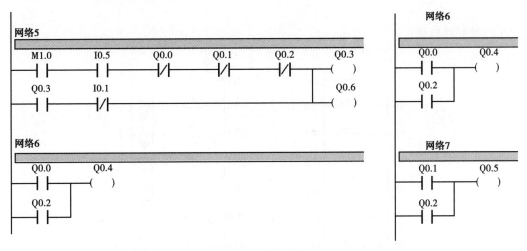

图 12.26　参考程序

12.4.6 端口分配及接线图

（1）I/O 端口分配功能表

表 12.7 I/O 端口分配功能表

序　号	PLC 地址（PLC 端子）	电气符号（面板端子）	功能说明
1.	I0.0	SD	启动
2.	I0.1	SR	复位
3.	I0.2	S1	1 队抢答
4.	I0.3	S2	2 队抢答
5.	I0.4	S3	3 队抢答
6.	I0.5	S4	4 队抢答
7.	Q0.0	1	1 队抢答显示
8.	Q0.1	2	2 队抢答显示
9.	Q0.2	3	3 队抢答显示
10.	Q0.3	4	4 队抢答显示
11.	Q0.4	A	数码控制端子 A
12.	Q0.5	B	数码控制端子 B
13.	Q0.6	C	数码控制端子 C
14.	Q0.7	D	数码控制端子 D
15.	主机输入 1M 接电源+24 V；面板 V+接电源+24 V；面板 +5 V接电源+5 V		电源正端
16.	主机 1L、2L、3L、面板 GND 接电源 GND		电源地端

（2）控制接线图

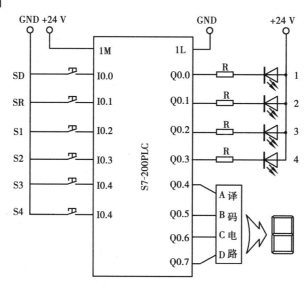

图 12.27 控制接线图

12.4.7　操作步骤

①按控制接线图连接控制回路。

②将编译无误的控制程序下载至 PLC 中,并将模式选择开关拨至 RUN 状态。

③分别按动"开始"开关,允许 1～4 队抢答。分别按动 S1～S4 按钮,模拟四个队进行抢答,观察并记录系统响应情况。

④尝试编译新的控制程序,实现不同于示例程序的控制效果。

12.4.8　实训总结

尝试分析某队抢答后是如何将其他队的抢答动作进行屏蔽的。

12.5　音乐喷泉控制

12.5.1　实训目的

掌握置位字右移指令的使用及编程方法。

12.5.2　实训设备

表 12.8　实训设备

序　号	名　　称	型号与规格	数　量	备　注
1	可编程控制器实训装置	THPFSM-1/2	1	
2	实训挂箱	A10	1	
3	实训导线	3 号	若干	
4	PC/PPI 通信电缆		1	西门子
5	计算机		1	自备

12.5.3　面板图

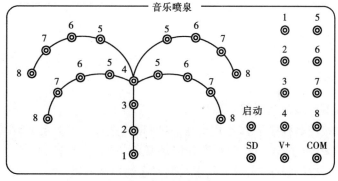

图 12.28　面板图

12.5.4 控制要求

1.置位启动开关 SD 为 ON 时,LED 指示灯依次循环显示 1→2→3…→8→1、2→3、4→5、6→7、8→1、2、3→4、5、6→7、8→1、2、3、4→5、6、7、8→1、2、3、4、5、6、7、8→1→2…,模拟当前喷泉"水流"状态。

2.置位启动开关 SD 为 OFF 时,LED 指示灯停止显示,系统停止工作。

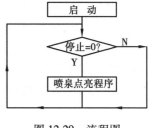

图 12.29 流程图

12.5.5 程序流程图

12.5.6 端口分配及接线图

(1)I/O 端口分配功能表

表 12.9 I/O 端口分配功能表

序 号	PLC 地址(PLC 端子)	电气符号(面板端子)	功能说明
1.	I0.0	SD	启动
2.	Q0.0	1	喷泉 1 模拟指示灯
3.	Q0.1	2	喷泉 2 模拟指示灯
4.	Q0.2	3	喷泉 3 模拟指示灯
5.	Q0.3	4	喷泉 4 模拟指示灯
6.	Q0.4	5	喷泉 5 模拟指示灯
7.	Q0.5	6	喷泉 6 模拟指示灯
8.	Q0.6	7	喷泉 7 模拟指示灯
9.	Q0.7	8	喷泉 8 模拟指示灯
10.	主机输入 1M 接电源+24 V;		电源正端
11.	主机 1L、2L、3L、面板 GND 接电源 GND		电源地端

(2)控制接线图

12.5.7 操作步骤

①按控制接线图连接控制回路。

②将编译无误的控制程序下载至 PLC 中,并将模式选择开关拨至 RUN 状态。

③拨动启动开关 SD 为 ON 状态,观察并记录喷泉"水流"状态。

④尝试编译新的控制程序,实现不同于示例程序的控制效果。

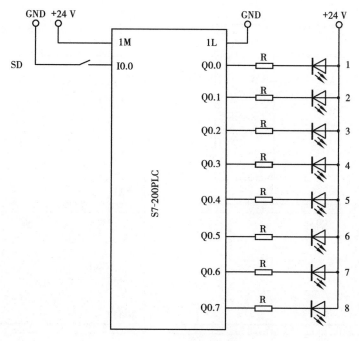

图 12.30　控制接线图

12.5.8　实训总结

①尝试分析整套系统的工作过程。
②尝试用其他不同于示例程序所用的指令编译新程序,实现新的控制过程。

12.5.9　参考程序

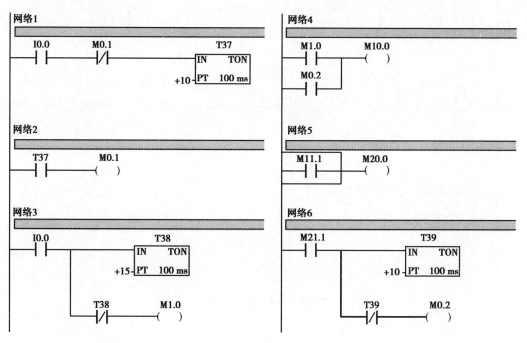

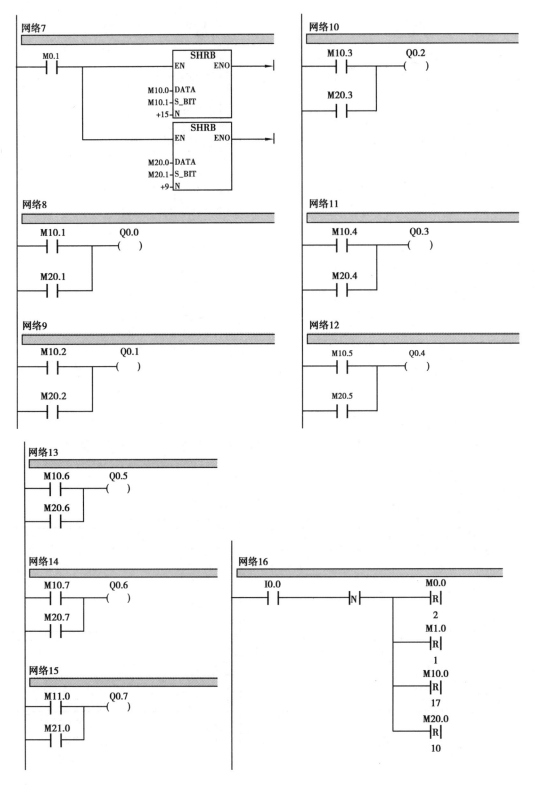

图 12.31　参考程序

12.6　三层电梯控制

12.6.1　实训目的

①掌握 RS 触发器指令的使用及编程。

②掌握三层电梯控制系统的接线、调试、操作。

12.6.2　实训设备

表 12.10　实训设备

序　号	名　　称	型号与规格	数　量	备　注
1	实训装置	THPFSM-1/2	1	
2	实训挂箱	A19	1	
3	导线	3 号	若干	
4	通信编程电缆	PC/PPI	1	西门子
5	实训指导书	THPFSM-1/2	1	
6	计算机(带编程软件)		1	自备

12.6.3　面板图

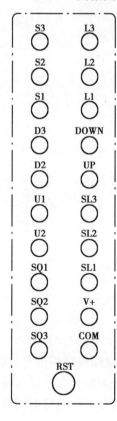
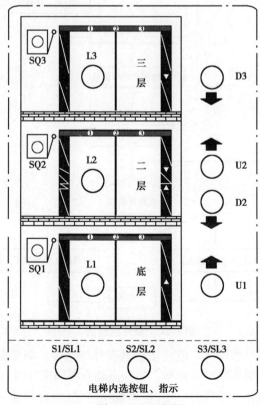
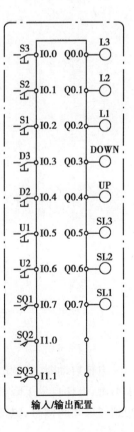

图 12.32　面板图

12.6.4　控制要求

①总体控制要求:电梯由安装在各楼层电梯口的上升下降呼叫按钮(U1、U2、D2、D3),电梯轿厢内楼层选择按钮(S1、S2、S3),上升下降指示(UP、DOWN),各楼层到位行程开关(SQ1、SQ2、SQ3)组成。电梯自动执行呼叫。

②电梯在上升的过程中只响应向上的呼叫,在下降的过程中只响应向下的呼叫,电梯向上或向下的呼叫执行完成后再执行反向呼叫。

③电梯等待呼叫时,同时有不同呼叫时,谁先呼叫执行谁。

④具有呼叫记忆、内选呼叫指示功能。

⑤具有楼层显示、方向指示、到站声音提示功能。

12.6.5　程序流程图

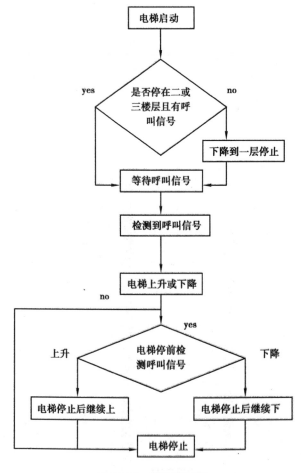

图 12.33　程序流程图

电梯启动时,检测电梯是否停在二或三楼层且有呼叫信号。如果是,就等待呼叫信号;如果不是,电梯自动下降到一层等待呼叫信号。当检测到有呼叫信号时,例如电梯停在一层时检测到三层呼叫信号,电梯离开一层经过二层,接着到达三层,电梯停止。当电梯停前检测到呼叫信号,例如电梯停在一层时检测到三层呼叫信号,电梯离开一层经过二层,准备到达三层时检测到二层呼叫信号,电梯停在三层后继续下降到二层等待呼叫信号。

12.6.6　端口分配及功能表

表 12.11　端口分配及功能表

序　号	PLC 地址(PLC 端子)	电气符号(面板端子)	功能说明
1	I0.0	S3	三层内选按钮
2	I0.1	S2	二层内选按钮
3	I0.2	S1	一层内选按钮
4	I0.3	D3	三层下呼按钮
5	I0.4	D2	二层下呼按钮
6	I0.5	U2	二层上呼按钮
7	I0.6	U1	一层上呼按钮
8	I0.7	SQ3	三层行程开关
9	I1.0	SQ2	二层行程开关
10	I1.1	SQ1	一层行程开关
11	Q0.0	L3	三层指示
12	Q0.1	L2	二层指示
13	Q0.2	L1	一层指示
14	Q0.3	DOWN	轿厢下降指示
15	Q0.4	UP	轿厢上升指示
16	Q0.5	SL3	三层内选指示
17	Q0.6	SL2	二层内选指示
18	Q0.7	SL1	一层内选指示
19	主机 1 M、面板 V+接电源+24 V		电源正端
20	主机 1 L、2 L、3 L、面板 COM 接电源 GND		电源地端

12.6.7　操作步骤

①检查实训设备中器材及调试程序。

②按照 I/O 端口分配表或接线图完成 PLC 与实训模块之间的接线,认真检查,确保正确无误。

③打开示例程序或用户自己编写的控制程序,进行编译,有错误时根据提示信息修改,直

至无误,用 PC/PPI 通信编程电缆连接计算机串口与 PLC 通信口,打开 PLC 主机电源开关,下载程序至 PLC 中,下载完毕后将 PLC 的"RUN/STOP"开关拨至"RUN"状态。

④将行程开关"SQ1"拨到 ON,"SQ2""SQ3"拨到 OFF,表示电梯停在底层。

⑤选择电梯楼层选择按钮或上下按钮。例:按下"D3"电梯方向指示灯"UP"亮,底层指示灯"L1"亮,表明电梯离开底层。将行程开关"SQ1"拨到"OFF",二层指示灯"L2"亮,将行程开关"SQ2"拨到"ON"表明电梯到达二层。将行程开关"SQ2"拨到"OFF"表明电梯离开二层。三层指示灯"L3"亮,将行程开关"SQ3"拨到"ON"表明电梯到达三层。

⑥重复步骤⑤,按下不同的选择按钮,观察电梯的运行过程。

12.6.8 实训总结

①总结 RS 触发器指令的使用方法。
②总结记录 PLC 与外部设备的接线过程及注意事项。

12.6.9 示例程序

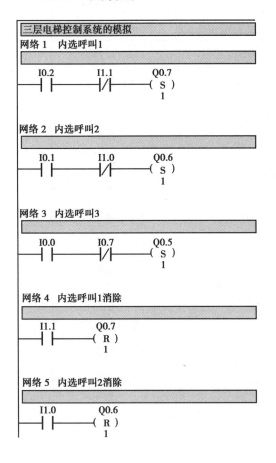

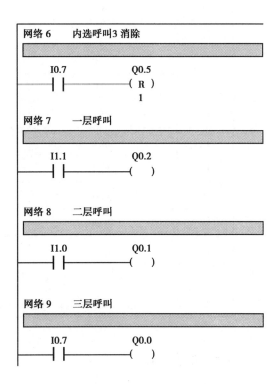

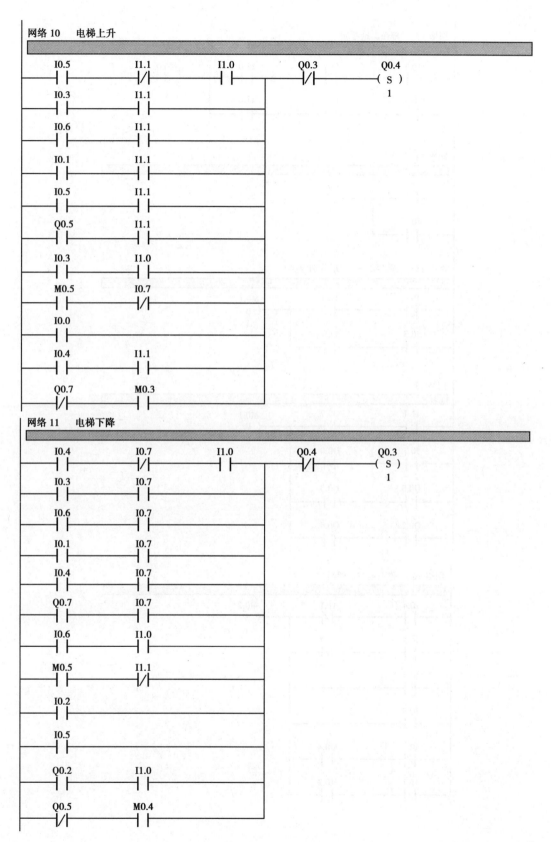

网络 10　电梯上升

网络 11　电梯下降

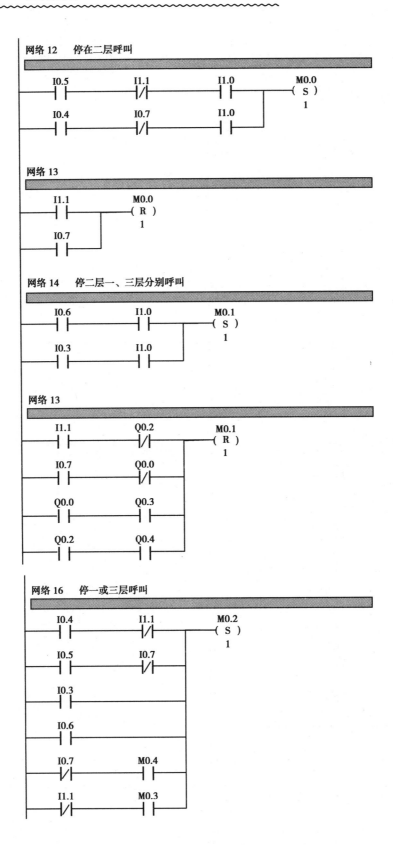

网络 12　停在二层呼叫

网络 13

网络 14　停二层一、三层分别呼叫

网络 13

网络 16　停一或三层呼叫

网络 17

```
    I0.7        Q0.1        Q0.3                M0.2
 ──┤ ├──────┤/├──────┤/├──────────┐        ( R )
                                    │          1
    I1.1        Q0.5        Q0.4    │
 ──┤ ├──────┤/├──────┤/├───────────┤
                                    │
    Q0.4        I0.1        M0.3    │
 ──┤ ├──────┤ ├──────┤/├───────────┤
                                    │
    Q0.3        I0.1        M0.4    │
 ──┤ ├──────┤ ├──────┤/├───────────┘
```

网络 18　停二层一、三层同时呼叫

```
    M0.3        M0.4        M0.5
 ──┤ ├──────┤ ├──────( S )
                         1
```

网络 19

```
    I0.3            M0.3
 ──┤ ├──────┬──────( S )
            │         1
    I0.5    │
 ──┤ ├──────┘
```

网络 20

```
    I0.6            M0.4
 ──┤ ├──────┬──────( S )
            │         1
    I0.4    │
 ──┤ ├──────┘
```

网络 21

```
    I0.7        Q0.7        M0.3
 ──┤ ├──────┤/├──────( R )
                         1
```

网络 22

```
    I1.1        Q0.5        M0.4
 ──┤ ├──────┤/├──────( R )
                         1
```

网络 23

M0.3 I1.0 M0.5
─┤/├──┬──┤ ├──(R)
      │   1
M0.4 │
─┤/├──┘

网络 24 电梯上升消除

I1.0 Q0.5 M0.0 M0.1 M0.2   Q0.4
─┤ ├──┤/├──┤/├──┤/├──┤/├──┬──(R)
                             │   1
I0.7   │
─┤ ├─────────────────────────┘

网络 25 电梯下降消除

I1.0 Q0.7 M0.0 M0.1 M0.2   Q0.3
─┤ ├──┤/├──┤/├──┤/├──┤/├──┬──(R)
                             │   1
I1.1   │
─┤ ├─────────────────────────┘

网络 26 楼层闪烁

I1.1 T44 T45   T43
─┤ ├──┬──┤/├──┤/├───────────┤IN   TON│
      │   │   │
I1.0 │   10─┤PT 100 ms│
─┤ ├──┤
      │
I0.7 │
─┤ ├──┘

网络 27

T43   T44
─┤ ├──────────────┤IN   TON│
                  │   │
               10─┤PT 100 ms│

网络 28

I1.1 T43 Q0.2
─┤ ├──┤ ├──(R)
             1

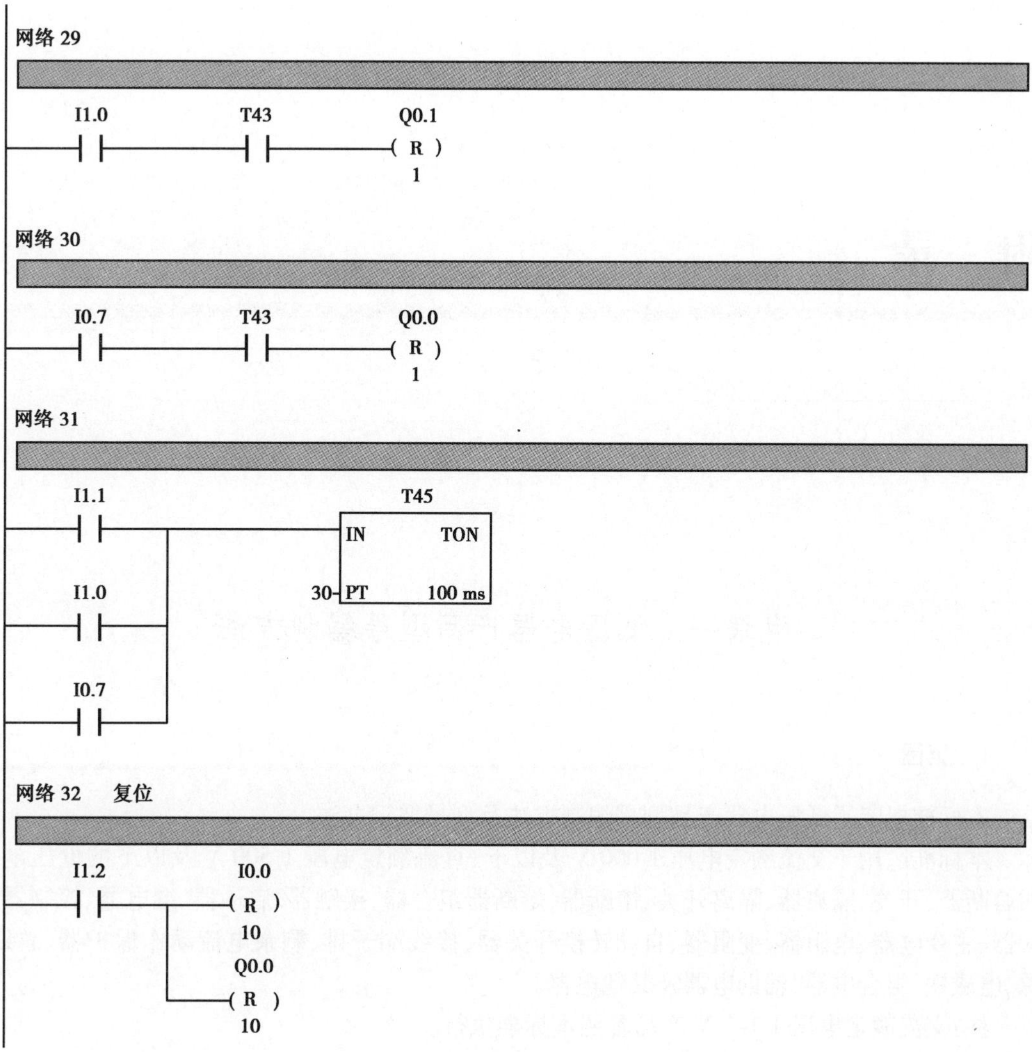

网络 29

```
     I1.0            T43            Q0.1
    ─┤ ├────────────┤ ├───────────( R )
                                    1
```

网络 30

```
     I0.7            T43            Q0.0
    ─┤ ├────────────┤ ├───────────( R )
                                    1
```

网络 31

```
     I1.1                        T45
    ─┤ ├──────┬──────────────┌─────────────┐
              │              │IN       TON │
     I1.0     │              │             │
    ─┤ ├──────┤          30─┤PT     100 ms│
              │              └─────────────┘
     I0.7     │
    ─┤ ├──────┘
```

网络 32　复位

```
     I1.2            I0.0
    ─┤ ├───────────( R )
                    10
                    Q0.0
                  ( R )
                    10
```

图 12.34

附　录

附录一　低压电器产品型号编制方法

1　范围

本标准规定了低压电器产品型号编制方法及型号登记办法。

本标准适用于交流额定电压 1 000 V 及以下、直流额定电压 1 500 V 及以下的低压电器，如熔断器、开关、隔离器、隔离开关、熔断器、熔断器组合器、接触器、启动器、继电器、控制器、保护器、主令电器、电阻器、变阻器、自动转换开关器、接线端子排、剩余电流动作保护器、总线电源、电磁铁、组合电器、辅助电器及其他电器。

注：交流额定电压 1 140 V 产品参照本标准执行。

2　规范性引用文件

下列文件中的条款通过本标准的引用而成为本标准的条款，凡是注日启动的引用文件，其随后所有的修改单（不包括勘误的内容）或修订版均不适用于本标准，然而，鼓励根据本标准达成协议的各方研究所是否可使用这些文件的最新版本。凡是不注日期的引用文件，其最新版本适用于标准。

GB/T 2900.18—1992　电工术语　低压电源（cqv IEC 6050-441：1984）

3　术语和定义

GB/T 2900.18 中确立的以及下列术语和定义适用于本标准。

3.1　新产品（new products）

新产品是指采用新技术原理、新设计构思、在结构、材质、工艺某一方面比老产品有明显改善，从而提高了产品功能，也就是技术上有较大突破的产品。

3.2 派生产品(improved products)

派生产品是指在产品结构基础上,对产品作局部改进,从而改变了产品功能的产品,但外形尺寸及安装尺寸基本保持不变的产品。

4 产品型号编制方法

产品型号可以使用通用型号或企业专用型号。

4.1 编制原理

4.1.1 编制产品型号采用汉语拼音大写字母及阿拉伯数字,阿拉伯数字的字号与汉语拼音字母相同。

4.1.2 编制产品型号力求简明,尽量避免混淆和重复。由于产品品种繁多,而汉语同声母词汇很多,故不限制一个字母在某一个位置只代表一个概念,但在可能条件下,应尽可能做到一个字母只代表一个概念。

4.1.3 汉语拼音应根据下列原则之一选用:

a)优先采用所代表对象名称的汉语拼音第一个音节第一字母;

b)其次采用所代表对象名称的汉语拼音非第一个音节第一字母;

c)如确有困难时,可选用与发音不相关的字母。

4.2 型号含义

4.2.1 产品通过型号代表一种类型的系列产品,但亦可包括该系列产品的若干派生系列。类组代号与设计序号的组合(含系列派生号)表示产品的额系列,类组代号的汉语拼音字母方案见表1。如需三位的类组代号,在编制具体型号时,其第三位字母以不重复为原则,临时拟定之。

4.2.2 产品通用型号代表产品的系列、品种和规格,亦可包括该产品若干派生品种,即在产品型号之后附加品种派生代号、其他代号以及表示变化特征的其他数字或字母。

4.3 通用型号组成

4.3.1 通用型号组成型式

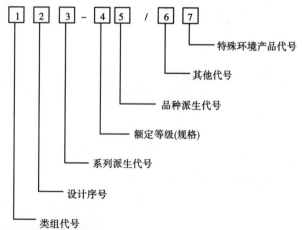

4.3.2 通用型号组成部分的确定

4.3.2.1 类组代号

用两位或三位汉语拼音字母,第一位为类别代号,第二、三位为组别代号,代表产品名称,由型号登记部门按表1确定。

表1

代号	名称	A	B	C	D	G	H	J	K	L	M	P	Q	R	S	T	U	W	X	Y	Z
H	刀开关和转换开关				刀开关		封闭式负荷开关		开启式负荷开关					熔断器式刀开关					其他		组合开关
R	熔断器			插入式			汇流排式			螺旋式	封闭管式				快速	有填料管式			限流	其他	
D	自动开关										灭磁				快速			框架式	限流	其他	塑料外壳式
K	控制器					鼓形						平面			时间	凸轮				其他	
C	接触器					高压		交流				中频			手动	通用	油浸		星三角	其他	直流
Q	启动器	按钮式		磁力				减压							时间	通用				其他	综合
J	控制继电器							接近开关	主令控制器	电流				热				温度		其他	中间
L	主令电器	按钮													主令开关	足踏开关	旋钮	万能转换开关	行程开关	其他	

代号	名称	细分类
Z	电阻器	板形元件、冲片元件、铁铬铝带型元件、熔断型元件、管形元件、烧结元件、铸铁元件、电阻器、其他
B	变阻器	旋臂式、励磁、频敏、启动、石墨、启动调速、浸油启动、液体启动、滑线式、其他
T	调整器	电压
M	电磁铁	牵引、起重、液压、制动
A	其他	触电保护器、插销、灯、接线盒、电铃

4.3.2.2　设计序号

用阿拉伯数字表示,位数不限。由型号登记部门统一编排。

4.3.2.3　系列派生代号

一般用一位或两位汉语拼音字母,表示全系列产品变化的特征,由型号登记部门根据表2统一确定。

4.3.2.4　额定等级(规格)

用阿拉伯数字表示,位数不限,根据产品的主要参数确定,一般用电流、电压或容量参数表示。

4.3.2.5　品种派生号

一般用一位或两位汉语拼音字母,表示系列内个别品种的变化特征,由型号登记部门根据表2统一确定。

4.3.2.6　其他代号

用阿拉伯数字或汉语拼音字母表示,位数不限,表示除品种以外的需进一步说明的产品特征,如极数、脱扣方式、用途等。

4.3.2.7　特殊环境产品代号

表示产品的环境适应特征,由型号登记部门根据表3确定。

4.4　企业产品型号组成

4.4.1　低压电器产品生产企业为增强产品的市场占有率和竞争力,保护企业自身利益和知识产权,可提出与企业名称、商标等相关联的企业产品型号,并申请登记,登记的型号应具有唯一性。

4.4.2　企业产品型号由企业确定,但应具有一定规律,并确保其唯一性。推荐采用以下编制方法。

4.4.3　企业产品型号组成型式:

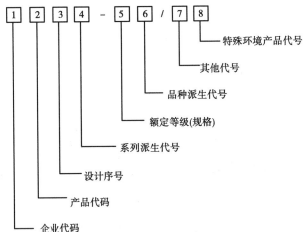

4.4.4　企业产品型号组成部分的确定:

4.4.4.1　企业代码

用两位或三位汉语拼音字母,代表企业特征。由企业自行确定,并保持唯一性。一般一家企业使用一种企业代码。

4.4.4.2　产品代码

用一位或两位汉语拼音字母,代表产品名称,由型号登记部门根据表4统一确定。

4.4.4.3　设计序号

用阿拉伯数字表示,位数不限,由企业自行编排。

4.4.4.4　系列派生代号

一般用一位或两位汉语拼音字母,表示全系列产品变化的特征,由型号登记部门根据表2推荐使用。

表2　派生代表号

派生代号	代表意义
C	插入式、抽屉式
E	电子式
J	交流、防溅式、节电型
Z	直流、防震、正向、重任务、自动复位、组合式、中性接线柱式、智能型
W	失压、无极性、外销用、无灭弧装置、零飞弧
N	可逆、逆向
S	三相、双线圈、防水式、手动复位、三个电源、有锁住机构,塑料熔管式、保持式、外置式通信接口
P	单相、电压的、防滴式、电磁复位、两个电源、电动机操作
K	开启式
H	保护式、带缓冲装置
M	灭磁、母线式、密封式、明装式
Q	防尘式、手车式、柜式
L	电流的、摺板式、剩余电流动作保护、单独安装式
F	高返回、带分励脱扣、多纵缝灭弧结构式、防护盖式
X	限流
T	可通信、内置式通信接口

4.4.4.5　额定等级(规格)

用阿拉伯数字表示,位数不限,根据各产品的主要参数确定,一般用电流、电压或者容量参数表示。

4.4.4.6　品种派生代号

一般用一位或两位汉语拼音字母,表示系列内个别品种的变化特征,由型号登记部门根据表2推荐使用。

4.4.4.7　其他代号

由阿拉伯数字或汉语拼音字母表示,位数不限,表示除品种以外的需进一步说明的产品特征,如极数、脱扣方式、用途等。

4.4.4.8 特殊环境产品代号

表示产品的环境适应特征,由型号登记部门根据表3推荐使用。

5 型号登记办法

5.1 凡在国内生产和销售的低压电器产品,其制造商在进行新产品设计开发、转厂试制及对产品进行改进设计后需变更型号或系列产品补齐规格时,均应按本方法向型号登记部门申请产品型号登记。

注:引进、外资企业产品,在不违背产品型号唯一性的前提下,原则上可以使用原型号。

5.2 新产品在研制过程中,研制单位可根据本标准申请登记预发型号。待新产品试制完成,并通过 3C 强制认证后(若产品不属于 3C 强制认证目录范围的,可通过产品的型式试验),可申请正式的型号证书。

企业申请型号登记所需资料如下:

a)申请登记预发型号所需资料如下:

1)低压电器产品型号登记申请表(需加盖公章);

2)产品概括表(或产品企业标准);

3)产品外形照片和内部结构照片(或产品外形图和内部结构图);

b)申请登记正式型号证书所需资料如下:

1)低压电器产品型号登记申请表(需加盖公章);

2)产品概括表(或产品企业标准);

3)符合国家标准的认证证书(或产品型式实验报告的封面、首页、目录);

4)产品外形照片和内部结构照片(或产品外形图和内部结构图);

5.3 型号登记部门对上述申请登记型号资料审查合格后,并按本标准核定产品全型号后,预发产品型号或颁发产品型号证书。

5.4 产品型号登记后,表示该产品已经定型,如对已登记的进行改进设计,为区别于原产品,由改进设计的单位提出更改理由,并参照表2提出派生型号,按 5.2 向型号登记部门申请登记。

5.5 该型号一经登记即为申请型号登记单位专有,为了保护申请登记单位技术开发或引进技术的利益,其他单位未经同意,不得使用该型号。当产品技术转让后,受让单位应经该型号申请单位同意后,按 5.2 向型号登记部门申请登记。

5.6 对于由两个或更多单位共同研制设计的产品,原则上由研制设计负责单位协调申请登记产品型号。

5.7 国家明令淘汰的产品,其登记的产品型号则自动注销,不得使用。

5.8 低压电器产品型号的登记工作由中国电器工业协会负责,并由中国工业协会通用低压电器分会具体实施。

表 3　特殊环境产品代号表

代号	代表意义
TH	湿热带产品
TA	干热带产品
G	高原型

表 4　产品名称代码

产品名称	代码	产品名称	代码
熟料外壳式断路器	M	控制与保护开关电源、控制器	K
万能式断路器	W	行程开关、微动开关	X
真空断路器	V	自动转换开关电器	Q
开关、开关熔断器组、熔断器式刀开关	H	熔断器	F
隔离器、隔离开关等	G	小型熔断器	B
电磁启动器	CQ	剩余电流动作断路器	L
手动启动器	S	电通保护器	U
交流接触器	C	终端组合电器	P
热继电器	R	终端防雷组合电器	PS
电动机保护器	D	漏电继电器	JD
万能转换开关	Y	插头、插座	A
按钮、信号灯	AL	通信接口、通信适配器	T
电流继电器、时间继电器、中间继电器	J	电量监控仪	E
软启动器	RQ	过程 IO 模块	I
接线端子	JF	通信接口附件	TF

附录二　常用电器图形和文字符号表

名　　称	图形符号	文字符号	名　　称	图形符号	文字符号	名　　称	图形符号	文字符号
一般三极电源开关		QS	热继电器 常闭触点		FR	三相笼型异步电动机		
低压断路器		QF	热元件		FR	三相绕线转子异步电动机		M
位置开关 常开触点		SQ	中间继电器线圈		KA	他励直流电动机		
位置开关 常闭触点			欠电压继电器线圈		KV	直流发电机		G
位置开关 复合触点			过电流继电器线圈		KA	单相变压器		
转换开关		SA	欠电流继电器线圈			整流变压器		T
按钮 启动		SB	常开触点		相应继电器符号	照明变压器		
按钮 停止			常闭触点			控制电路电源用变压器		TC
按钮 复合			熔断器		FU	电位器		RP
接触器 线圈		KM	熔断器式刀开关		QS	三相自耦变压器		T
接触器 主触点			熔断器式隔离开关			PNP型三极管		V

名　称		图形符号	文字符号	名　称	图形符号	文字符号	名　称	图形符号	文字符号
接触点	辅助常开触点		KM	熔断器式负荷开关		QM	NPN 型三极管		V
	辅助常闭触点			桥式整流装置		VC	晶闸管（阴极侧受控）		
速度继电器	常开触点		KS	蜂鸣器		H	半导体二极管		
	常闭触点			信号灯		HL	接近敏感开关常开触点		SQ
				照明灯		EL			
时间继电器	断电延时继电器的线圈		KT	电阻器		R	磁铁接近时动作的接近开关的常开触点		
	通电延时继电器的线圈			接插器		X	接近开关常开触点		
	延时闭合的常开触点			电磁吸盘		YH	串励直流电动机		M
	延时断开的常闭触点			时间继电器	延时闭合延时断开的常开触点	KT	复励直流电动机		
	延时闭合的动断触头				延时闭合延时断开的常闭触点		电磁铁		YA
	延时断开的常开触点				缓慢吸合和缓慢释放继电器的线圈		三相电磁铁		

附录三　S7-200 可编程序控制器特殊标志存储器 SM

SM 位	描　　述
SM0.0	该位始终为 1
SM0.1	该位在首次扫描时为 1,用途之一是调用初始化子程序
SM0.2	若保持数据丢失,则该位在一个扫描周期中为 1。该位可用作错误存储器位,或用来调用特殊启动顺序功能
SM0.3	开机后进入 RUN 方式,则该位将 ON 一个扫描周期。该位可用作在启动操作之前提供一个预热时间
SM0.4	该位提供了一个时钟脉冲,30 s 为 1,30 s 为 0,周期为 1 min。它提供了一个简单易用的延时,或 1 min 的时钟脉冲
SM0.5	该位提供了一个时钟脉冲,0.5 s 为 1,0.5 s 为 0,周期为 1 s。它提供了一个简单易用的延时,或 1 s 的时钟脉冲
SM0.6	扫描时钟,本次扫描为 1,下次扫描为 0。可用作扫描器的输入
SM0.7	该位指示 CPU 工作方式开关位置(0 为 TERM 位置,1 为 RUN 位置)。当开关在 RUN 位置时,用开关可使自由口通信方式有效,那么当切换至 TERM 位置时,同编程设备的正常通信也会有效
SM1.0	当执行某些指令,其结果为 0 时,将该位置 1
SM1.1	当执行某些指令,其结果溢出,或查出非法数值时,将该位置 1
SM1.2	当执行数学运算,其结果为负数时,将该位置 1
SM1.3	试图除以零时,将该位置 1
SM1.4	当执行 ATT 指令时,试图超出表范围时,将该位置 1
SM1.5	当执行 LIFO 或 FIFO 指令时,试图从空表中读数时,将该位置 1
SM1.6	当试图把一个非 BCD 数转换为二进制数时,将该位置 1
SM1.7	当 ASCII 码不能转换为有效的十六进制数时,将该位置 1
SM2.0	在自由端口通信方式下,该字符存储从口 0 或口 1 接收到的每一个字符
SM3.0	口 0 或口 1 的奇偶校验错(0=无错,1=有错)
SM3.1~SM3.7	保留
SM4.0	当通信中断队列溢出时,将该位置 1
SM4.1	当输入中断队列溢出时,将该位置 1
SM4.2	当定时中断队列溢出时,将该位置 1
SM4.3	在运行时刻,发现编程问题时,将该位置 1
SM4.4	该位指示全局中断允许位,当允许中断时,将该位置 1

SM 位	描　述
SM4.5	当(口 0)发送空闲时,将该位置 1
SM4.6	当(口 1)发送空闲时,将该位置 1
SM4.7	当发生强置时,将该位置 1
SM5.0	当有 I/O 错误时,将该位置 1
SM5.1	当 I/O 总线上连接了过多的数字量 I/O 点时,将该位置 1
SM5.2	当 I/O 总线上连接了过多的模拟量 I/O 点时,将该位置 1
SM5.3	当 I/O 总线上连接了过多的智能 I/O 模块时,将该位置 1
SM5.4~SM5.6	保留
SM5.7	当 DP 标准总线出现错误时,将该位置 1

附录四　S7-200 可编程序控制器常用指令集

		梯形图符号	指令符号	描述	操作数
位逻辑	触点	??? ─┤├─	LD、A、O	常开触点	位:I、Q、V、M、SM、S、T、C、L 功率流
		??? ─┤/├─	LDN、AN、ON	常闭触点	
		??? ─┤I├─	LDI、AI、OI	立即开	位(立即):I
		??? ─┤/I├─	LDNI、ANI、ONI	立即闭	
		─┤NOT├─	NOT	取反	
		─┤P├─	EU	上升沿	
		─┤N├─	ED	下降沿	
	线圈	??? ─( )	=	输出	位:I、Q、V、M、SM、S、T、C、L 位(立即):Q N:IB、QB、VB、MB、SMB、SB、LB、AC、＊VD、＊LD、＊AC、常数
		??? ─(I)	=I	立即输出	
		??? ─(S) ????	S	置位	
		??? ─(S1) ????	SI	立即置位	
		??? ─(R) ????	R	复位	
		??? ─(RI) ????	RI	立即复位	

319

续表

		梯形图符号	指令符号	描述	操作数
位逻辑	RS触发器	S1 ??? OUT / SR / R	SR	置位优先触发器	I、Q、V、M、SM、ST、C、功率流
					位:I、Q、V、M、S
		S ??? OUT / RS / R1	RS	复位优先触发器	I、Q、V、M、SM、ST、C、L、功率流
					位:I、Q、V、M、S
		???? NOP	NOP	空操作	
时钟		READ_RTC EN ENO T	TODR	读实时时钟	T（BYTE）：IB、QB、VB、MB、SMB、SB、LB、＊VD、＊LD、＊AC
		SET_RTC EN ENO T	TODW	写实时时钟	
		READ_RTCX EN ENO T	TODRX	读取实时时钟(扩展)	
		SET_RTCX EN ENO T	TODWX	设置实时时钟(扩展)	
通信		XMT EN ENO TBL PORT	XMT	发送信息	TBL（BYTE）：VB、MB、＊VD、＊LD、＊AC PORT（BYTE）：常数：CPU221、222、224 为 0；CPU224XP、226 为 0 或 1
		RCV EN ENO TBL PORT	RCV	接收信息	
		NETR EN ENO TBL PORT	NETR	网络读	

续表

	梯形图符号	指令符号	描述	操作数
通信	NETW -EN　　ENO -TBL -PORT	NETW	网络写	TBL（BYTE）：VB、MB、 ＊VD、＊LD、＊AC PORT（BYTE）：常数： CPU221、222、224 为 0； CPU224XP、226 为 0 或 1
	GET_ADDR -EN　　ENO -ADDR -PORT	GPA	获取端口 地址	
	SET_ADDR -EN　　ENO -ADDR -PORT	SPA	设置端口 地址	

附录五　S7-200 错误代码及其描述

错误代码	描述（致命错误）
0000	无致命错误
0001	用户程序检查和错误
0002	编译后的梯形图程序检查和错误
0003	扫描看门狗超时错误
0004	内部 EEPROM 错误
0005	内部 EEPROM 用户程序检查错误
0006	内部 EEPROM 配置参数检查错误
0007	内部 EEPROM 强制数据检查错误
0008	内部 EEPROM 缺省输出表值检查错误
0009	内部 EEPROM 用户数据、DB1 检查错误
000A	存储器卡失灵
000B	存储器卡上用户程序检查和错误
000C	存储器卡配置参数检查和错误
000D	存储器卡强制数据检查和错误

续表

错误代码	描述（致命错误）
000E	存储器卡缺省输出表值检查和错误
000F	存储器卡用户数据、DB1 检查和错误
0010	内部软件错误
0011	比较接点间接寻址错误
0012	比较接点非法值错误
0013	存储器卡空，或者 CPU 不识别该卡

致命错误会导致 CPU 停止执行用户程序，导致 CPU 无法执行某个或所有功能。致命错误发生时，CPU 执行以下任务：进入 STOP 模式，点亮系统致命、系统错误和 STOP 指示灯，断开输出。

错误代码	运行程序错误（非致命）
0000	无错误
0001	执行 HDEF 之前，HSC 不允许
0002	输入中断分配冲突，已分配给 HSC
0003	到 HSC 的输入分配冲突，已分配给输入中断
0004	在中断程序中企图执行 ENI，DISI，或 HDEF 指令
0005	第一个 HSC/PLS 未执行完之前，又企图执行同编号的第二个 HSC/PLS（中断程序中的 HSC 同主程序中的 HSC/PLS 冲突）
0006	间接寻址错误
0007	TODW（写实时时钟）或 TODR（读实时时钟）数据错误
0008	用户子程序嵌套层数超过规定
0009	在程序执行 XMT 或 RCV 时，通信口 0 又执行另一条 XMT/RCV 指令
000A	在同一 HSC 执行时，又企图用 HDEF 指令再定义该 HSC
000B	在通信口 1 上同时执行 XMT/RCV 指令
000C	时钟存储卡不存在
000D	重新定义已经使用的脉冲输出
000E	PTO 个数设为 0
0091	范围错误（带地址信息）；检查操作数范围
0092	某条指令的计数域错误（带计数信息）；确认最大计数范围
0094	范围错误（带地址信息）；写无效存储器
009A	用户中断程序试图转换成自由口模式

在程序正常运行中，可能会产生非致命错误（如寻址错误）。此时 CPU 产生一个非致命运行时刻错误代码。

错误代码	编译错误（非致命）
0080	程序太大无法编译；必须缩短程序

续表

错误代码	描述(致命错误)
0081	堆栈溢出;必须把一个网络分成多个网络
0082	非法指令;检查指令助记符
0083	无 MEND 或主程序中有不允许的指令;加条 MEND 或删去错误指令
0084	保留
0085	无 FOR 指令;加上 FOR 指令或删 NEXT 指令
0086	无 NEXT;加 NEXT 指令,或删 FOR 指令
0087	无标号(LBL,INT,SBR);加上合适标号
0088	无 RET,或子程序中有不允许的指令;加 RET,或删去错误指令
0089	无 RETI,或中断程序中有不允许的指令;加 RETI,或删去错误指令
008A	保留
008B	保留
008C	标号重复(LBLNINT,SBR);重新命名标号
008D	非法标号(LBL,INT,SBR);确保标号数在允许范围内
0090	非法参数;确认指令所允许的参数
0091	范围错误(带地址信息);检查操作数范围
0092	指令计数域错误(带计数信息);确认最大计数范围
0093	FOR/NEXT 嵌套层数超出范围
0095	无 LSCR 指令(装载 SCR)
0096	无 SCRE 指令(SCR 结束)或 SCRE 前面有不允许的指令
0097	保留
0098	在运行模式进行非法编辑
0099	隐含程序网络太多

参考文献

[1]《工厂常用电气设备手册》编写组.工厂常用电气设备手册［M］.2版.北京：中国电力出版社,1998.

[2] 齐占庆,王振臣.电气控制技术［M］.北京：机械工业出版社,2002.

[3] 郁汉琪.机床电气及可编程序控制器实验、课程设计指导书[M].北京：高等教育出版社,2001.

[4] 许翠,王淑英.电器控制与PLC控制技术［M］.北京：机械工业出版社,2005.

[5] 汤以范.电气与可编程序控制器技术[M].北京：机械工业出版社,2004.

[6] 李道霖.电气控制与PLC原理及应用［M］.北京：电子工业出版社,2004.

[7] 吴晓君,杨向明.电气控制与可编程控制器应用［M］.北京：中国建材工业出版社,2004.

[8] 张凤珊.电气控制及可编程序控制器[M].2版.北京：中国轻工业出版社,2003.